建筑材料与检测

主　编　王成平　王远东
副主编　谢　超　张佳生
参　编　周　蓉　王欣欣　丁纪壮
　　　　惠贞子　吴晓莲

北京理工大学出版社
BEIJING INSTITUTE OF TECHNOLOGY PRESS

内 容 提 要

本书根据建筑材料与检测最新标准规范进行编写。全书除绪论外，共分为16 个模块，主要包括建筑材料的基本性质、胶凝材料、混凝土、建筑砂浆、墙体材料、建筑钢材、防水材料、建筑装饰材料、功能性材料、新型建筑材料、材料的基本物理性能检测、水泥技术性能检测、混凝土技术性能检测、建筑砂浆技术性能检测、建筑钢材技术性能检测、防水材料技术性能检测。

本书可作为高等院校土木工程类相关专业的教材，也可供建筑施工技术人员及材料检测人员工作时参考。

图书在版编目(CIP)数据

建筑材料与检测 / 王成平，王远东主编.—北京：北京理工大学出版社，2021.4
ISBN 978-7-5682-9705-9

Ⅰ.①建…　Ⅱ.①王…②王…　Ⅲ.①建筑材料—检测—高等学校—教材　Ⅳ.①TU502

中国版本图书馆CIP数据核字（2021）第063217号

出版发行 / 北京理工大学出版社有限责任公司
社　　址 / 北京市海淀区中关村南大街5号
邮　　编 / 100081
电　　话 / （010）68914775（总编室）
（010）82562903（教材售后服务热线）
（010）68948351（其他图书服务热线）
网　　址 / http://www.bitpress.com.cn
经　　销 / 全国各地新华书店
印　　刷 / 北京紫瑞利印刷有限公司
开　　本 / 787毫米×1092毫米　1/16
印　　张 / 19.5
字　　数 / 473千字
版　　次 / 2021年4月第1版　2021年4月第1次印刷
定　　价 / 82.00元

责任编辑 / 孟祥雪
文案编辑 / 孟祥雪
责任校对 / 周瑞红
责任印制 / 边心超

前　言

“建筑材料与检测”是土建类、市政类、轨道交通类专业的一门专业基础课程，主要面向高等院校学生和从事相关工作的社会学习者。

本书为校企合作共编教材，编写团队素质过硬，课程内容源于实际又高于实际。本书以培养具有一定专业理论知识和较强实践操作能力的技术技能型人才为指导思想，依据最新技术规范和行业标准进行编写，包括理论篇和实践篇，除绪论外，共分为16个模块。每个模块后均有“职业能力训练”内容，用来强化学生对新知识的理解；“拓展内容”用来丰富学生对本课程的认识，重点介绍常用建筑材料的技术性能、应用和检测方法。该课程着重培养学生对建筑材料进行检测、对检测结果进行评价和应用的能力；科学的思维方式，能够运用所学理论知识分析解决工程实际问题的能力及良好的沟通和团结协作的能力。本书具有以下特色：

（1）针对性强。课程内容与建筑行业施工员、材料员、质检员等职业岗位工作对接，密切联系工程实际，实现了学校所学即实践所用和“工学结合”的特点。

（2）实用性强。校企合作共同编写，融入了企业的新技术和新工艺，提供了专业性很强的技术支持。有机嵌入国家或行业新技术规范和技术标准，以及新知识、新工艺和新方法，实用性强。

（3）适用性强。依据高等院校学生的认知规律和特点开展教学，理论知识讲解深入浅出，实践技能训练循序渐进。学习目标明确，通过“跟踪自测”“知识拓展”等内容，学生可以适时检验学习效果，提高自主学习能力，拓宽视野，实现理论、实践知识、技能及综合素养的整合与提升。

（4）立体化建设。将“互联网+”思维融入教材，配有图、文、声、像的多媒体课件，实现教学效果的最大化，学生通过扫描二维码就可以获取学习资源，可有效激发学生的学习兴趣。

（5）配套数字课程。配套数字课程已在“学银在线”网站上线，学习者可以登录网站免费学习。使用本书的教师也可以使用数字课程所提供的教学资源搭建SPOC开展教学。

本书由西安职业技术学院老师和西安市市政建设工程质量检测有限公司技术人员共同编写。其中，王远东编写模块3、8、9，王远东和王成平编写模块15、16，谢超编写模块1、5、6，谢超和王成平编写模块12、13，周蓉编写绪论以及模块2、4，王欣欣负责模块7、10，张佳生、丁纪壮、惠贞子、吴晓莲负责模块11、14。全书由王成平统稿。

本书在编写过程参考了很多文献资料，张佳生高级工程师在审稿时也提出了很多宝贵意见和建议，在此对他们表示衷心的感谢。

由于编者水平有限，疏漏和不妥之处在所难免，恳请各位读者和专家批评指正。

编　者

目 录

理 论 篇

绪论······1
0.1 建筑材料概述······2
0.2 建筑材料的发展史及发展趋势······4
0.3 建筑材料的技术标准······4

模块1 建筑材料的基本性质······7
1.1 材料的组成与结构······8
1.2 材料的物理性质······9
1.3 材料的力学性质······17
1.4 材料的耐久性······19

模块2 胶凝材料······22
2.1 胶凝材料简介······23
2.2 石灰······23
2.3 石膏······27
2.4 水玻璃······30
2.5 水泥······32

模块3 混凝土······46
3.1 混凝土概述······47
3.2 混凝土组成材料的技术要求及质量标准······48
3.3 混凝土的技术性能······61

3.4 混凝土配合比设计……70
3.5 混凝土的质量控制及强度评定……81
3.6 其他品种混凝土……85

模块4 建筑砂浆……92
4.1 砌筑砂浆……93
4.2 抹面砂浆和特种砂浆……96

模块5 墙体材料……99
5.1 砌墙砖……100
5.2 墙用砌块……112
5.3 墙用板材……118

模块6 建筑钢材……124
6.1 钢材的基本知识……125
6.2 建筑钢材的主要技术性质……126
6.3 钢材的标准与选用……136
6.4 建筑用钢材……143
6.5 钢材的腐蚀与防火……149

模块7 防水材料……153
7.1 防水材料概述……154
7.2 沥青……154
7.3 防水卷材……163
7.4 防水涂料……170
7.5 密封材料……171

模块8 建筑装饰材料……176
8.1 建筑装饰材料概述……177
8.2 玻璃……178
8.3 石材……186
8.4 陶瓷……192
8.5 木材……194
8.6 涂料……202

模块9　功能性材料……208
9.1　绝热材料……209
9.2　吸声材料……211
9.3　建筑塑料……214
9.4　铝材及铝合金装饰材料……217

模块10　新型建筑材料……221
10.1　轻钢材料……222
10.2　碳纤维复合材料……225
10.3　竹材……230
10.4　新型路面材料……237
10.5　乳化沥青……244

实践篇

模块11　材料的基本物理性能检测……249
11.1　砖吸水性检测……249
11.2　砂的表观密度检测……250
11.3　砂的堆积密度检测……251

模块12　水泥技术性能检测……253
12.1　水泥细度检测（筛析法）……253
12.2　水泥标准稠度用水量检验……254
12.3　水泥凝结时间检测……256
12.4　水泥安定性检测……258
12.5　水泥胶砂强度检测……260

模块13　混凝土技术性能检测……264
13.1　细骨料石粉含量试验……264
13.2　砂的筛分析试验……267
13.3　砂的含水率试验……269
13.4　混凝土拌合物和易性检测（混凝土的坍落度试验）……270

13.5 混凝土氯离子含量测定试验……273
13.6 混凝土立方体抗压强度试验……275
13.7 混凝土动弹性模量试验……277
13.8 石子的压碎指标检测……280

模块14 建筑砂浆技术性能检测……282
14.1 砂浆稠度测定……282
14.2 砂浆保水性测定……283

模块15 建筑钢材技术性能检测……286
15.1 钢材的洛氏硬度检测……286
15.2 钢筋的拉伸性能试验……289
15.3 钢筋的冷弯性能检测……291

模块16 防水材料技术性能检测……294
16.1 沥青的针入度检测……294
16.2 沥青延度检测……296
16.3 沥青软化点检测……298
16.4 沥青混合料马歇尔稳定度试验……300

参考文献……304

理论篇

绪论

内容概述

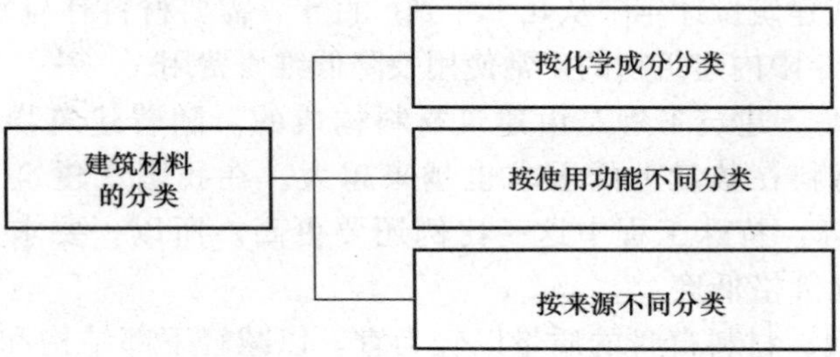

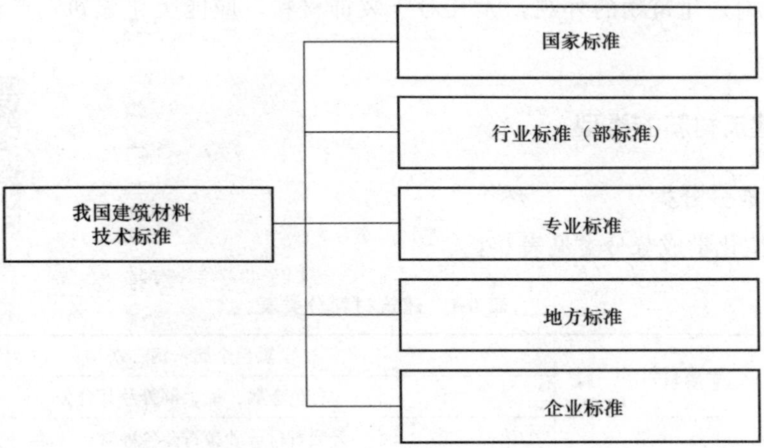

知识目标

1. 了解建筑材料的特点、类型；
2. 了解建筑材料的发展史及发展趋势；
3. 掌握建筑材料的技术标准；
4. 理解本课程的性质、任务及学习方法。

技能目标

1. 能够根据材料的类型、特点正确应用到建设工程中；
2. 能够根据工程的需要选用合适的材料。

0.1 建筑材料概述

建筑材料是建筑工程的重要物质基础，所有的建筑物都由建筑材料构成，所有的建筑工程都需要建筑材料。

0.1.1 建筑材料的特点

(1)适用。材料必须具备足够的刚度、强度，能够满足设计强度的要求，能够适应建筑物各部位的具体要求。

(2)耐久。现代建筑设计年限从几十年到一百年，需要材料有与使用环境相适应的耐久性，以保证在设计年限内建筑物的正常使用及降低维修费用。

(3)量大、价廉。建筑工程是由建筑材料构成的。随着建筑物种类、数量、体量的不断增加，建筑材料在数量上的需求也越来越大。在我国，建筑工程的材料费用占总投资的50%～60%，特殊工程中这一比例还要更高。所以，要求建筑材料数量能够满足工程需要，而且价格低廉。

(4)轻质、美观。材料自身的质量以轻为宜，以减轻下部结构和地基的负荷；而材料的外观也会影响到建筑物的外观，尤其对于装饰材料，应能美化建筑，产生一定的艺术效果。

0.1.2 建筑材料的类型

建筑材料的类型

1. 按化学成分分类

建筑材料按化学成分分类见表0-1。

表 0-1　建筑材料分类表

无机材料	金属材料	黑色金属：钢、铁
		有色金属：铝、铜等及其合金
	非金属材料	天然石材：砂、石及各种岩石制品
		烧土制品：烧结普通砖、瓦、陶瓷等
		胶凝材料：石灰、石膏、水玻璃、菱苦土、水泥等
		玻璃：平板玻璃、安全玻璃、装饰玻璃等
		以胶凝材料为基料的人造石材：混凝土、水泥制品、硅酸盐制品
有机材料	植物质材料	木材、竹材
	沥青材料	石油沥青、煤沥青、改性沥青、沥青制品
	高分子材料	塑料、涂料、胶粘剂
复合材料	无机-有机复合材料	沥青混凝土、聚合物混凝土
	金属-非金属复合材料	钢筋混凝土、钢丝网水泥、塑铝复合板
	其他复合材料	水泥石棉制品

2. 按使用功能不同分类

(1)结构材料。结构材料是构成建筑物受力构件和结构所用的材料，如梁、板、柱、基础等使用的材料。常用结构材料有钢材、砖、石材、混凝土、木材等，如图 0-1 所示。

(a) (b)

图 0-1 常用结构材料

(a)木柱；(b)混凝土柱

(2)围护材料。围护材料是用于建筑围护结构的材料。要求其具有一定的强度和耐久性、保温、隔热、隔声性能。常用的围护材料有砖、砌块、大型墙板、瓦等。

(3)功能材料。功能材料是能够满足各种功能要求所使用的材料。

1)防水材料：沥青、塑料、橡胶、金属；

2)饰面材料：墙面砖、石材、彩钢板、彩色混凝土；

3)吸声材料：多孔石膏板、塑料吸声板、膨胀珍珠岩；

4)绝热材料：塑料、橡胶、泡沫混凝土；

5)卫生工程材料：金属管道、塑料、陶瓷。

3. 按来源不同分类

按来源不同，建筑材料可分为天然材料和人造材料。

0.1.3 建筑材料在工程建设中的地位

建筑材料是一切建筑工程的物质基础。

(1)各种工民建筑需要巨大的、优质的、品种齐全的建筑材料；

(2)建筑材料的经济性，直接影响工程的总造价，进而影响 GDP；

(3)建筑材料的质量直接影响建筑物的坚固性、适用性、耐久性；

(4)新材料对建筑工程技术进步起到一定的促进作用。

拓展内容

建筑材料检测的工作内容有哪些？

建筑材料检测是根据现有技术标准、规范的要求，采用科学合理的技术手段和方法，对被检测建筑材料的技术参数进行检验和测定的过程。其目的是判定所检测材料的各项性能是否符合质量等级的要求及是否可以用于建筑工程中，这是确保建筑工程质量的重要环节。

建筑材料检测主要包括见证取样、试件制作、送样、检测、填写检测报告等环节。

0.2 建筑材料的发展史及发展趋势

0.2.1 建筑材料的发展史

人类进入到石器、铁器时代之后，开始掘土凿石为洞，伐木搭竹为棚，利用最原始的材料建造简陋的房屋。后来，人类用黏土烧制砖瓦，用岩石制造石灰、石膏，使建筑材料从天然进入了人工阶段，为建造较大的房屋创造了条件。到了近现代，随着钢筋混凝土结构的发展，建筑物无论是体量、高度、跨度等都有了飞速的发展。同时，建筑材料的发展赋予了建筑物以时代的特性和风格，西方古典建筑的石材廊柱、中国古代以木架构为代表的宫廷建筑、当代以钢筋混凝土和型钢为主体材料的超高层建筑，都呈现了鲜明的时代感。

著名建筑

0.2.2 建筑材料的发展方向——可持续发展

当前，轻质、高性能、多功能、美观、高效能的新型建筑材料，特别是新型复合材料的研究与生产，使建筑材料品种大增，充分利用废料及再生资源的建筑材料不断出现，节能环保的材料和现代化生产工艺不断开发，建筑材料的理论研究及试验技术、测试方法正逐步现代化，产品形式不断朝着人性化、预制化、构件化、规范化方向发展，建筑材料行业正沿着科技创新，可持续发展的道路前进。

(1)原材料充分利用工业废料、可循环使用、有效保护天然资源；

(2)生产和使用过程不产生环境污染；

(3)产品可再生循环和回收利用；

(4)产品性能轻质、高强、多功能，不仅对人畜无害，而且能净化空气、抗菌、防静电、防电磁波等；

(5)加强材料的耐久性设计和研究；

(6)主要产品和配套产品同步发展，并解决好利益平衡关系。

0.3 建筑材料的技术标准

建筑材料具有一定的技术性质，这些性质由国家标准或有关的技术规范规定。在工程设计和施工过程中，都必须按照此技术指标来评价建筑材料的质量。建筑材料标准一般包括规格、分类、技术性能、试验性能、验收规则、包装、储存及运输等。

建筑材料技术标准是材料生产、质量检验、验收及材料应用等方面的技术准则和必须遵守的技术法规，包括产品规格、分类、技术要求、检验方法、验收规则、标志、运输、储存及使用说明等内容，是供需双方对产品质量验收的依据。我国标准代号及表示方法见表 0-2，技术标准所属行业及其代号见表 0-3，表示顺序及含义如图 0-2 所示。

表 0-2　我国标准代号及表示方法

标准种类	代号	表示顺序（例）
国家标准	GB（强制性标准）	代号、标准编号，颁布年代（GB 50755—2012）
	GB/T（推荐性标准）	
	GBn（内控标准）	
行业标准（部标准）	JC（建材行业强制性标准）	代号、标准编号，颁布年代（JC/T 479—2013）
	JC/T（建材行业推荐性标准）	
	YB（冶金行业强制性标准）	
	YB/T（冶金行业推荐性标准）	
专业标准	ZB	代号、专业类号、标准号、颁布年代（ZB Q 15002—89）
地方标准	DB（地方强制性标准）	代号、行政区域，标准号、颁布年代（DB 14323—91）
	DB/T（地方推荐性标准）	
企业标准	QB	代号/企业代号、顺序号、发布年代（QB/ 203413—92）

表 0-3　技术标准所属行业及其代号

所属行业	标准代号	所属行业	标准代号
国家标准	GB	石油	SY
建材	JC	冶金	YB
建设工程	JG	水利电力	SD
交通	JT		

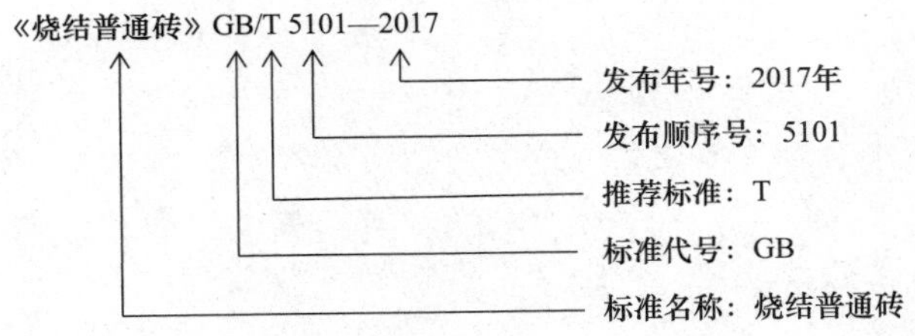

图 0-2　表示顺序及含义

职业能力训练

一、填空题

1. 根据建筑材料的化学成分，建筑材料可分为________、________、________三大类。

2. 根据建筑材料在建筑物中的部位或使用功能划分，其可分为________、________、________三大类。

二、选择题

1. (　　)不属于常用的三大建筑材料。

A. 水泥　　B. 玻璃　　C. 钢材　　D. 木材

2. 以下不是复合材料的是(　　)。

A. 混凝土　　B. 灰砂砖　　C. 铝合金　　D. 三合板

3. (　　)不属于无机材料。

A. 铁　　B. 石材　　C. 砌块　　D. 木材

三、实践任务

请通过团队合作的方式制作一份建筑材料汇报文件。以多媒体形式呈现为佳。汇报主题可任选以下一个：

(1)建筑材料发展史；

(2)新型建筑材料；

(3)绿色建筑材料。

模块1　建筑材料的基本性质

内容概述

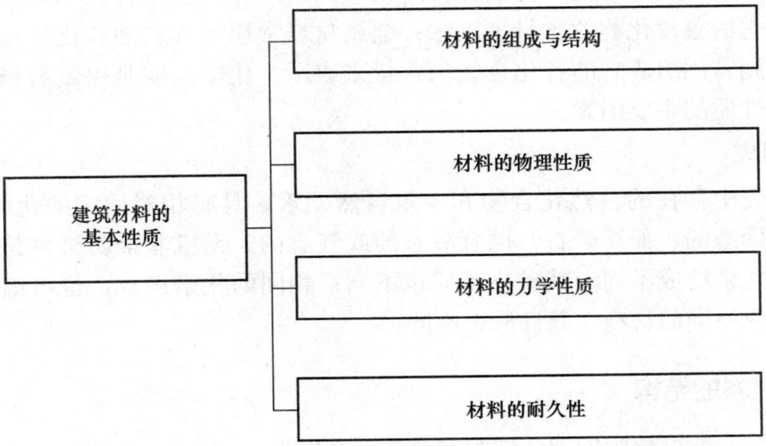

知识目标

1. 了解建筑材料的组成与结构；

2. 掌握建筑材料的密度、表观密度、堆积密度、孔隙率和密实度及含水率的概念与计算；

3. 熟悉建筑材料与水、热有关的性质及材料的力学性质与耐久性。

技能目标

1. 能够对材料的基本性能合格与否作出判断；

2. 能够掌握材料的工程选用与标准。

1.1 材料的组成与结构

1.1.1 材料的组成

材料的组成包括材料的化学组成和矿物组成。

1. 化学组成

化学组成即化学成分，是指构成材料的化学元素及化合物的种类和数量。无机非金属材料常用组成它的各氧化物的含量来表示；金属材料常用组成它的各化学元素的含量来表示；有机材料则常用组成它的各化合物的含量来表示。化学组成是决定材料化学性质、物理性质、力学性质的主要因素。

2. 矿物组成

矿物是地壳中存在的自然化合物和少量自然元素，具有相对固定的化学成分和性质。矿物大部分是固态的，如铁矿石，也有液态的或气态的。无机非金属材料是由各种矿物组成的。材料的化学组成不同，其矿物组成也不同；相同的化学组成，也可组成多种不同的矿物。矿物组成不同的材料，其性质也不同。

1.1.2 材料的结构

材料的结构一般可分为宏观、细观和微观三个层次。

1. 宏观结构

宏观结构是指肉眼可以看到或借助放大镜可观察到的(毫米级)粗大组织。其可分为致密结构、多孔结构、纤维结构、层状结构、散粒结构、纹理结构。常见的宏观结构有以下几类。

(1)致密状构造——钢材、玻璃、铝合金；

(2)多孔状构造——泡沫塑料、刨花板；

(3)微孔状构造——烧结砖、石膏制品；

(4)颗粒状构造——石子、砂；

(5)纤维状构造——木材、玻璃纤维；

(6)层状构造——胶合板、复合木地板。

2. 细观结构

材料的细观结构(原称亚微观结构)是指用光学显微镜可以观察到的微米级的、介于宏观和微观之间的组织结构。其包括晶相种类、形状、颗料大小及其分布情况；玻璃相的含量及分布；气孔数量、形状及分布。

3. 微观结构

微观结构是指借助电子显微镜或 X 射线，可以观察到的材料原子、分子级的结构。材料微观结构可分为晶体、玻璃体、胶体三种形式。

通过宏观、细观和微观三个层次对材料结构的研究和认识，对改进与提高材料的性能意义重大。

1.2 材料的物理性质

1.2.1 材料的体积组成

绝大多数建筑材料都不是绝对密实的，其内部均含有孔隙，孔隙的多少和孔隙的特征对材料的性能有很大影响。

孔隙的特征是指孔隙尺寸的大小、孔隙的连通性等。孔隙与外界相连通的叫作开口孔隙；与外界不连通的叫作闭口孔隙。含孔材料的体积组成如图 1-1 所示。

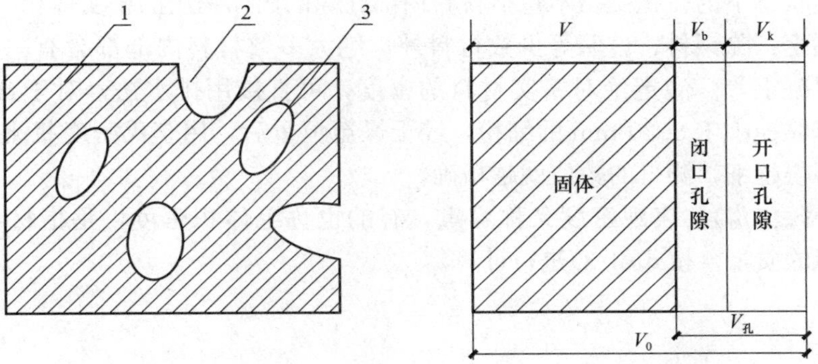

图 1-1 含孔材料的体积组成

1—颗粒中固体物质；2—颗粒的开口孔隙；3—颗粒的闭口孔隙

材料体积 V_0 的组成如下：

$$V_0=V+V_P \tag{1-1}$$

式中 V ——材料的固体体积(绝对密实体积)，不包括孔隙的体积；

V_P——材料所含孔隙的体积，包括开口孔隙体积 V_k 和闭口孔隙体积 V_b；

对于散粒状材料(如水泥、砂、石子等)，其堆积体积由颗粒的固体体积 V、开口孔隙体积 V_k、闭口孔隙体积 V_b 及颗粒之间的空隙体积 V_k' 四部分组成，如图 1-2 所示。

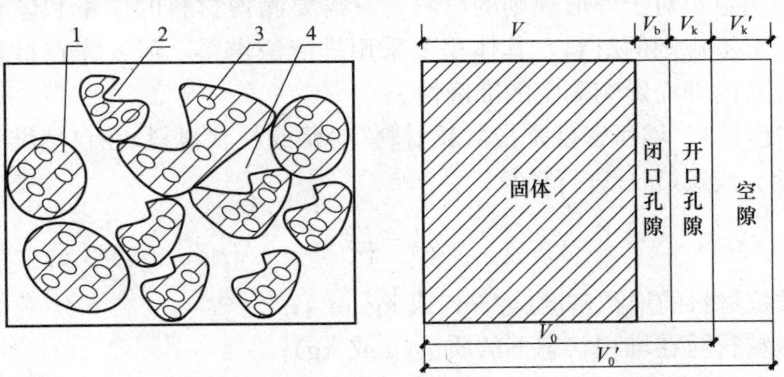

图 1-2 散粒材料体积组成示意

1—颗粒中固体物质；2—颗粒的开口孔隙；3—颗粒的闭口孔隙；4—颗粒之间的空隙

1.2.2　材料与质量有关的性质

1. 密度、表观密度与堆积密度

(1)密度(ρ)。密度是材料在绝对密实状态下的单位体积质量。按式(1-2)进行计算。

三种密度的
区别和联系

$$\rho = \frac{m}{V} \tag{1-2}$$

式中　ρ——材料的密度(g/cm^3 或 kg/m^3)；

m——材料在绝对干燥状态下的质量(g 或 kg)；

V——材料在绝对密实状态下的体积(cm^3 或 m^3)。

绝对密实状态下的体积是指不包括材料内部孔隙的固体物质的密实体积。

密度的测定：除钢材、玻璃等少数材料外，绝大多数材料内部都含有一定的孔隙，如砖、石材、混凝土等。测定绝对密实材料的密度，可直接用排水法；对于含孔隙的材料，应将材料磨成粒径小于 0.20 mm 的细粉，经干燥至恒重后，用李氏密度瓶测定其绝对密实体积。材料磨得越细，测得的数值就越精确。

(2)表观密度(ρ_0)。表观密度又称容重，有的也称毛体积密度，是指材料在自然状态下，单位体积的质量。按式(1-3)进行计算。

$$\rho_0 = \frac{m}{V_0} \tag{1-3}$$

式中　ρ_0——材料的表观密度(g/cm^3 或 kg/m^3)；

m——材料在自然状态下的质量(g 或 kg)；

V_0——材料在自然状态下的体积(cm^3 或 m^3)。

材料在自然状态下的体积是指材料的固体物质体积与材料内部所含全部孔隙体积之和，即

$$V_0 = V + V_P$$

表观密度与材料结构组成中孔隙的多少和孔隙的含水程度密切相关。材料的孔隙越多，表观密度越小；当孔隙中含有水分时，其质量和体积均发生变化。因此，测定材料的表观密度时须注明含水情况。

表观密度的测定：对于外形规则的材料，只需要测得材料的质量和体积，即可求出表观密度；对于外形不规则的材料，其体积要采用排液法求得，但要先在材料表面涂蜡，以防因液体渗入材料内部而影响测定的准确性。

(3)堆积密度(ρ_0')。堆积密度是指散粒材料(粉状或粒状材料)在自然堆积状态下，单位体积材料的质量。按式(1-4)进行计算。

$$\rho_0' = \frac{m}{V_0'} \tag{1-4}$$

式中　ρ_0'——散粒材料的堆积密度(g/cm^3 或 kg/m^3)；

m——散粒材料在堆积状态下的质量(g 或 kg)；

V_0'——散粒材料在堆积状态下的体积(cm^3 或 m^3)。

堆积密度的测定：测定散粒材料的堆积密度时，材料的质量是指堆积在一定容器内的材料质量，材料的堆积体积是指材料填满空间所占容器的容积。材料堆积密度的大小与材

料的堆积状态有关。在自然状态下称为松堆积密度；当紧密堆积(如人工振实)时称为紧堆积密度。工程上所说的堆积密度是指松堆积密度。

常用建筑材料的密度、表观密度和堆积密度见表1-1。

表1-1 常用建筑材料的密度、表观密度和堆积密度

材料名称	密度/($kg\cdot m^{-3}$)	表观密度/($kg\cdot m^{-3}$)	堆积密度/($kg\cdot m^{-3}$)
木材	1 550～1 600	400～800	—
花岗石	2 600～2 900	2 500～2 800	—
碎石(石灰岩)	2 600～2 800	2 600	1 400～1 700
砂	2 600～2 700	2 650	1 450～1 650
水泥	2 800～3 100	—	1 200～1 300
烧结空心砖	2 500～2 700	1 000～1 480	—
烧结普通砖	2 600～2 700	1 600～1 900	—
普通混凝土	—	2 300～2 500	—
钢材	7 850	7 850	—

2. 孔隙率与密实度

(1)孔隙率。孔隙率是指材料内部孔隙体积占材料自然状态下体积的百分率，以P表示，按式(1-5)进行计算。

$$P=\frac{V_{孔}}{V_0}\times 100\%=\frac{V_0-V}{V_0}\times 100\%=\left(1-\frac{\rho_0}{\rho}\right)\times 100\% \tag{1-5}$$

孔隙率反映了材料内部构造的致密程度。孔隙率越大，材料结构密实性越差，质地越疏松。材料的强度、吸水性、抗渗性、抗冻性、导热性、吸声性等工程性质都与材料的孔隙率有关。这些性质不仅取决于孔隙率的大小，还与孔隙的大小、形状、分布、连通与否等构造特征密切相关。

(2)密实度。密实度是指固体物质体积占自然状态下体积的百分率，以D表示，密实度反映了材料体积内被固体物质所填充的程度。按式(1-6)进行计算。

$$D=\frac{V}{V_0}\times 100\%=\frac{\rho_0}{\rho}\times 100\% \tag{1-6}$$

密实度与孔隙率之间的关系为

$$P+D=1$$

式(1-6)表明，含有孔隙的材料的密实度均小于1。材料的ρ_0与ρ越接近，D越趋近于1，材料就越密实。

一般来说，孔隙率较小且连通孔较少的材料，其吸水性较小、强度较高、抗冻性和抗渗性较好。对于工程中需要保温隔热的建筑物或部位，要求其所用材料的孔隙率较大，相反，对要求高强或不透水的建筑物或部位，其所用的材料的孔隙率应很小。

3. 空隙率与填充率

(1)空隙率。空隙率是指散粒材料在堆积体积中，颗粒之间的空隙体积占材料堆积体积的百分率，以P'表示。按式(1-7)进行计算。

$$P'=\frac{V_{空}}{V_0'}\times100\%=\frac{V_0'-V_0}{V_0'}\times100\%=\left(1-\frac{\rho_0'}{\rho_0}\right)\times100\% \qquad (1\text{-}7)$$

密实度、孔隙率、空隙率的区别与计算公式

空隙率的大小反映了散粒材料颗粒相互填充的程度，空隙率可作为控制混凝土骨料级配与计算配合比时的重要依据。

(2)填充率。填充率是指散粒材料的颗粒体积占堆积体积的百分率，以 D' 表示。按式(1-8)进行计算。

$$D'=\frac{V_0}{V_0'}\times100\%=\frac{\rho_0'}{\rho_0}\times100\% \qquad (1\text{-}8)$$

填充率反映了材料被颗粒填充的程度。

密实度与空隙率之间的关系为

$$P'+D'=1$$

测试题

1.2.3 材料与水有关的性质

1. 亲水性与憎水性

材料与水接触时能被水润湿的性质称为亲水性；材料与水接触时不能被水润湿的性质称为憎水性。

材料被水湿润的程度可以用润湿角 θ 来表示，当材料与水在空气中接触时，在材料、水、空气三相交点处，沿水滴的表面作切线，切线与水和材料接触面所成的夹角称为润湿角，用 θ 表示。润湿角 θ 越小，说明材料越容易被水润湿。试验证明，润湿角 $\theta\leqslant90°$ 的材料为亲水性材料，如图 1-3(a)所示；反之，$\theta>90°$ 的材料不能被水湿润，为憎水性材料，如图1-3(b)所示。当 $\theta=0°$ 时，表明材料完全被水润湿。

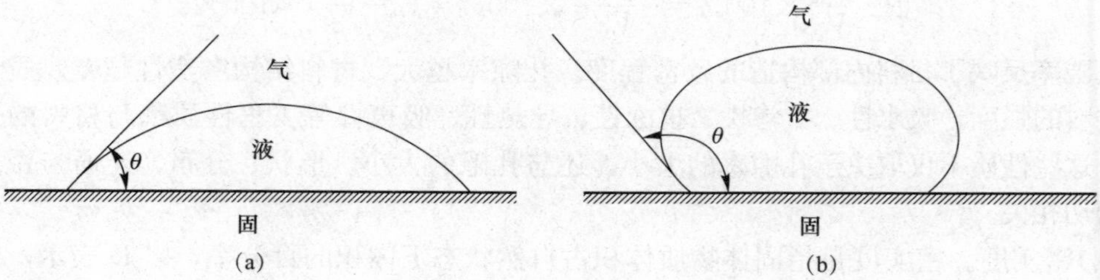

图 1-3 材料的湿润角示意

(a)亲水性材料；(b)憎水性材料

亲水性材料表面能被水湿润，并且能通过毛细管作用自动将水吸入材料内部。大多数建筑材料，如石料、水泥、混凝土、砂、砖、木材等都属于亲水性材料；憎水性材料表面不仅不能被水湿润，而且还能阻止水渗入到毛细管中。因此，建筑中常用憎水性材料作防水、防潮材料，如沥青、石蜡、油漆、塑料等。

2. 吸水性与吸湿性

(1)吸水性。材料在水中(通过毛细孔隙)吸收水分的性质称为吸水性。吸水性的大小一般用吸水率表示。吸水率一般有质量吸水率和体积吸水率两种表示方法。

1)质量吸水率是指材料吸水饱和时，其内部吸收水分的质量占干燥质量的百分率。按式(1-9)进行计算。

$$W_m=\frac{m_b-m}{m}\times 100\% \tag{1-9}$$

式中 W_m——材料的质量吸水率(%)；

m_b——材料在吸水饱和状态下的质量(g)；

m——材料在干燥状态下的质量(g)。

2)体积吸水率是指材料吸水饱和时，其内部吸收水分的体积占干燥体积的百分率。按式(1-10)进行计算。

$$W_V=\frac{V_{水}}{V_0}\times 100\%=\frac{m_b-m}{V_0}\times\frac{1}{\rho_{水}}\times 100\% \tag{1-10}$$

式中 W_V——材料的体积吸水率(%)；

$\rho_{水}$——水的密度，在常温下取 1 g/cm^3；

m——材料在干燥状态下的质量(g)。

体积吸水率与质量吸水率的关系为

$$W_V=W_m\cdot\rho_0 \tag{1-11}$$

常用的建筑材料，其吸水率一般用质量吸水率表示。而在实际工程中，对于某些轻质材料，如加气混凝土、木材等，由于吸入水分的质量往往超过干燥时的自重，此时，质量吸水率会大于100%，为了方便表示，要采用体积吸水率表示其吸水性。

材料吸水率的大小，不仅与材料的亲水性或憎水性有关，而且与材料的孔隙率和孔隙特征有关系。材料所吸收的水分是通过开口孔隙吸入的。一般来说，孔隙率越大，开口孔隙越多，则材料的吸水率越大；但如果开口孔隙粗大，则水分不宜存留，即使空隙率较大，吸水率也较小；另外，封闭空隙水分不能进入，吸水率也较小。

各种材料的吸水率差异很大，如花岗石的吸水率为0.5%～0.7%，混凝土的吸水率为2%～3%，烧结普通砖的吸水率为8%～20%，而木材的吸水率甚至会超过100%。

(2)吸湿性。材料在潮湿空气中吸附水分的性质称为吸湿性。材料的吸湿性大小，用含水率表示。含水率是指材料内部所含水的质量占干材料质量的百分率。按式(1-12)进行计算。

$$W_h=\frac{m_h-m}{m}\times 100\% \tag{1-12}$$

式中 W_h——材料的含水率(%)；

m_h——材料在吸湿状态下的质量(g)；

m——材料在干燥状态下的质量(g)。

材料的吸水率是一个定值，是材料在规定条件下的最大含水率。而材料的含水率除与本身的成分、组织构造等有关外，还随空气的湿度、温度变化而变化，空气的温度越低，相对湿度越大，材料的含水率越大。

材料吸水或吸湿后将对材料性质产生不良影响，如体积膨胀、强度降低、保温性能下降、抗冻性变差。因此，某些材料在储存、运输、使用过程中应特别注意采取有效的防水、防潮措施。

拓展内容

材料既能在潮湿的空气中吸收水分，又能向干燥的空气释放水分，在一定的温度和湿度条件下，材料中所含水分与周围空气湿度达到平衡时的含水率称为平衡含水率。当材料内部孔隙吸水达到饱和时，此时的含水率等于吸水率。

3. 耐水性

材料长期在饱和水作用下不被破坏，同时强度也不显著降低的性质称为耐水性。材料的耐水性好坏用软化系数表示。软化系数是指材料在饱和水状态下的抗压强度与材料在干燥状态下的抗压强度的比值。按式(1-13)进行计算。

$$K_R = \frac{f_b}{f} \tag{1-13}$$

式中 K_R——材料的软化系数；

f_b——材料在吸水饱和状态下的抗压强度(MPa)；

f——材料在干燥状态下的抗压强度(MPa)。

材料的软化系数为 0～1。材料在水中浸泡时，其强度都有不同程度的下降，即使是致密的石材，也不能完全避免。如花岗石长期浸泡在水中，其强度将下降 3%，烧结普通砖和木材所受的影响更为显著。所以，材料的软化系数一般都小于 1。软化系数越小，说明材料吸水饱和后强度降低得越多，耐水性越差。经常位于水中或受潮严重的重要结构物的材料，软化系数不宜小于 0.85；受潮较轻或次要结构物的材料，软化系数不宜小于 0.70。软化系数大于 0.85 的材料，称为耐水性材料。

4. 抗冻性

材料在吸水饱和状态下，能经受多次冻融循环而不被破坏，同时强度也不严重降低的性质称为抗冻性。按照国家标准规定，材料的抗冻性可以采取快冻和慢冻两种试验方法测定，可以用抗冻等级表示材料抗冻性的大小。

(1)快冻试验法是采用 100 mm×100 mm×400 mm 的棱柱体试件，以 28 d 龄期后进行试验，试件吸水饱和后承受反复冻融循环，一个循环在 2～4 h 内完成。材料的抗冻性能以相对动弹性模量值不小于 60%，而且质量损失率不超过 5%时所承受的最大冻融循环次数表示，如 F50、F100、F150 等。

(2)慢冻试验法是指材料在室内常温(20±2)℃和 1 个大气压条件下吸水至饱和后，置于 15 ℃以下冻结 4 h，然后取出放入(20±5)℃的水中融解 4 h，如此为一次冻融循环。材料的抗冻性能以材料的质量损失不超过 5%、压力损失不超过 25%，且试件表面无剥落、裂缝、分层及掉边等现象时所承受的最大冻融循环次数表示，如 D50、D100、D150 等。

抗冻等级越高，材料的抗冻能力越强，材料可以经受的冻融循环次数就越多。材料经受冻融循环作用而破坏，主要是因为材料内部孔隙中的水结冰所致。水结冰时体积要增大，若材料内部孔隙充满了水，则结冰产生的膨胀会对孔隙壁产生很大的应力，当此应力超过材料的抗拉强度时，孔壁将产生局部开裂。

5. 抗渗性

抗渗性是指材料在水、油、酒精等液体的压力作用下抵抗渗透的性能。当材料两侧存在不同水压时，破坏性因素可通过水或气体进入材料内部，然后将所分解的产物压出材料，使材料逐渐破坏，如地下建筑、压力管道等经常受到压力或水头差的作用，所以要求材料具有一定的抗渗性。

材料的抗渗性通常有渗透系数和抗渗等级两种表示方法。

(1)渗透系数。渗透系数的物理意义是指一定厚度的材料在单位压力水头作用下，单位时间内通过单位面积的水量。用式(1-14)表示如下：

$$K=\frac{Wd}{Ath} \tag{1-14}$$

式中 K——渗透系数(cm/h)；

W——透过材料试件的水量(cm^3)；

A——透水面积(cm^2)；

h——材料两侧的水压差(cm)；

d——试件厚度(cm)；

t——透水时间(h)。

测试题

渗透系数反映了材料抵抗压力水渗透的能力。材料的渗透系数越小，说明材料在单位时间内静水压力水头作用下通过单位面积及高度的渗透水量越小，其抗渗性越好。对于防水、防潮材料，如沥青、油毡等常用渗透系数表示其抗渗性。

(2)抗渗等级。抗渗等级是以 28 d 龄期的标准试件，按标准试验方法进行试验时所能承受的最大水压力来确定的。以符号"P"和材料渗透前的最大水压力表示，在建筑工程中大量使用的砂浆、混凝土的抗渗性用抗渗等级表示。如混凝土的抗渗等级可分为 P4、P6、P8、P10，分别表示材料能够承受 0.4 MPa、0.6 MPa、0.8 MPa、1.0 MPa 的水压而不渗水。抗渗等级越大，材料的抗渗性越好。

1.2.4 材料的热工性质

为了保证建筑物具有良好的室内环境，降低建筑物的使用能耗，必须要求建筑物的围护结构具有良好的热工性质。通常，建筑材料的热工性质包括导热性、热容量、热变形性、耐燃性、耐火性。

1. 导热性

材料能够将热量从温度高的一面传递到温度低的一面的性质称为导热性。材料导热性的大小用导热系数(也称导热率)λ 表示。其物理意义为：单位厚度(1 m)的材料，当两侧温差为 1 K 时，在单位时间(1 s)内通过单位面积(1 m^2)的热量。按式(1-15)进行计算。

$$\lambda=\frac{Qa}{At(T_2-T_1)} \tag{1-15}$$

式中 λ——导热系数(热导率)[W/(m·K)]；

Q——传导热量(J)；

a——材料厚度(m)；

A——传热面积(m^2)；

t——传热时间(s)；

T_2-T_1——材料两测温度差(K)。

导热系数越小，材料的隔热性能越好。通常将防止材料内部热量的散失称为保温；将防止材料外部热量的进入称为隔热。保温、隔热统称为绝热。通常将 $\lambda \leqslant 0.15$ W/(m·K)的材料称为绝热材料。

2. 热容量

热容量是指材料受热时吸收热量，冷却时放出热量的性质。其大小用比热容 c 表示。

比热容是指单位质量的材料，温度每升高或降低 1 K 时吸收或放出的热量。按式(1-16)进行计算。

$$c=\frac{Q}{m(T_2-T_1)} \tag{1-16}$$

式中 c——比热容；

Q——材料吸收或放出的热量(J)；

m——材料的质量(g)；

T_2-T_1——材料受热或冷却前后的温度差(K)。

材料的导热系数和热容量是建筑物围护结构热工计算的重要参数，设计时应选用导热系数较小而热容量较大的材料，有利于建筑节能和维护室内温度的稳定。

3. 热变形性

热变形性是指材料随温度变化，其形状、尺寸改变的性质，即材料的热胀冷缩性能。热变形性通常用长度方向的线膨胀系数 α_L 来表示，其物理意义为：温度上升或下降 1 K 材料的长度增长或收缩值。按式(1-17)进行计算。

$$\alpha_L=\frac{\Delta L}{L(T_2-T_1)} \tag{1-17}$$

式中 α_L——材料的线膨胀系数(1/K)；

ΔL——材料的线膨胀或线收缩量(mm)；

T_2-T_1——材料升(降)温前后的温度差(K)；

L——材料的原长(mm)。

材料的热变形性会对结构产生不利影响，尤其是在多种材料复合使用中，应充分考虑材料的热变形性，选材时应尽量选用线膨胀系数接近的材料，如大体积混凝土施工，若处理不好会由于温度变形导致混凝土产生裂缝。

4. 耐燃性

耐燃性是指建筑物失火时，材料可否燃烧及燃烧的难易程度的性质。根据耐燃性可将材料分为非燃烧材料、难燃烧材料和燃烧材料三类。

(1)非燃烧材料，即在空气中受高温作用不起火、不微燃、不碳化的材料。无机材料均为非燃烧材料，如玻璃、陶瓷、混凝土、钢材、铝合金材料等。但是玻璃、混凝土、钢材等受火焰作用会发生明显的变形而失去使用功能，因此，它们具有良好的耐燃性却不耐火。

(2)难燃烧材料，即在空气中受高温作用难起火、难微燃、难碳化，当火源移走后燃烧会立即停止的材料。难燃烧材料多为以可燃材料为基体的复合材料，如沥青混凝土、水泥刨花板等材料，它们可以推迟起火时间或缩小火灾蔓延的范围。

(3)燃烧材料，即在空气中受高温作用会自行起火或微燃，当火源移走后仍能继续燃烧或微燃的材料，如木材及大部分有机材料。

5. 耐火性

耐火性又称耐热性，是指材料在火焰和高温的长时间作用下，保持其结构或形状不破坏、性能不明显下降的性质。根据材料耐火度的不同可分为以下三类：

(1)耐火材料。耐火度不低于 1 580 ℃，如各类耐火砖等。耐火材料可用于高温环境的工程或安装热工设备的工程。

(2)难熔材料。耐火度为 1 350 ℃～1 580 ℃，如耐火混凝土等。

(3)易熔材料。耐火度低于 1 350 ℃，如烧结普通砖、玻璃等。

耐燃性与耐火性是两个不同的概念，耐燃的材料不一定耐火，耐火的材料一般都耐燃。如钢材是耐燃材料(不燃烧性材料)，但不是耐火材料，其耐火极限仅为 0.25 h，即在高温作用下，在短时间内就会变形、熔融。

1.3 材料的力学性质

材料的力学性质是指材料在外力作用下抵抗破坏的能力及与变形有关的性质，主要有强度与比强度、弹性与塑性、脆性与韧性、硬度和耐磨性。

1.3.1 材料的强度与比强度

1. 强度

材料在外力(即荷载)作用下抵抗破坏的能力，称为强度。

材料受到外力作用时，内部就会产生应力。外力增加，应力也相应增加。直至材料内部质点之间的结合力不足以抵抗所作用的外力时，材料就会发生破坏，此时应力达到极限，该应力极限值就是材料的强度，又称极限强度。

根据外部荷载作用形式的不同，材料的强度也不同，可分为抗压强度、抗拉强度、抗弯强度(抗折强度)和抗剪强度。

一般情况下，材料表观密度越小、孔隙率越大、质地越疏松的材料强度也越低。另外，材料的强度值还与试验条件有密切关系，如试件形状、尺寸、表面状态、含水率、环境温度及试验时的加载速度等。为了使测得的强度值准确，必须按规定的标准试验方法测定。常用建筑材料的强度值见表 1-2。

表 1-2 常用建筑材料的强度值

材料名称	抗压强度/MPa	抗拉强度/MPa	抗弯强度/MPa	抗剪强度/MPa
建筑钢材	215～1 600	215～1 600	215～1 600	200～300
花岗石	100～250	5～8	10～14	13～19
普通混凝土	10～100	1～8	—	2.5～3.5
烧结普通砖	7.5～30	—	1.8～4	1.8～4
松木(顺纹)	30～50	80～120	60～100	6.3～6.9

抗压强度是评定脆性材料强度的基本指标；而抗拉强度是评定塑性材料强度的主要指标。

2. 强度等级

建筑材料通常根据其强度的大小，划分为若干不同的强度等级。在结构中主要承受压力的材料，如混凝土、砂浆、砖等，其强度等级常以抗压强度来划分；主要承受拉力的材料，如建筑钢材，其强度等级常以抗拉时的屈服强度来划分。

3. 比强度

比强度是材料的强度与表观密度之比，即单位质量的材料强度。比强度是用来评价材料是否轻质高强的一个指标，比强度大则说明材料轻质高强。在高层建筑及大跨结构中常采用比强度较大的材料。常用建筑材料的比强度值见表1-3。

表1-3　常用建筑材料的比强度值

材料名称	表观密度/($kg \cdot m^{-3}$)	强度值/Mpa	比强度/($N \cdot m \cdot kg^{-1}$)
低碳钢	7 800	235	0.030 1
普通混凝土	2 400	30	0.012 5
烧结普通砖	1 700	10	0.005 9
松木	500	34	0.068 0

1.3.2　材料的弹性与塑性

材料在外力作用下产生变形，当外力取消后，变形随即消失并能完全恢复原来形状的性质，称为材料的弹性。这种可恢复的变形称为弹性变形。材料在外力作用下产生变形，当取消外力后，不能恢复变形，仍然保持变形后的形状和尺寸，并且不产生裂缝的性质，称为材料的塑性。这种不可恢复的变形称为塑性变形(或永久变形)。弹性变形是可逆变形；塑性变形是不可逆变形。

1.3.3　材料的脆性与韧性

材料受外力作用，当外力达到一定限度后，材料突然破坏，但破坏时没有明显塑性变形的性质，称为材料的脆性。具有这种性质的材料称为脆性材料。一般脆性材料的抗压强度远远高于其抗拉强度和抗弯强度，抵抗冲击或振动荷载的能力很差，如混凝土、砂浆、砖、石材等无机非金属材料都属于脆性材料。

材料在冲击或振动荷载作用下，能吸收较大能量，产生较大变形而不致破坏的性质，称为材料的韧性或冲击韧性。韧性材料的抗拉强度接近于抗压强度、抗弯强度，既可以承受压力，又可以承受拉力或弯曲，如建筑钢材、沥青混合料、橡胶、塑料等都属于韧性材料。

1.3.4　材料的硬度与耐磨性

硬度是指材料表面抵抗硬物压入或刻划的能力。硬度的表示方法和测定方法很多，常用刻划法和压入法测定硬度。天然矿物材料的硬度常用刻划法测定，用莫氏硬度表示；金属材料的硬度常用压入法测定，用布氏硬度、洛氏硬度或维氏硬度表示；混凝土、砂浆等材料的硬度用回弹法测定。

耐磨性是指材料表面抵抗磨损的能力。材料的耐磨性以磨损前后材料单位面积的质量损失(即磨损)率表示，按式(1-18)进行计算。

$$G=\frac{(m_1-m_2)}{A} \tag{1-18}$$

式中　G——材料的磨损率(g/cm^2)；

m_1——材料磨损前的质量(g)；

m_2——材料磨损后的质量(g)；

A——材料的磨损面积(cm^2)。

材料的磨损率越低，表明该材料的耐磨性越好。材料的强度越高，越致密，耐磨性越好。在建筑工程中对于路面、地面等经常受磨损部位，应选用耐磨性好的材料。

1.4 材料的耐久性

材料的其他性质还有哪些?

材料在长期使用过程中，能抵抗自身及外界环境各种因素与有害介质的作用而不破坏，并且能保持原有性能的能力，称为材料的耐久性。

耐久性是材料的一项复杂的综合性质。其包括抗渗性、抗冻性、抗风化性、耐腐蚀性、抗老化性、耐热性、耐磨性等性质。材料种类不同，耐久性包含的内容也不同。例如，混凝土的破坏主要是因为物理作用和风化作用，所以其耐久性主要是指混凝土的抗渗性、抗冻性、抗腐蚀性和抗碳化性；建筑钢材的破坏主要是化学作用而引起的腐蚀，故其耐久性是指钢材的抗锈蚀性。

材料的耐久性直接影响着建筑物的安全性和经济性，只有深入了解并掌握耐久性的本质，从材料选用、结构设计、施工及使用维护等各个方面共同努力，采取相应的措施(如优选材料、对材料改性、提高材料密实度、改善材料孔结构、对材料进行表面处理等)以增强材料抵抗环境作用的能力，甚至可以从改善环境条件入手减轻对材料的破坏等，才能保证工程结构的耐久性，延长其使用寿命。

职业能力训练

一、名词解释

1. 密度；2. 表观密度；3. 堆积密度；4. 孔隙率；5. 填充率；
6. 含水率；7. 耐水性；8. 软化系数；9. 弹性变形；10. 塑性变形。

二、填空题

1. 材料体积内被固体物质所充实的程度称为________。

2. 空隙率是指颗粒状材料在________状态下，空隙的体积占堆积体积的百分率。

3. 抗冻性是指材料在________状态下，经过多次冻融循环作用不被破坏，也不显著降低的性质。混凝土的抗冻性用________表示。

4. 材料的导热性用________表示，其值越小，则材料的导热性越________，保温隔热性能越________。常将导热系数________的材料称为绝热材料。

5. 材料的热容量用________表示。

6. 材料耐水性的强弱可以用________表示。材料耐水性越好，该值越________。

7. 材料内部的孔隙可分为________孔隙和________孔隙。一般情况下，材料的孔隙率越大，且连通孔越多的材料，则其体积密度、强度越________，吸水性________、吸湿性越________，导热性越________，保温隔热性能越________，抗冻性、抗渗性等耐久性越________。

8. 选择建筑物围护结构的材料时，应选用导热系数较________，热容量较________的材料，可保持室内温度的稳定。

9. 材料在完全浸水状态下，吸入水分的性质称为________，用来表示________。

10. 材料在潮湿空气中吸入水分的性质称为________，用来表示________。

11. 材料在荷载作用下抵抗破坏的能力称为________。

12. 比强度是指____________________________。

13. ________是衡量材料轻质高强性能的一项主要指标。

14. 材料的弹性模量，是衡量材料________的指标。弹性模量________，表明材料的刚性越好，在受力时越不容易产生变形。

15. 在________范围内，材料的应力与应变的比值为一常量，称为弹性模量。

16. 脆性材料在破坏前没有明显的________变形。

三、选择题

1. 同一种材料的密度与表观密度差值较小，这种材料的(　　)。

A. 孔隙率较大　B. 保温隔热性较好　C. 吸声能力强　D. 强度高

2. 为了达到保温隔热的目的，在选择墙体材料时，要求(　　)。

A. 导热系数小，热容量小　B. 导热系数小，热容量大

C. 导热系数大，热容量小　D. 导热系数大，热容量大

3. 材料在水中吸收水分的性质称为(　　)。

A. 吸湿性　B. 吸水性　C. 耐水性　D. 渗透性

4. 材料吸水后将材料的(　　)提高。

A. 耐久性　B. 导热系数　C. 密度　D. 密实度

5. 如材料的质量已知，求其表观密度时，测定的体积应为(　　)。

A. 材料的密实体积　B. 材料的密实体积与开口孔隙体积

C. 材料的密实体积与闭口孔隙体积　D. 材料的密实体积与开口及闭口体积

6. 在 100 g 含水率为 3%的湿砂中，其中，水的质量为(　　)g。

A. 3.0　B. 2.5　C. 3.3　D. 2.9

7. 将一批混凝土试件，经养护至 28 d 后分别测得其养护状态下的平均抗压强度为 23 MPa，干燥状态下的平均抗压强度为 25 MPa，吸水饱和状态下的平均抗压强度为 22 MPa，则其软化系数为(　　)。

A. 0.92　B. 0.88　C. 0.96　D. 0.13

8. 某材料吸水饱和后的质量为 20 kg，烘干到恒重时，质量为 16 kg，则材料的(　　)。

A. 质量吸水率为 25%　B. 质量吸水率为 20%

C. 体积吸水率为 25%　D. 体积吸水率为 20%

9. 某一材料的下列指标中为固定值的是(　　)。

A. 密度　B. 表观密度　C. 堆积密度　D. 导热系数

10. 某材料 100 g，含水 5 g，放入水中又吸水 8 g 后达到饱和状态，则该材料的吸水率可用(　　)计算。

A. 8/100　B. 8/95　C. 13/100　D. 13/95

11. 评定材料抵抗水的破坏能力的指标是(　　)。

A. 抗渗等级　B. 渗透系数　C. 软化系数　D. 抗冻等级

12. 孔隙率相等的同种材料，其导热系数在(　　)时变小。

A. 孔隙尺寸增大，且孔互相连通　B. 孔隙尺寸增大，且孔互相封闭

C. 孔隙尺寸减小，且孔互相封闭　D. 孔隙尺寸减小，且孔互相连通

13. 用于吸声的材料，要求其具有(　　)孔隙。

A. 大孔　　B. 内部连通而表面封死

C. 封闭小孔　　D. 开口连通细孔

14. 下列材料中可用作承重结构的为(　　)。

A. 加气混凝土　　B. 塑料　　C. 石膏板　　D．轻骨料混凝土

15. 材料处于(　　)时，测得的含水率是平衡含水率。

A. 干燥状态　　B. 饱和面干状态　　C. 气干状态　　D. 湿润状态

四、问答题

为什么新建的房屋保暖性差，到冬季更甚?

五、计算题

1. 为了提高某沥青混凝土路面的高温稳定性，要求所选碎石的空隙率不小于35%。已知碎石的密度为2.65 g/cm^3，表观密度为2 610 kg/m^3，堆积密度为1 680 kg/m^3。试问：该碎石的空隙率是否满足要求？其孔隙率如何计算?

2. 烧结普通砖的尺寸为240 mm×115 mm×53 mm，已知其孔隙率为37%，干燥质量为2 487 g，浸水饱和质量为2 984 g。求该砖的密度、干表观密度、吸水率、开口孔隙率及闭口孔隙率。

3. 烧结普通砖进行抗压试验，浸水饱和后的抗压强度为13.3 MPa，干燥状态下的抗压强度为15.0 MPa，此砖能否用于受潮严重的重要结构?

4. 某石材在气干、绝干、水饱和情况下测得的抗压强度分别为174 MPa、178 MPa、165 MPa，求该石材的软化系数，并判断该石材可否用于水下工程。

模块 2　胶凝材料

内容概述

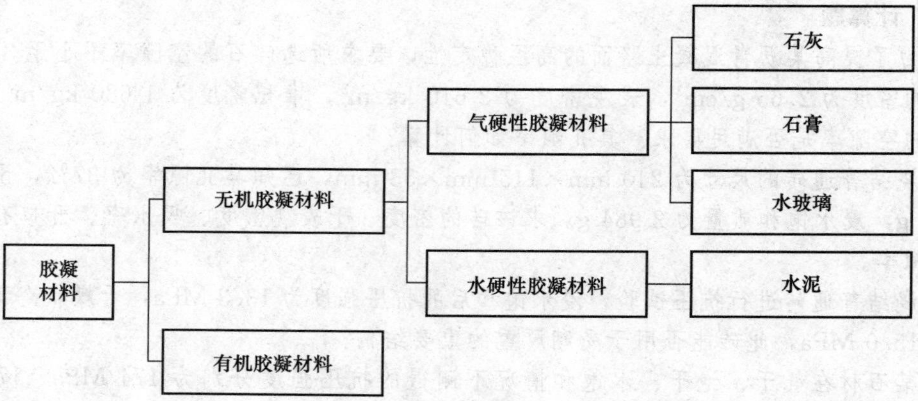

知识目标

1. 掌握石灰的类型、应用、储运及验收；
2. 掌握石膏的类型、应用、储运及验收；
3. 掌握水玻璃的类型、特性及应用；
4. 掌握水泥的类型、生产、应用、储运及验收。

技能目标

1. 能够根据石灰的特点进行合理的选型、储运、验收和使用；
2. 能够根据石膏的特点进行合理的选型、储运、验收和使用；
3. 能够对水玻璃进行合理的应用；
4. 能够区分不同类型的水泥并根据工程具体情况进行选用。

2.1 胶凝材料简介

2.1.1 胶凝材料的定义

胶凝材料是经过一系列的物理和化学变化，能够凝结硬化，将块状或粉状材料胶结起来，形成一个整体的材料。

2.1.2 胶凝材料的分类

胶凝材料可分为无机胶凝材料和有机胶凝材料。其中，无机胶凝材料又可分为气硬性胶凝材料和水硬性胶凝材料。

(1)气硬性胶凝材料。气硬性胶凝材料是加水拌和均匀后形成的浆体，只能在空气中凝结硬化，而不能在水中硬化的胶凝材料，如石灰、石膏、水玻璃、镁质胶凝材料等。

(2)水硬性胶凝材料。水硬性胶凝材料是加水拌和均匀后形成的浆体，不仅能在干燥空气中凝结硬化，而且能更好地在水中硬化，保持或发展其强度，通称为“水泥”。

2.2 石灰

2.2.1 石灰产品的类型及应用

石灰放热

1. 石灰的生产

(1)生产原料：生产石灰的原料主要是以碳酸钙为主要成分的天然岩石，如石灰石。另外，化工副产品电石渣也可以用来生产石灰。如图 2-1 所示。

(a) (b)

图 2-1 石灰的生产原料

(a)石灰石；(b)电石渣

(2)生产工艺——高温煅烧(温度为 900 ℃～1 100 ℃)。石灰的生产过程是石灰石经煅烧、分解排出二氧化碳的过程。

1)煅烧温度过高或时间过长产生过火石灰。过火石灰呈黄褐色，结构致密，局部表观密度增大，水化反应速率极慢，长期使用后会崩裂、鼓泡。

2)煅烧温度过低或时间过短则产生欠火石灰。欠火石灰呈青白色，会降低石灰质量(CaO 含量低)，属于石灰的废品。

3)煅烧温度、时间恰好的称为正火石灰。

(3)产物：生石灰(主要成分 CaO 和少量 MgO)，如图 2-2 所示。

(a)

(b)

图 2-2　生石灰

(a)块状生石灰；(b)粉状生石灰

2. 石灰的水化

水化是块状生石灰(CaO)遇水消解成膏状或粉末状的 $Ca(OH)_2$(熟石灰)的过程，也称为熟化或消解。

(1)水化原理：$CaO+H_2O=Ca(OH)_2+64.88\ kJ$。

(2)水化方法：

1)淋灰法：分层淋水，可得消石灰粉。

2)化灰法：陈伏两周以上可得石灰膏、石灰乳。为了消除过火石灰的危害，石灰浆应在储灰坑中保存两星期以上，称为陈伏。陈伏期间，石灰表面应保有一层水分，与空气隔绝，以免碳化。

3. 石灰的硬化

石灰浆体在空气中逐渐硬化，是由下面两个同时进行的过程来完成的。

(1)结晶作用。$Ca(OH)_2$ 从饱和溶液中析出，晶体互相交叉连生，从而提高强度。

(2)碳化作用。$Ca(OH)_2$ 与潮湿空气中的 CO_2 发生化学反应，形成不溶于水的 $CaCO_3$ 晶体，使石灰的强度逐渐提高。

4. 石灰的类型

(1)按是否熟化可分为生石灰、熟石灰(也称为消石灰)。生石灰按加工情况不同可分为建筑生石灰(块状)和建筑生石灰粉；生石灰按化学成分不同可分为钙质石灰和镁质石灰。钙质石灰和镁质石灰的划分标准见表 2-1。

表 2-1　钙质石灰和镁质石灰的划分标准

类别	名称	代号	MgO 含量
钙质石灰	钙质石灰 90	CL 90-Q CL 90-QP	≤5
	钙质石灰 85	CL 85-Q CL 85-QP	
	钙质石灰 75	CL 75-Q CL 75-QP	
镁质石灰	镁质石灰 85	ML 85-Q ML 85-QP	>5
	镁质石灰 80	ML 80-Q ML 80-QP	
说明：代号 CL 表示钙质石灰，ML 表示镁质石灰，Q 表示块状，QP 表示粉状。			

(2)将块状生石灰用适量水经消解、干燥、磨细、筛分而制成的粉末就是熟石灰粉(也称消石灰粉)。而将生石灰用过量的水(为生石灰体积的 3～4 倍)消解，或将熟石灰与水拌和得到一定稠度的膏状就是石灰膏，如图 2-3 所示，如果水分加得更多就是石灰乳，如图 2-4、图 2-5 所示。

图 2-3　石灰膏

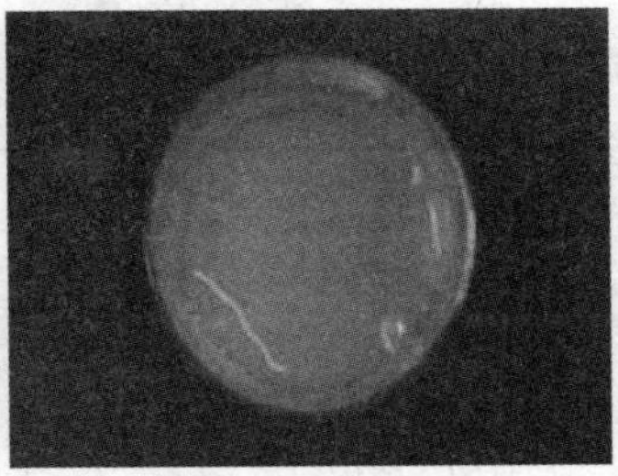

图 2-4　石灰乳

图 2-5　树干抹灰

(3)消石灰按化学成分不同可分为钙质消石灰和镁质消石灰。其划分标准见表 2-2。

表 2-2　钙质消石灰和镁质消石灰的划分标准

类别	名称	代号	MgO 含量
钙质消石灰	钙质消石灰 90	HCL 90	≤5
	钙质消石灰 85	HCL 85	
	钙质消石灰 75	HCL 75	
镁质消石灰	镁质消石灰 85	HML 85	>5
	镁质消石灰 80	HML 80	

5. 石灰的特性

(1)保水性、可塑性好；

(2)凝结硬化慢、强度低；

(3)硬化后体积收缩大，易开裂；

(4)耐水性差。

6. 石灰产品的应用

(1)干燥剂。在食品包装中，常用颗粒状生石灰做干燥剂。

(2)生石灰消毒。在畜禽养殖业中，用生石灰进行畜禽栏舍的消毒。

(3)石灰砂浆与混合砂浆。用石灰乳可制成石灰乳涂料，主要进行要求不高的室内粉刷。用石灰膏或消石灰粉可配制成石灰砂浆或水泥石灰混合砂浆，用于抹灰和砌筑。

(4)灰土与三合土。消石灰粉与黏土拌和后制成灰土，再加上砂或石屑、炉渣等即成三合土。灰土和三合土可广泛用于建筑物的基础和道路的垫层。

2.2.2 石灰产品的验收指标

1. 建筑生石灰的验收指标

根据标准《建筑生石灰》(JC/T 479—2013)的规定，建筑生石灰在进行质量验收时要对化学成分、产浆量、细度三类指标进行检测。物理检测需要遵照标准《建筑石灰试验方法 第1部分：物理试验方法》(JC/T 478.1—2013)的规定进行；化学分析需要遵照标准《建筑石灰试验方法 第2部分：化学分析方法》(JC/T 478.2—2013)的规定进行。具体检测标准见表2-3。

表2-3 建筑生石灰的检测标准

名称	化学成分/%				产浆量/[$dm^3\cdot(10\ kg)^{-1}$]	细度	
	CaO+MgO	MgO	CO_2	SO_3		0.2 mm筛余量/%	90 μm筛余量/%
CL 90-Q	≥90	≤5	≤4	≤2	≥26	—	—
CL 90-QP					—	≤2	≤7
CL 85-Q	≥85		≤7		≥26	—	—
CL 85-QP					—	≤2	≤7
CL 75-Q	≥75		≤12		≥26	—	—
CL 75-QP					—	≤2	≤7
ML 85-Q	≥85	>5	≤7		—	—	—
ML 85-QP						≤2	≤7
ML 80-Q	≥80				—	—	—
ML 80-QP						≤7	≤2

2. 建筑消石灰的验收指标

根据标准《建筑消石灰》(JC/T 481—2013)的规定，建筑消石灰在进行质量验收时对化学成分、游离水、细度和安定性四类指标进行检测。物理检测遵照标准《建筑石灰试验方法 第1部分：物理试验方法》(JC/T 478.1—2013)的规定进行；化学分析遵照标准《建筑石灰试验方法 第2部分：化学分析方法》(JC/T 478.2—2013)的规定进行。具体检测标准见表2-4。

表 2-4 建筑消石灰的检测标准

名称	化学成分/%			游离水/%	安定性	细度	
	CaO+MgO	MgO	SO_3			0.2 mm 筛余量/%	90 μm 筛余量/%
HCL 90	≥90	≤5	≤2	≤2	合格	≤2	≤7
HCL 85	≥85						
HCL 75	≥75						
HML 85	≥85	>5					
HML 80	≥80						

2.2.3 建筑石灰的储运要求

建筑生石灰不应与易燃、易爆和液体物品混装。建筑生石灰、消石灰在运输和储存时都不应受潮和混入杂物。生石灰储存时间一般不超过一个月，做到“随到随化”。熟石灰在使用前必须陈伏 15 d 以上，以防止过火石灰产生的危害。

拓展内容

建筑石灰在抹面中的应用技巧

石灰膏或消石灰粉可配制成石灰砂浆或水泥石灰混合砂浆用于抹灰，但在施工过程中容易出现“爆灰”和“网状裂纹”现象，影响工程质量。因此，在应用石灰产品进行抹面时，应注意以下几个问题：

(1)石灰膏要充分陈伏，用以消除过火石灰水化速度慢，硬化后的水化反应导致抹面表面出现体积膨胀、鼓包、崩裂等“爆灰”现象。

(2)用消石灰粉配制抹面砂浆时要加入麻刀、纸筋等纤维状材料，用以消除石灰在硬化过程中的收缩明显，从而使墙面产生“网状裂纹”的现象。

2.3 石膏

2.3.1 石膏产品的类型

石膏是一种以 $CaSO_4$ 为主要成分的气硬性胶凝材料。

1. 生产原料

(1)天然二水石膏($CaSO_4 \cdot 2H_2O$)，又称软石膏或生石膏；

(2)天然无水石膏($CaSO_4$)，又称硬石膏；

(3)化工石膏($CaSO_4 \cdot 2H_2O$)，如图 2-6 所示。

(a)　　　　　　　　　　(b)

图 2-6　石膏生产原料

(a)天然石膏；(b)化工石膏——磷石膏

2. 生产工艺

将天然二水石膏或化工石膏经加热煅烧、脱水、粉磨即得石膏产品。

3. 生产产品

在不同的煅烧温度下，得到的产品是不同的。具体过程如下所示：

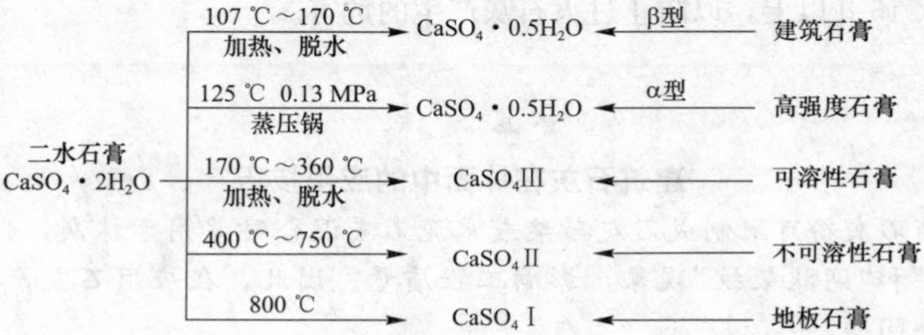

4. 建筑石膏的凝结硬化过程

建筑石膏与适量水拌和后，能形成可塑性良好的浆体，随着石膏与水的反应，浆体的可塑性很快消失而发生凝结，此后进一步产生和发展强度而硬化。

2.3.2　建筑石膏产品的验收指标及质量等级

根据标准《建筑石膏》(GB/T 9776—2008)，建筑石膏在出厂进行质量检测时，需要对建筑石膏的物理力学性能，即细度、凝结时间、强度进行检测。具体技术指标见表 2-5。

表 2-5　建筑石膏技术指标

等级	细度 (0.2 mm 方孔筛筛余)/%	凝结时间/min		2 h 强度/MPa	
		初凝	终凝	抗折	抗压
3.0	≤10	≥3	≤30	≥3.0	≥6.0
2.0				≥2.0	≥4.0
1.0				≥1.6	≥3.0

建筑石膏按其细度、强度、凝结时间等指标，可划分为优等品、一等品、合格品三个等级。具体指标见表 2-6。

表 2-6　建筑石膏等级划分指标

技术指标名称			优等品	一等品	合格品
强度	抗折强度	≥	2.5	2.1	1.8
	抗压强度	≥	4.9	3.9	2.9
细度(0.2 mm 方孔筛筛余)		≤	5.0	10.0	15.0
凝结时间			初凝不早于 6 min，终凝不迟于 30 min		

2.3.3　建筑石膏的特点、应用形式及应用范畴

石膏浮雕花制作

1. 建筑石膏的特点

(1)凝结硬化快。一般初凝时间为几分钟至十几分钟，终凝时间在半小时以内，大约一星期完全硬化。

(2)尺寸稳定，装饰性好，凝结硬化时体积微膨胀。石膏在凝结硬化时体积略膨胀，使石膏硬化体表面光滑饱满，干燥时不开裂。

(3)孔隙率大，表观密度小，强度较低。石膏浆体硬化后，多余的自由水将会蒸发，内部将留下大量孔隙，因而表观密度较小，并使石膏制品具有导热系数小、吸声性强、吸湿性大的特点。

(4)防火性能好。石膏制品在遇火时，二水石膏将脱出结晶水，在制品表面形成蒸汽幕和脱水物隔热层，有效地减少火焰对内部结构的危害，具有较好的防火性能。

(5)耐水性和抗冻性差。建筑石膏吸收水分后强度显著降低；若长期浸水，还会因二水石膏晶体溶解而引起破坏。吸水饱和的石膏制品受冻后，会因孔隙中的水结冰而开裂崩溃。

2. 建筑石膏的应用形式及应用范畴

(1)粉刷石膏。

(2)石膏砂浆。

(3)装饰石膏板[图 2-7(a)]。

(4)石膏空心条板。

(5)纤维石膏板。

(6)纸面石膏板。

(7)石膏砌块。

(8)石膏装饰制品[图 2-7(b)]。

(a)　(b)

图 2-7　石膏制品

(a)装饰石膏板；(b)石膏雕像

拓展内容

建筑石膏板在室内装饰中的应用技巧——石膏板吊顶选购技巧

(1)一看。目测，外观检查时应在0.5 m远处光照明亮的条件下，对板材正面进行目测检查，先看表面，表面平整光滑，不能有孔、污痕、裂纹、缺角、色彩不均和图案不完整现象；再看侧面。看石膏质地是否密实，有无空鼓现象，越密实的石膏板越耐用。

(2)二敲。用手敲击，检查石膏板的弹性，发出很实的声音说明石膏板严实耐用，如发出很空的声音则说明板内有空鼓现象，且质地不好。用手掂分量也可以衡量石膏板的优劣。

(3)三度量。三度量包括尺寸允许偏差、平面度和直角偏离度。尺寸允许偏差、平面度和直角偏离度要符合合格标准。

(4)看标志。在每一包装箱上，应有产品的名称、商标、质量等级、制造厂名、生产日期，以及防潮、小心轻放和产品标记等标志，购买时应重点查看质量等级标志。

2.4 水玻璃

2.4.1 水玻璃的成分和类型

水玻璃又称泡花碱，是由不同比例的碱金属氧化物和二氧化硅化合而成的一种可溶于水的硅酸盐。其化学式为$R_2O \cdot nSiO_2$，式中R_2O为碱金属氧化物，n为二氧化硅与碱金属氧化物摩尔数的比值，称为水玻璃的模数。模数在3以下的水玻璃称为中性水玻璃，模数在3以上的水玻璃称为碱性水玻璃。

建筑中常用的水玻璃是硅酸钠水溶液，又称钠水玻璃($Na_2O \cdot nSiO_2$)。要求高时也用硅酸钾水溶液，又称钾水玻璃($K_2O \cdot nSiO_2$)。

2.4.2 水玻璃的生产

生产硅酸钠水玻璃的主要原料是石英砂、纯碱或含碳酸钠的原料。

1. 湿法生产

将石英砂和苛性钠液体在高压蒸锅内(0.2～0.3 MPa)用蒸汽加热，并加以搅拌，使其直接反应而成液体水玻璃。

2. 干法生产

将各原料磨细按比例配合，加热至1 300 ℃～1 400 ℃，熔融而生成硅酸钠，冷却后即固态水玻璃，如图2-8所示；然后，将固态水玻璃在水中加热溶解成无色、淡黄色或青灰色透明或半透明的胶状玻璃溶液，即液态水玻璃，如图2-9所示。

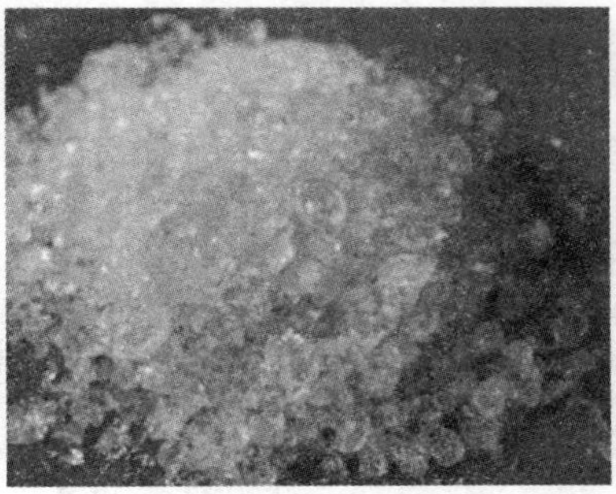

图 2-8　固态水玻璃

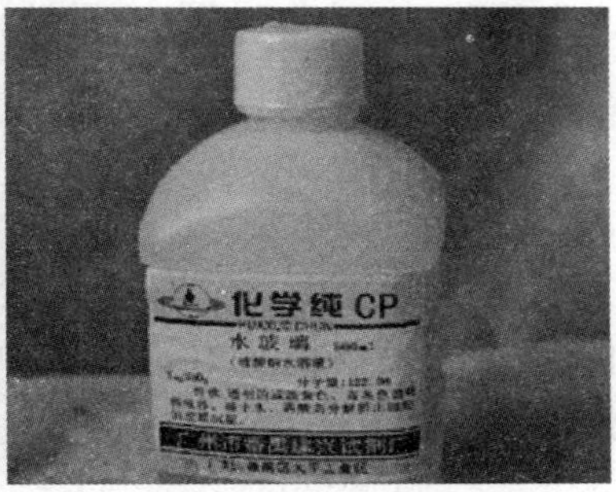

图 2-9　液态水玻璃

2.4.3　水玻璃的特性及应用

水玻璃防火性试验

1. 水玻璃的特性

硅酸钠在以水为分散剂的体系中为无色、略带色的透明或半透明黏稠状液体。固体硅酸钠为无色、略带色的透明或半透明玻璃块状体。

水玻璃模数是水玻璃的重要参数，一般为1.5～3.5。水玻璃模数越大，固体水玻璃越难溶于水，二氧化硅含量越多，水玻璃黏度增大，易于分解硬化，黏结力增大。

(1)黏结性能较好。水玻璃硬化后的主要成分为硅酸凝胶和固体，具有良好的黏结性能。

(2)耐热性好、不燃烧。水玻璃硬化后形成的 SiO_2 网状骨架在高温下强度不下降，用它和耐热骨料配制的耐热混凝土可耐 1 000 ℃的高温而不被破坏。

(3)耐酸性好。硬化后的水玻璃主要成分是 SiO_2，在强氧化性酸中具有较好的化学稳定性。

(4)耐碱性与耐水性差。

2. 水玻璃的应用

(1)水玻璃密封固化地面[图 2-10(a)]。

(2)涂刷或浸渍混凝土结构或构件表面，提高混凝土的抗风化性和耐久性。

(3)配制耐酸胶凝、耐酸砂浆和耐酸混凝土[图 2-10(b)]。

(4)配制快凝防水剂。

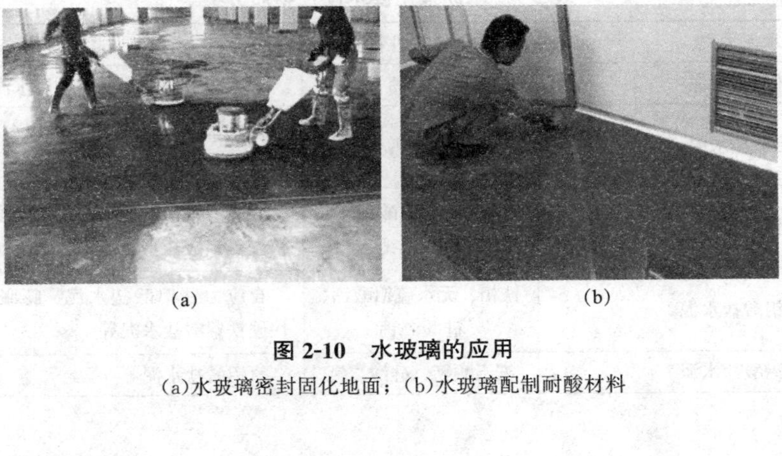

(a)　　(b)

图 2-10　水玻璃的应用

(a)水玻璃密封固化地面；(b)水玻璃配制耐酸材料

2.5 水泥

水泥是一种水硬性胶凝材料，呈粉末状，加水后拌和均匀形成的浆体，不仅能够在干燥环境中凝结硬化，而且能更好地在水中硬化，保持或发展其强度，形成具有堆聚结构的人造石材。

2.5.1 水泥的分类

1. 按性能和用途分

水泥按性能和用途分类，如图 2-11 所示。

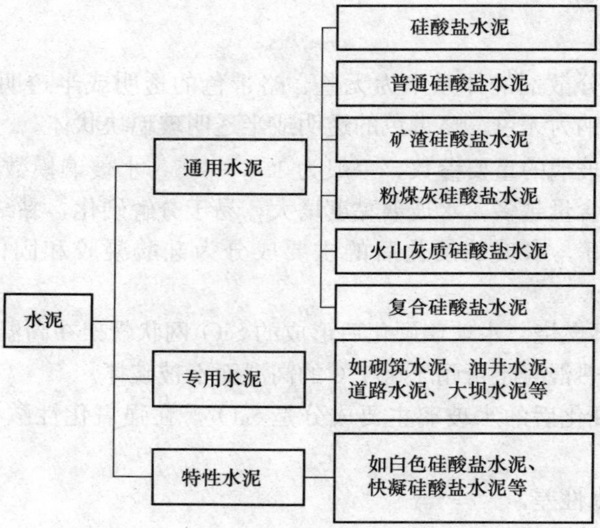

图 2-11　水泥按性能和用途分类

2. 按主要水硬性物质分类

水泥按主要水硬性物质分类，见表 2-7。

表 2-7　水泥按主要水硬性物质分类

水泥种类	主要水硬性物质	主要品种
硅酸盐水泥	硅酸钙	绝大多数通用水泥、专用水泥和特性水泥
铝酸盐水泥	铝酸钙	高铝水泥、自应力铝酸盐水泥、快硬高强铝酸盐水泥等
硫铝酸盐水泥	无水硫铝酸钙 硅酸二钙	自应力硫铝酸盐水泥、低碱度硫铝酸盐水泥、快硬硫铝酸盐水泥等
铁铝酸盐水泥	铁相、无水硫铝酸钙、 硅酸二钙	自应力铁铝酸盐水泥、膨胀铁铝酸盐水泥、快硬铁铝酸盐水泥等
氟铝酸盐水泥	氟铝酸钙、硅酸二钙	氟铝酸盐水泥等

续表

水泥种类	主要水硬性物质	主要品种
以火山灰或潜在水硬性材料及其他活性材料为主要组分的水泥	活性二氧化硅 活性氧化铝	石灰火山灰水泥、石膏矿渣水泥、低热钢渣矿渣水泥等

2.5.2 通用硅酸盐水泥的类型

通用硅酸盐水泥是由硅酸盐水泥熟料、适量石膏与规定的混合材料磨细制成的水硬性胶凝材料。

按混合材料的品种和掺入量不同可分为硅酸盐水泥、普通硅酸盐水泥、矿渣硅酸盐水泥、火山灰质硅酸盐水泥、粉煤灰硅酸盐水泥和复合硅酸盐水泥。其组成及代号见表 2-8。

表 2-8 通用硅酸盐水泥的组成及代号

品种	代号	组成（质量百分数，%）				
		熟料+石膏	粒化高炉矿渣	火山灰质混合材料	粉煤灰	石灰石
硅酸盐水泥	P·Ⅰ	100	—	—	—	—
	P·Ⅱ	≥95	≤5	—	—	—
		≥95	—	—	—	≤5
普通硅酸盐水泥	P·O	≥80 且<95	>5 且≤20			—
矿渣硅酸盐水泥	P·S·A	≥50 且<80	>20 且≤50	—	—	—
	P·S·B	≥30 且<50	>50 且≤70	—	—	—
火山灰质硅酸盐水泥	P·P	≥60 且<80	—	>20 且≤40	—	—
粉煤灰硅酸盐水泥	P·F	≥60 且<80	—	—	>20 且≤40	—
复合硅酸盐水泥	P·C	≥50 且<80	>20 且≤50			

2.5.3 通用硅酸盐水泥的生产

水泥生产

1. 生产原理

通用硅酸盐水泥的生产原理可概括为“两磨一烧”，如图 2-12 所示。

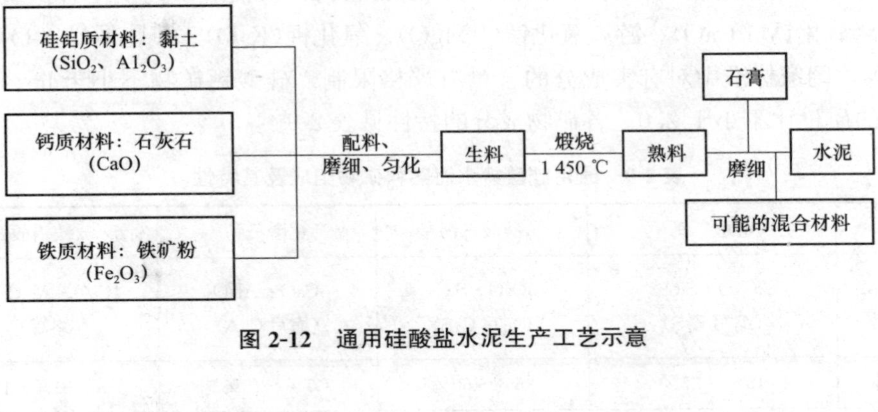

图 2-12 通用硅酸盐水泥生产工艺示意

2. 生产原料

(1)钙质原料(石灰质原料)：石灰石、白垩、石灰质凝灰岩等。其主要成分为 CaO。

(2)硅铝质原料(黏土质原料)：各种黏土、黄土、硅石、煤矸石、粉煤灰等。其主要成分为 SiO_2、Al_2O_3。

(3)铁矿粉：黄铁矿烧渣、红铁矿粉、高铁黏土等。其主要成分为 Fe_2O_3。

(4)石膏：缓凝剂，掺入量一般为水泥质量的 3%～5%。

(5)混合材料：为减少水泥熟料的比率，实现节能环保和改善水泥性能的目的，会在最后环节加入不同数量、不同品种的混合材料，这些混合材料有以下两大类：

1)活性混合材料：在常温下能与水泥的水化产物——氢氧化钙或在硫酸钙的作用下生成具有胶凝性质的稳定化合物，如粒化高炉矿渣、火山灰质混合材料、粉煤灰。

2)非活性混合材料：与水泥的矿物成分、水化产物不起化学反应或化学反应很微弱，掺入水泥中主要起调节水泥强度等级、提高水泥产量、降低水化热等作用。如磨细的石英砂、石灰石、黏土、慢冷矿渣及各种废渣等。

回转窑

3. 生产方法

生产水泥的方法主要有干法立窑生产和湿法回转窑生产两种，如图 2-13 和图 2-14 所示。

图 2-13 立窑

图 2-14 回转窑

4. 水泥熟料

熟料的矿物成分为硅酸二钙、硅酸三钙、铝酸三钙、铁铝酸四钙。还有少量的有害成分，如游离氧化钙(f-CaO)、游离氧化镁(f-MgO)、氧化钾(K_2O)、氧化钠(Na_2O)与三氧化硫(SO_3)等，国家标准中对有害成分的含量有严格限制。硅酸钙矿物不小于 66%，氧化钙和氧化硅的质量比不小于 2.0。各矿物成分的特性见表 2-9。

表 2-9 通用硅酸盐水泥熟料矿物组成及其特性

矿物名称	硅酸二钙	硅酸三钙	铝酸三钙	铁铝酸四钙
化学式	$2CaO \cdot SiO_2$ (缩写 C_2S)	$3CaO \cdot SiO_2$ (缩写 C_3S)	$3CaO \cdot Al_2O_3$ (缩写 C_3A)	$4CaO \cdot Al_2O_3 \cdot Fe_2O_3$ (缩写 C_4AF)
含量范围	15%～37%	36%～60%	7%～15%	10%～18%

续表

矿物名称	硅酸二钙	硅酸三钙	铝酸三钙	铁铝酸四钙
水化速度	慢	快	最快	快
水化热	低	高	最高	中等
强度	早期低、后期高	高	低	中等
收缩量	小	中	大	小
耐腐蚀性	好	差	最差	中等

2.5.4 通用硅酸盐水泥的凝结硬化

1. 通用硅酸盐水泥的凝结硬化机理

测试题

通用硅酸盐水泥的凝结硬化是一个伴随水泥水化作用而发生化学变化的过程。

(1)初始反应期，也称硅酸盐水泥熟料的水化。水泥加水拌和成水泥浆时，熟料矿物与水发生水化反应为初始反应期，仅 5～10 min。水化物生成的速度很快，来不及扩散便附着在水泥颗粒表面，形成膜层。此膜层以水化硅酸钠凝胶为主体，其中分布着氢氧化钙等晶体，所以，通常称为胶凝体膜层。此膜层的形成会阻碍水化反应的进一步进行。

(2)潜伏期。胶凝体膜层形成以后，水化反应和放热速度变缓，在一段时间内(30 min 至 1 h)，水泥颗粒仍是分散的，水泥浆的流动性基本保持不变。

(3)凝结期。经过 1～6 h 水泥继续加速水化。胶凝体膜层虽然妨碍水分侵入，使水化反应速度减慢，但因为它是半透膜，水分向膜层内渗透的速度大于膜层内水化物向外扩散的速度，所以产生渗透压，导致膜层破裂，使水泥颗粒继续水化。

水化物增多及胶凝体膜层增厚，被膜层包裹的水泥颗粒逐渐接近，以致在接触点互相黏结，形成网状结构，水泥浆体变稠，失去可塑性，这就是凝结。凝结可分为初凝和终凝两个阶段。

(4)硬化期。由于水泥颗粒之间的空隙逐渐缩小为毛细孔，水化生成物进一步填充毛细孔，毛细孔越来越少，使水泥浆体结构更加紧密，逐渐产生强度。硬化过程是一个长期的过程，在一定温度和湿度下可持续几十年。

硬化后的水泥石结构由胶体粒子、晶体离子、孔隙(凝胶孔和毛细孔)及未水化的水泥颗粒组成。

2. 影响水泥凝结硬化的因素

(1)水泥熟料矿物成分。硅酸盐水泥的熟料矿物组成是影响水泥的水化速度、凝结硬化过程及产生强度等的主要因素。在硅酸盐水泥的四种熟料矿物中，C_3A 的水化和凝结硬化速度最快，因此，它是影响水泥凝结时间的决定性因素。C_3A 相对含量高的水泥，凝结硬化快；反之，则凝结硬化慢。

(2)水泥细度。水泥细度是指水泥颗粒的粗细程度。水泥颗粒的粗细直接影响水泥的水化、凝结硬化、强度、干缩及水化热等。水泥颗粒越细，水化作用的发展就越迅速而充分，使凝结硬化的速度加快，早期强度也就越高。但水泥颗粒太细，在相同的稠稀程度下，单位用水量增加，硬化后水泥石中的毛细孔增加，干缩增多，反而会影响后期强度。同时，水泥颗粒太细，容易与空气中的水分及二氧化碳反应，使水泥不宜久存，而且磨制过细的水泥能耗大，成本高。

(3)石膏掺量。水泥中掺入石膏是为了延缓初凝时间，在有石膏存在时，C_3A水化后容易与石膏反应而生成难溶于水的钙矾石，它立刻沉淀在水泥熟料颗粒的周围，阻碍了与水的接触，延缓了水化，从而起到延缓水泥凝结的作用。但石膏掺量过多，会对水泥引起安定性不良，一般生产水泥时石膏掺量占水泥质量的3%～5%，具体掺量应通过试验确定。

(4)拌合用水量(水胶比)。水与水泥的质量比称为水胶比。拌和水泥浆体时，为使浆体具有一定塑性和流动性，所加入的水量通常要大大超过水泥充分水化时所需的水量，水胶比越大，水泥浆越稀，凝结硬化和强度发展越慢，且硬化后的水泥石中毛细孔含量越多。在保证成型质量的前提下，应降低水胶比，以提高水泥石的硬化速度和强度。

(5)养护条件。环境湿度大，水分蒸发慢，水泥浆体可保持水泥水化所需的水分。如环境干燥，水分将很快蒸发，水泥浆体中缺乏水泥水化所需的水分，使水化不能正常进行，强度也不再增长，还可能使水泥石或水泥制品表面产生干缩裂纹。因此，用水泥拌制的砂浆和混凝土，在浇筑后应注意保持潮湿状态，以获得和增加强度。

通常提高温度可加速硅酸盐水泥的早期水化，使早期强度能较快发展，但对后期强度反而可能有所降低。相反在较低温度下硬化时，虽然硬化速度慢，但水化产物较致密，所以可获得较高的最终强度。通常水泥的养护温度为5 ℃～20 ℃时，有利于强度增加。

(6)养护时间(龄期)的影响。水泥的水化硬化需要较长的时间，随着龄期的增长使水泥石的强度逐渐提高，由于熟料矿物中对强度起决定性作用的C_3S在早期的强度发展快，因此水泥在3～14 d内强度增加较快，28 d后增加缓慢。

2.5.5　通用硅酸盐水泥的技术标准

1. 通用硅酸盐水泥物理、化学指标

根据标准《通用硅酸盐水泥》(GB 175—2007)规定，通用硅酸盐水泥进行质量检测时需要对其化学指标(包含氧化镁、三氧化硫、不溶物、烧失量和氯离子含量)、碱含量(选择性指标)、物理指标[包含凝结时间、安定性、强度、细度(选择性指标)]进行检测。具体指标要求见表2-10。

(1)氧化镁含量。游离的氧化镁可以引起水泥体积安定性不良。

(2)三氧化硫含量。三氧化硫含量过高会引起水泥体积安定性不良，导致结构物破坏。

(3)不溶物。不溶物是指水泥经酸和碱处理后不能被溶解的残余物。

(4)烧失量。烧失量是指水泥在一定的灼烧温度和时间内，经高温灼烧后的质量损失率。

(5)氯离子含量。当水泥中的氯离子含量较高时，容易使钢筋产生锈蚀，降低结构的耐久性。

表 2-10　通用硅酸盐水泥化学指标规定(质量分数/%)

品种	代号	不溶物	烧失量	三氧化硫	氧化镁	氯离子
硅酸盐水泥	P·Ⅰ	≤0.75	≤3.0	≤3.5	≤5.0[a]	≤0.06[c]
	P·Ⅱ	≤1.50	≤3.5			
普通硅酸盐水泥	P·O	—	≤5.0			
矿渣硅酸盐水泥	P·S·A	—	—	≤4.0	≤6.0[b]	
	P·S·B	—	—		—	
火山灰质硅酸盐水泥	P·P	—	—	≤3.5	≤6.0[b]	
粉煤灰硅酸盐水泥	P·F	—	—			
复合硅酸盐水泥	P·C	—	—			

a　如果水泥压蒸试验合格，则水泥中氧化镁的含量(质量分数)允许放宽至 6.0%。
b　如果水泥中氧化镁的含量(质量分数)大于 6.0%，需进行水泥压蒸安定性试验并合格。
c　当有更低要求时，该指标由买卖双方确定。

2. 通用硅酸盐水泥主要技术指标

(1)细度。根据标准《通用硅酸盐水泥》(GB 175—2007)规定，水泥的细度用比表面积测定仪(勃氏法)检测，其比表面积不小于 300 m^2/kg；其余通用硅酸盐水泥细度以筛余表示，其 80 μm 方孔筛筛余不大于 10%或 45 μm 方孔筛筛余不大于 30%。

(2)标准稠度用水量。标准稠度用水量是指水泥加水调制到某一规定稠度净浆时所需拌合用水量占水泥质量的百分数。由于用水量的多少直接影响凝结时间和体积安定性等性质的测定，因而必须在规定的稠度下进行试验。

(3)凝结时间。凝结时间可分为初凝时间和终凝时间。初凝时间是从加水至水泥浆开始失去塑性的时间；终凝时间是从加水至水泥浆完全失去塑性的时间。

水泥初凝时间不宜过早，以便有足够的时间在初凝之前对混凝土进行搅拌、运输和浇筑。当浇筑完毕时，则要求混凝土尽快凝结硬化，产生强度，以利于下一道工序的进行，为此，终凝时间不宜过迟。

《通用硅酸盐水泥》(GB 175—2007)规定，硅酸盐水泥初凝不得早于 45 min，终凝不得迟于 6.5 h(390 min)。

(4)体积安定性。水泥体积安定性是指水泥在凝结硬化过程中体积变化是否均匀的特性。如果水泥硬化后产生不均匀的体积变化，即体积安定性不良。

水泥安定性不良的原因是其熟料中含有过量的游离氧化钙(f-CaO)，或含有过量的游离氧化镁(f-MgO)，以及水泥粉磨时所掺石膏超量等。

《通用硅酸盐水泥》(GB 175—2007)规定，由游离氧化钙引起水泥安定性不良可采用沸煮法检验。游离氧化镁的水化比游离氧化钙更缓慢，由游离氧化镁引起的安定性不良，必须采用压蒸法才能检验出。由石膏造成的体积安定性不良，则需要长期浸泡在常温水中才能发现。《通用硅酸盐水泥》(GB 175—2007)规定，水泥中游离氧化镁含量不得超过 5.0%，三氧化硫含量不得超过 3.5%。

(5)强度等级。水泥强度是评定水泥质量的重要指标。国家标准《水泥胶砂强度检验方法(ISO法)》(GB/T 17671—1999)规定，水泥的强度由水泥胶砂试件测定。将水泥、标准砂按质量比以1∶3混合，用0.5的水胶比按规定的方法拌制成塑性水泥胶砂，并按规定方法成型为40 mm×40 mm×160 mm的试件，在标准养护条件(1 d温度为20 ℃±1 ℃，相对湿度为90%以上的空气中带模养护；1 d以后拆模，放入20 ℃±1 ℃的水中养护)下养护至3 d和28 d，测定各龄期的抗弯强度和抗压强度。

测试题

据此将硅酸盐水泥强度等级划分为42.5、42.5R、52.5、52.5R、62.5、62.5R共六个等级，R代表早强型等级，见表2-11。

表2-11　通用硅酸盐水泥物理指标规定

品种	强度等级	抗压强度		抗弯强度		凝结时间	安定性
		3 d	28 d	3 d	28 d		
硅酸盐水泥	≥42.5	≥17.0	≥42.5	≥3.5	≥6.5	初凝≥45 min 终凝≤390 min	沸煮法合格
	≥42.5R	≥22.0		≥4.0			
	≥52.5	≥23.0	≥52.5	≥4.0	≥7.0		
	≥52.5R	≥27.0		≥5.0			
	≥62.5	≥28.0	≥62.5	≥5.0	≥8.0		
	≥62.5R	≥32.0		≥5.5			
普通硅酸盐水泥	≥42.5	≥17.0	≥42.5	≥3.5	≥6.5	初凝≥45 min 终凝≤600 min	
	≥42.5R	≥22.0		≥4.0			
	≥52.5	≥23.0	≥52.5	≥4.0	≥7.0		
	≥52.5R	≥27.0		≥5.0			
矿渣硅酸盐水泥 火山灰质硅酸盐水泥 粉煤灰硅酸盐水泥	≥32.5	≥10.0	≥32.5	≥2.5	≥5.5		
	≥32.5R	≥15.0		≥3.5			
	≥42.5	≥15.0	≥42.5	≥3.5	≥6.5		
	≥42.5R	≥19.0		≥4.0			
	≥52.5	≥21.0	≥52.5	≥4.0	≥7.0		
	≥52.5R	≥23.0		≥4.5			
复合硅酸盐水泥	≥42.5	≥15.0	≥42.5	≥3.5	≥6.5		
	≥42.5R	≥19.0		≥4.0			
	≥52.5	≥21.0	≥52.5	≥4.0	≥7.0		
	≥52.5R	≥23.0		≥4.5			

(6)水化热。水泥的水化热是指在水化过程中的放热量，单位为kJ/kg。水化热的高低与熟料矿物的相对含量有关。铝酸三钙、硅酸三钙的水化热高，而铁铝酸四钙、硅酸二钙的水化热较低。因此，要降低水化热，可适当减少铝酸三钙和硅酸三钙的含量。水化热主要对大体积混凝土工程有影响。对于大体积混凝土工程，应选择水化热较低的水泥，或者采取特殊措施降低水化热的危害。

2.5.6 水泥的应用

1. 不同品种水泥的特点及适用性

(1)通用硅酸盐水泥的特性。

1)硅酸盐水泥(P)与普通硅酸盐水泥(P·O)。

①硅酸盐水泥(P)。凡由硅酸盐水泥熟料、0～5%的石灰石或粒化高炉矿渣、适量石膏磨细制成的水硬性胶凝材料称为硅酸盐水泥。硅酸盐水泥可分为两种类型，未掺加混合材料的称为Ⅰ型硅酸盐水泥，代号P·Ⅰ；掺不超过水泥质量5%混合材料(粒化高炉矿渣或石灰石)的称为Ⅱ型硅酸盐水泥，代号P·Ⅱ。硅酸盐水泥的特点是凝结硬化快、强度高；抗冻性好；水化热大；耐腐蚀性能较差；耐热性差；耐磨性好。

②普通硅酸盐水泥(P·O)。凡由硅酸盐水泥熟料、混合材料、适量石膏磨细制成的水硬性胶凝材料，称为普通硅酸盐水泥，简称普通水泥。掺活性物混合材料时，其掺量>5%且≤20%。

共性：MgO含量、SO_2含量、初凝时间、安定性的技术要求相同。

特性：早期强度略低，后期强度高；水化热略低；抗渗性好，抗冻性好，抗碳化能力强；抗侵蚀、抗腐蚀能力稍好；耐磨性较好；耐热性较好。

2)矿渣硅酸盐水泥(P·S)、火山灰质硅酸盐水泥(P·P)、粉煤灰硅酸盐水泥(P·F)。凡由硅酸盐水泥熟料和粒化高炉矿渣、适量石膏磨细制成的水硬性胶凝材料称为矿渣硅酸盐水泥；凡由硅酸盐水泥熟料和粉煤灰、适量石膏磨细制成的水硬性胶凝材料称为粉煤灰硅酸盐水泥；凡由硅酸盐水泥熟料和火山灰质混合材料、适量石膏磨细制成的水硬性胶凝材料称为火山灰质硅酸盐水泥。其加工流程如图2-15所示。

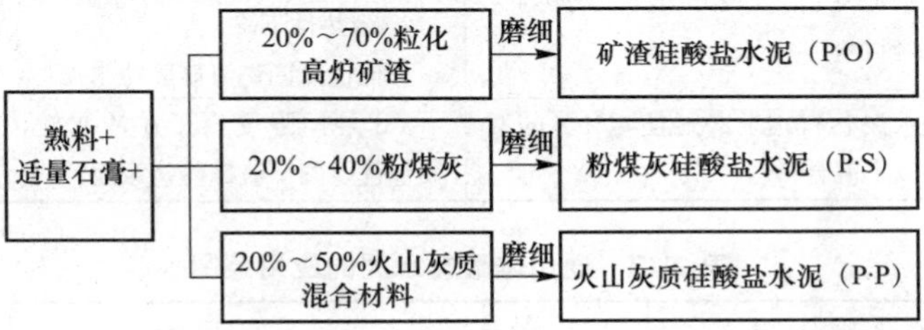

图2-15　三种特性水泥的加工流程

①共性：凝结硬化慢，早期强度低，后期强度发展较快；水化热低，放热速度慢。其适用于大体积混凝土工程；抗硫酸盐腐蚀和抗水性能好；抗冻性差，不适用于有抗冻要求的混凝土工程；抗碳化能力较差，不适用于二氧化碳浓度较高的环境；温度敏感性强，适合蒸汽养护。

②个性：

a. 矿渣硅酸盐水泥：泌水性和干缩性较大，抗渗性较差，但耐热性较好。其适用于有耐热要求的混凝土结构工程。

b. 粉煤灰硅酸盐水泥：早期强度低，后期强度能够满足要求，干缩性比较小，抗裂性能好。其适用于有抗裂性能要求的混凝土工程，不适用于有耐磨要求的、长期处于干燥环境和水位变化范围内的混凝土工程。

c. 火山灰质硅酸盐水泥：较高的抗渗性和耐水性，干缩性大，易起粉。其适用于要求抗渗的水中混凝土，不适用于长期处于干燥环境和水位变化范围内的混凝土工程及有耐磨要求的混凝土工程。

3)复合硅酸盐水泥(P·C)。凡由硅酸盐水泥熟料、两种或两种以上规定的混合材料和适量石膏磨细制成的水硬性胶凝材料称为复合硅酸盐水泥。

表 2-12 所示为通用硅酸盐水泥成分及特性，表 2-13 所示为通用硅酸盐水泥的应用范围。

表 2-12　通用硅酸盐水泥成分及特性

<table>
<tr><th rowspan="2">水泥品种</th><th rowspan="2">主要成分</th><th colspan="2">特性</th></tr>
<tr><th>优点</th><th>缺点</th></tr>
<tr><td>硅酸盐水泥</td><td>以硅酸盐水泥熟料为主，0～5%的石灰石或粒化高炉矿渣</td><td>1. 凝结硬化快、强度高
2. 抗冻性好，耐磨性和不透水性强</td><td>1. 水化热大
2. 耐腐蚀性能差
3. 耐热性较差</td></tr>
<tr><td>普通硅酸盐水泥</td><td>硅酸盐水泥熟料、>5%且≤20%的混合材料，或非活性混合材料 10%以下</td><td colspan="2">与硅酸盐水泥的不同点：
1. 早期强度增长略慢
2. 抗冻性、耐磨性下降
3. 抗硫酸盐腐蚀能力增强</td></tr>
<tr><td>矿渣硅酸盐水泥</td><td>硅酸盐水泥熟料、20%～70%的粒化高炉矿渣</td><td>1. 水化热较小
2. 抗硫酸盐腐蚀性较好
3. 耐热性较</td><td rowspan="4">1. 早期强度低，后期强度增长快
2. 抗冻性差</td></tr>
<tr><td>粉煤灰硅酸盐水泥</td><td>硅酸盐水泥熟料、>20%且≤40%的粉煤灰</td><td>1. 干缩性较好
2. 抗裂性较好
其他优点同矿渣硅酸盐水泥</td></tr>
<tr><td>火山灰质硅酸盐水泥</td><td>硅酸盐水泥熟料、>20%且≤50%的火山灰质混合材料</td><td>1. 抗渗性好
2. 耐热性下降
其他优点同矿渣硅酸盐水泥</td></tr>
<tr><td>复合硅酸盐水泥</td><td>硅酸盐水泥熟料、>20%且≤50%的两种或两种以上混合材料</td><td>3 d 龄期强度高于矿渣水泥，其他优点同矿渣硅酸盐水泥</td></tr>
</table>

表 2-13　通用硅酸盐水泥的应用范围

<table>
<tr><th colspan="2">混凝土工程的特点或工程环境</th><th>宜选用</th><th>可选用</th><th>不宜选用</th></tr>
<tr><td rowspan="4">普通混凝土</td><td>普通气候环境</td><td>普通水泥</td><td>矿渣硅酸盐水泥
火山灰质硅酸盐水泥
粉煤灰硅酸盐水泥
复合硅酸盐水泥</td><td></td></tr>
<tr><td>干燥环境</td><td>普通水泥</td><td>矿渣硅酸盐水泥</td><td>火山灰质硅酸盐水泥
粉煤灰硅酸盐水泥</td></tr>
<tr><td>高湿度环境或永远处于水下的环境</td><td>矿渣硅酸盐水泥</td><td>普通硅酸盐水泥
粉煤灰硅酸盐水泥
火山灰质硅酸盐水泥
复合硅酸盐水泥</td><td></td></tr>
<tr><td>厚大体积的混凝土</td><td>粉煤灰硅酸盐水泥
矿渣硅酸盐水泥
火山灰质硅酸盐水泥
复合硅酸盐水泥</td><td>普通硅酸盐水泥</td><td>硅酸盐水泥
快硬硅酸盐水泥</td></tr>
</table>

续表

混凝土工程的特点或工程环境		宜选用	可选用	不宜选用
有特殊要求的混凝土	要求快硬的混凝土	快硬硅酸盐水泥 硅酸盐水泥	普通硅酸盐水泥	矿渣硅酸盐水泥 火山灰质硅酸盐水泥 粉煤灰硅酸盐水泥 复合硅酸盐水泥
	高强度混凝土	硅酸盐水泥	普通硅酸盐水泥 矿渣硅酸盐水泥	火山灰质硅酸盐水泥 粉煤灰硅酸盐水泥
	严寒地区的露天混凝土	普通硅酸盐水泥	矿渣硅酸盐水泥 (强度等级大于 32.5)	火山灰质硅酸盐水泥 粉煤灰硅酸盐水泥
	寒冷地区处在水位升降范围内的混凝土	普通硅酸盐水泥 (强度等级大于 42.5)		矿渣硅酸盐水泥 火山灰质硅酸盐水泥 粉煤灰硅酸盐水泥 复合硅酸盐水泥
	有抗渗要求的混凝土	普通硅酸盐水泥 火山灰质硅酸盐水泥		矿渣硅酸盐水泥
	有耐磨性要求的混凝土	硅酸盐水泥 普通硅酸盐水泥	矿渣硅酸盐水泥 (强度等级大于 32.5)	火山灰质硅酸盐水泥 粉煤灰硅酸盐水泥
	受侵蚀性介质作用的混凝土	矿渣硅酸盐水泥 火山灰质硅酸盐水泥 粉煤灰硅酸盐水泥 复合硅酸盐水泥		硅酸盐水泥

(2)其他品种水泥的特性。

1)快凝快硬硅酸盐水泥(简称“双快水泥”)。

①组成及定义。以硅酸三钙、氟铝酸钙为主的水泥熟料，加上适量硬石膏、粒化高炉矿渣、无水硫酸钠，经磨细制成的一种凝结快、小时强度增加快的水硬性胶凝材料。

②凝结时间及强度表现。初凝时间不得早于 10 min，终凝时间不得迟于 60 min。以 4 h 的抗压强度值划分等级，有双快-150 和双快-200 型号，4 h 抗压强度表现分别为 14.7 MPa 和 19.6 MPa。

③特点和应用。由于其凝结硬化快、早期强度增加快(1 h 抗压强度可达到相应的强度等级)。其适用于对早期强度要求高的军事工程，机场跑道、桥梁、隧道、涵洞等紧急抢修工程；不宜用于大体积混凝土工程和有耐腐蚀要求的工程。

2)抗硫酸盐硅酸盐水泥。

①组成及定义。以特定矿物组成(铝酸三钙含量较低)的硅酸盐水泥熟料，加入适量石膏，磨细制成的具有抵抗硫酸根离子侵蚀的水硬性胶凝材料。根据抵抗酸性程度不同可分为中等(P-MSR)和高等(P-HSR)抗硫酸盐硅酸盐水泥两个型号。

②凝结时间及强度等级。初凝时间不得早于 45 min，终凝时间不得迟于 10 h。以 28 d 的抗压强度值划分等级，有 32.5 和 42.5 两个强度等级。

③特点和应用。具有较高的抗硫酸盐侵蚀能力，水化热较低。主要用于受硫酸盐侵蚀的海港、水利、地下隧道、引水、道路与桥梁基础等工程。

3)铝酸盐水泥。

①组成及定义。以铝酸钙为主的铝酸盐水泥熟料，磨细制成的水硬性胶凝材料，代号CA。其主要矿物成分为铝酸一钙，色呈黄、褐或灰色。铝酸盐水泥分类与化学成分见表2-14。

表 2-14 铝酸盐水泥分类与化学成分

成分 类型	Al_2O_3	SiO_2	Fe_2O_3	$R_2O(Na_2O+0.658K_2O)$	S	Cl
CA-50	≥50 且<60	≤8.0	≤2.5	≤0.4	≤0.1	≤0.1
CA-60	≥60 且<68	≤5.0	≤2.0			
CA-70	≥68 且<77	≤1.0	≤0.7			
CA-80	≥77	≤0.5	≤0.5			

②水化和硬化。铝酸一钙与水反应的过程，产物主要是水化铝酸一钙、水化铝酸二钙和水化铝酸钙，根据温度不同得到不同产物。

③特点和应用。凝结硬化快，早期强度增长快、高温下后期强度倒缩；水化热大，并且集中在早期；抗硫酸盐性能强。其适用于有抗渗、抗硫酸盐侵蚀要求的混凝土；耐热性好。当其强度形成后，在高温 900 ℃以上仍能保持较高的强度，可用于配制耐热混凝土；耐碱性差，不得用于与碱溶液接触的工程。

4)砌筑水泥。

①组成及定义。一种或几种以上的水泥混合材料，加上适量硅酸盐水泥熟料和石膏，磨细制成的工作性较好的水硬性胶凝材料，代号为M。

②技术性质。初凝时间不得早于 60 min，终凝时间不得迟于 12 h。以 28 d 的抗压强度值划分等级有 12.5 和 22.5 两种型号。

③特点和应用。凝结硬化慢，强度低，成本低，工作性较好。其适用于配制砌筑砂浆、抹面砂浆、基础垫层混凝土。

5)白色硅酸盐水泥。

①组成及定义。由氧化铁含量少的硅酸盐水泥熟料、适量石膏及规定的混合材料经磨细制成，代号为PW。

②技术性质。初凝时间不得早于45 min，终凝时间不得迟于 10 h。以 28 d 的抗压强度值划分等级，有 32.5、42.5 和 52.5 三种型号。

③特点和应用。强度高、色泽洁白。其适用于配制彩色砂浆和涂料、彩色混凝土等，用于建筑物的内外装修、生产彩色硅酸盐水泥。

2. 水泥品种的选择

(1)根据环境条件选择水泥品种。

1)干燥环境：优先选用：P·Ⅰ、P·Ⅱ，不宜选用：掺混合料水泥。

2)潮湿环境：优先选用掺混合料水泥。

3)严寒环境：优先选用：P·Ⅰ、P·Ⅱ、P·O，不宜选用：其他混合料水泥。

4)高温环境：优先选用：P·S。

5)侵蚀性较强环境：优先选用：掺混合料水泥，不宜选用：P·Ⅰ、P·Ⅱ。

6)严寒地区处于水位升降范围的混凝土：优先选用：P·Ⅰ、P·Ⅱ、P·O，不宜选用：其他混合料水泥。

(2)根据工程特点选择水泥。

1)大体积混凝土。优先选用：低热水泥或掺混合料水泥。

2)工业窑炉及基础。优先选用：P·S、CA，温度不高时可选P·O。

3)快速施工、紧急抢修。选快硬硅酸盐、快硬硫铝酸盐水泥。

4)防水、堵漏。选CA，膨胀水泥。

5)位于水中和地下部位的混凝土、采用蒸汽养护等湿热处理的混凝土。优先选用：P·S、P·P、P·F。

(3)水泥强度等级的选择原则。

1)高强、重要结构及预应力结构混凝土。C30～C60：选42.5级水泥；C70～C80：选52.5级或42.5级水泥；C90及其以上：选52.5级或62.5级水泥。

2)低强度混凝土、水泥砂浆。C30以下混凝土、M25以下砂浆选32.5级水泥。

3. 水泥的运输和储存

(1)原则：不同品种、等级和出厂日期的水泥应分别储运，不得混杂。

(2)水泥的运输：注意防潮。

(3)储存：注意防潮，袋装水泥应用木料垫高出地面30 cm，四周距离墙30 cm，堆置高度一般不超过10袋，做到“上盖下垫”，散装水泥储存于专用的水泥罐中；分类存储，不同品种和不同强度等级的水泥要分别存放，不得混杂。

储存期不能过长，通用水泥不宜超过3个月；高铝水泥不宜超过2个月；快硬水泥不宜超过1个月。否则重新测定等级，按实测强度使用。水泥等级越高、越细，吸湿受潮越严重。在正常储存条件下，经过3个月后，水泥强度降低10%～25%；储存6个月后，其强度降低25%～40%。

水泥正确存储示意如图2-16(a)所示，水泥受潮结块示意如图2-16(b)所示。

受潮水泥的处理与使用见表2-15。

(a) (b)

图2-16 水泥存储

(a)袋装水泥存储示意；(b)水泥受潮结块示意

表2-15 受潮水泥的处理与使用

受潮程度	处理办法	使用要求
轻微结块，手捏成粉末	将粉块压碎	经试验后根据实际强度使用

续表

受潮程度	处理办法	使用要求
部分结成硬块	将硬块筛除，粉块压碎	经试验后根据实际强度使用。用于受力小的部位、强度要求不高的工程或配制砂浆
大部分结成硬块	将硬块粉碎、磨细	不能作为水泥使用，可作为混合材料掺入新水泥中使用(掺量应小于25%)

职业能力训练

一、填空题

1. 石灰熟化时放出大量________，体积发生显著________；石灰硬化时放出大量________，体积产生明显________。

2. 建筑石膏凝结硬化速度________，硬化时体积________，硬化后孔隙率________，表观密度________，强度________，保温性________，吸声性能________，防火性能________。

3. 硅酸盐水泥熟料矿物组成中，________是决定水泥早期强度的组分，________是保证水泥后期强度的组分，________矿物凝结硬化速度最快。

4. 国家标准规定：硅酸盐水泥的初凝时间不得早于________，终凝时间不得迟于________。

5. 水泥胶砂强度试件的灰砂比为________，水胶比为________，试件尺寸为________mm×________mm×________mm。

6. 国家标准规定硅酸盐水泥的强度等级是以水泥胶砂试件在________龄期的强度来评定的。

二、判断题

1. 石灰陈伏是为了降低石灰熟化时的发热量。 (　　)

2. 石膏由于其防火性好，故可用于高温部位。 (　　)

3. 水泥水化放热，使混凝土内部温度升高，这样更有利于水泥水化，所以工程中不必考虑水化热造成的影响。 (　　)

4. 有抗渗要求的混凝土不宜选用矿渣硅酸盐水泥。 (　　)

5. 因为火山灰质硅酸盐水泥的耐热性差，故不适宜采用蒸汽养护。 (　　)

三、选择题

1. 石灰在消解(熟化)过程中(　　)。

A. 体积明显缩小　　B. 放出大量热量

C. 体积不变　　D. 与 $Ca(OH)_2$ 作用形成 $CaCO_3$

2. 为了保持石灰的质量，应使石灰存储在(　　)。

A. 潮湿的空气中　　B. 干燥的环境中

C. 水中　　D. 蒸汽环境中

3. 石膏制品表面光滑细腻，主要原因是(　　)。

A. 施工工艺好　　B. 表面修补加工

C. 掺纤维等材料　　D. 硬化后体积微膨胀

4. 硬化后的水玻璃不仅强度高，而且耐酸性和(　　)好。

A. 耐久性　　B. 耐腐蚀性　　C. 耐热性　　D. 抗冻性

5. 为了调节水泥的凝结时间，常掺入适量的(　　)。

A. 石灰　　B. 石膏　　C. 粉煤灰　　D. MgO

6. 硅酸盐水泥熟料中对强度贡献最大的是(　　)。

A. C_3S　　B. C_2S　　C. C_3A　　D. C_4AF

四、实践应用

1. 某工地急需配制石灰砂浆。当时有消石灰粉、生石灰粉及块状生石灰可供选用。最终选用了价格相对便宜的块状生石灰，并马上加水配制石灰膏，再配制成石灰砂浆。使用数日后，石灰砂浆出现众多突出的膨胀性裂缝。根据以上情况，请回答下列问题：

(1)试分析石灰砂浆出现膨胀性裂缝的原因。

(2)试指出该工地应采取什么样的防治措施。

2. 某临时建筑物室内采用石灰砂浆抹灰，一段时间后出现墙面普遍开裂。

(1)试分析其原因。

(2)依据案例说明石灰的特征有哪些?

(3)石灰的主要用途有哪些?

(4)采用何种措施才能避免案例中提到的问题?

(5)石灰在使用和保管时要注意哪些问题?

3. 灰土和三合土是什么？用途是什么?

4. 玻璃为什么不能涂刷在石膏制品表面?

5. 结合所学内容，请分别为下列混凝土构件和工程选用合适的水泥品种。

(1)现浇混凝土楼板、梁、柱。

(2)采用蒸汽养护的混凝土预制构件。

(3)紧急抢修的工程或紧急军事工程。

(4)大体积混凝土坝和大型设备基础。

(5)高炉基础。

(6)海港码头工程。

模块3　混凝土

内容概述

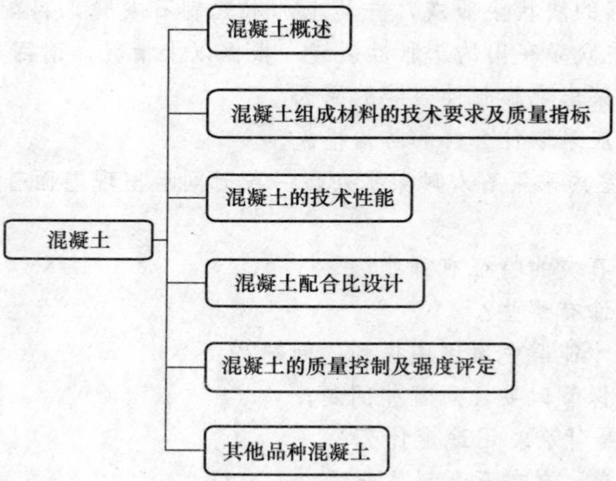

知识目标

1. 了解混凝土的分类、特点和发展趋势；

2. 掌握混凝土组成材料的作用和技术要求；

3. 掌握混凝土和易性的含义和评价方法；

4. 掌握混凝土立方体强度的含义及影响因素；

5. 掌握混凝土强度的非统计方法评定；

6. 掌握混凝土配合比的设计和调整方法。

技能目标

1. 能够对混凝土组成材料进行质量检测；

2. 会查阅混凝土组成材料的技术标准；

3. 能够对混凝土拌合物的和易性和强度进行抽样检验；

4. 能够运用国家标准《普通混凝土配合比设计规程》(JGJ 55—2011)确定混凝土配合比；

5. 能够运用《混凝土强度检验评定标准》(GB/T 50107—2010)对混凝土质量进行评定；

6. 能够对混凝土在施工现场的生产及使用过程进行质量控制。

3.1 混凝土概述

3.1.1 混凝土基础知识

1. 混凝土的概念

混凝土是由胶凝材料、细骨料、粗骨料、水按照适当的比例配合，必要时掺入一定量的掺合料和外加剂，经搅拌、凝结硬化后形成具有一定强度和耐久性的人造石材。

混凝土的应用

2. 混凝土的特点

混凝土的优点：原材料资源丰富、价格低廉，符合就地取材和经济的原则；凝结前有良好的塑性，便于浇筑，配合比可以调整，以满足不同工程要求，硬化后具有较高的力学强度和良好的耐久性与钢筋有较高的握裹强度；充分利用工业废料，有利于环境保护等。因此，在当前施工中混凝土得到了广泛应用。然而，混凝土同时还具有质量重，比强度小，脆性大，易开裂，抗拉强度低，施工周期较长，质量波动较大等缺点。因此，在使用混凝土材料时一定要注意控制混凝土的质量。

3. 混凝土的分类

(1)按用途可分为结构混凝土、大体积混凝土、防水混凝土、道路混凝土、水工混凝土、耐热混凝土、耐酸混凝土、防射线混凝土、膨胀混凝土等。

(2)按生产方法可分为预拌混凝土、现场搅拌混凝土两种。

(3)按施工方法可分为泵送混凝土、喷射混凝土、碾压混凝土、挤压混凝土、压力注浆混凝土、离心混凝土等。

(4)按强度等级可分为低强度混凝土、中强度混凝土、高强度混凝土、超高强度混凝土等。

(5)按表观密度可分为重混凝土(干表观密度大于 2 600 kg/m^3)、普通混凝土(干表观密度为 2 000～2 500 kg/m^3)和轻混凝土(干表观密度小于 1 950 kg/m^3)三种。

(6)按使用的胶凝材料可分为水泥混凝土、硅酸盐混凝土(灰砂、灰渣混凝土)、石膏混凝土、水玻璃混凝土、沥青混凝土、聚合物混凝土等。

(7)按流动性可分为干硬性混凝土(坍落度小于 10 mm)、塑性混凝土(坍落度为 10～90 mm)、流动性混凝土(坍落度为 100～150 mm)、大流动性混凝土(坍落度大于或等于 160 mm)四种。

3.1.2 混凝土的发展趋势

随着科学技术的不断发展与创新，建筑业的新材料、新技术、新的施工工艺不断涌现。为了改善人们生产、生活、学习和工作环境，提高工作效率和生活质量，未来的混凝土将向着高强度、高性能、多功能和绿色环保的方向综合发展。

据预测，不久的将来，高层建筑物的高度将达到上千米，而采用钢筋混凝土结构的超高层建筑将超过100层，世界大跨径桥梁的跨径将达到600 m；在许多情况下将使用C80～C100的混凝土，在特殊场合将使用C100～C200的混凝土，甚至更高强度等级的混凝土。

拓展内容

混凝土发展的三个趋势

趋势一：生产使用时效性强

混凝土因受水泥水化作用的影响，必须在初凝之前完成浇筑，初凝时间一般为1～2 h；一旦在泵送前初凝，就不能提供给施工工地使用。这就使得商品混凝土使用的时效性较强，无法保有库存。而没有成品库存，就难以应付季节性、突发性的大量需求；在建设规模波动较大、出现突发性需求的情况下，就需要集中时段突击供应。一般在年底和年初，整个商品混凝土行业处于萎缩状态。

趋势二：绿色发展与智能制造并行

在进行水泥生产及天然砂石开采工作的过程中，不仅会产生大量的二氧化碳，同时，还会对周边生态环境产生严重破坏。并且在生产预拌混凝土的过程中，还会消耗大量的电能及柴油，间接产生了大量的二氧化碳。因此，推动预拌混凝土行业绿色发展势在必行。混凝土行业发展趋势指出，目前全国各地预拌混凝土绿色发展的积极性很高，且渐成气候，已涌现出一批预拌混凝土绿色环保标杆企业，如中国西部建设股份有限公司兴城混凝土分公司、四川兴城港瑞建材有限公司等。

趋势三：产业政策有力推动

在预拌混凝土的发展初期，因为缺乏规模，价格高于现场搅拌混凝土，若没有限制或禁止现场搅拌混凝土的法律和法规，预拌混凝土市场的发展将是非常困难的。我国与发达国家相比，生产混凝土的比例要小得多，形成了一个很大的差距。近年来，国家高度重视混凝土的发展，出台了专门的政策和法规，为混凝土的快速发展提供了保证。

3.2　混凝土组成材料的技术要求及质量标准

混凝土是以水泥、砂、石、水为原材料按设计的配合比经搅拌、成型、养护而得到的复合材料。砂、石在混凝土中起骨架作用，称为骨料；水泥和水组成水泥浆，包裹在砂石表面并填充砂石空隙，在拌合物中起润滑作用，赋予了拌合物一定的流动性，使拌合物容易施工；在硬化过程中胶结砂、石，将其牢固地黏结合成整体，使混凝土有一定的强度。

3.2.1　水泥

水泥是混凝土的胶结材料，混凝土的性能很大程度上取决于水泥的质量和数量，在保证混凝土性能的前提下，应尽量节约水泥，降低工程造价。

1. 水泥品种的选择

水泥品种的选择首先要考虑混凝土工程的特点及其所处的环境条件，其次再考虑水泥的价格，以满足混凝土经济性的要求。通常情况下，六大通用水泥都可以用于混凝土工程中，但使用较多的是硅酸盐水泥、普通硅酸盐水泥和矿渣硅酸盐水泥，必要时可选用专用水泥和特性水泥。常用水泥品种的选用见表 3-1。

表 3-1　常用水泥品种的选用

环境条件和工程特点		优先选用	可以选用	不宜选用
混凝土环境	普通气候环境	普通硅酸盐水泥	矿渣硅酸盐水泥、火山灰质硅酸盐水泥、粉煤灰硅酸盐水泥、复合硅酸盐水泥	
	干燥环境	普通硅酸盐水泥	矿渣硅酸盐水泥	火山灰质硅酸盐水泥、粉煤灰硅酸盐水泥
	高湿度环境或处于水中	矿渣硅酸盐水泥、火山灰质硅酸盐水泥、粉煤灰硅酸盐水泥、复合硅酸盐水泥	普通硅酸盐水泥	
	严寒地区的露天混凝土、寒冷地区处于水位升降范围内	普通硅酸盐水泥	矿渣硅酸盐水泥（强度等级大于 32.5 级）	火山灰质硅酸盐水泥、粉煤灰硅酸盐水泥、复合硅酸盐水泥
	受侵蚀性介质作用的混凝土	矿渣硅酸盐水泥、火山灰质硅酸盐水泥、粉煤灰硅酸盐水泥、复合硅酸盐水泥		硅酸盐水泥
混凝土工程特点	早强快硬混凝土	快硬硅酸盐水泥、硅酸盐水泥	普通硅酸盐水泥	矿渣硅酸盐水泥、火山灰质硅酸盐水泥、粉煤灰硅酸盐水泥、复合硅酸盐水泥
	厚大体积混凝土	矿渣硅酸盐水泥、火山灰质硅酸盐水泥、粉煤灰硅酸盐水泥、复合硅酸盐水泥	普通硅酸盐水泥	硅酸盐水泥、快硬硅酸盐水泥
	蒸汽养护混凝土	矿渣硅酸盐水泥、火山灰质硅酸盐水泥、粉煤灰硅酸盐水泥、复合硅酸盐水泥		普通硅酸盐水泥、硅酸盐水泥
	有抗渗要求混凝土	硅酸盐水泥、普通硅酸盐水泥		矿渣硅酸盐水泥
	有耐磨性要求混凝土	硅酸盐水泥、普通硅酸盐水泥		
	高强度混凝土	硅酸盐水泥	普通硅酸盐水泥、矿渣硅酸盐水泥	火山灰质硅酸盐水泥、粉煤灰硅酸盐水泥

2. 水泥强度等级的选择

水泥的强度等级应与混凝土设计强度等级相适应。若用高强度等级的水泥配制低强度等级混凝土，水泥用量偏少，会影响混凝土的和易性及强度；反之，如强度等级选用过低的水泥，则水泥用量太多，非但不经济，而且会降低混凝土的某些技术品质(如收缩率增大等)。

在配制混凝土时，对水泥的强度等级要遵循"高强高配，低强低配"的原则，一般情况下，水泥强度等级为所配制混凝土强度等级的 1.5～2.0 倍。若采用某些措施(如掺减水剂和掺和料)，情况则大不相同，其规律主要受水胶比控制。在满足使用环境条件下，预配制混凝土的强度等级与推荐使用的水泥强度等级可参考表 3-2 选择。

表 3-2 常用水泥强度等级的选择

预配制混凝土的强度等级	C10、C25	C30	C35、C45	C50、C60	C65	C70、C80
推荐使用的水泥强度等级	32.5	32.5 42.5	42.5	52.5	52.5 62.5	62.5

3.2.2 细骨料

1. 定义及分类

细骨料(粒径为 0.15～4.75 mm)又称为砂，按来源不同可分为天然砂和人工砂。

(1)天然砂。天然砂是由自然风化、水流搬运和分选堆积形成的岩石颗粒，但不包括软质岩、风化岩。按产品不同可分为山砂、河砂和海砂。山砂含有黏土及有机杂质，坚固性差、质地坚硬，但夹有贝壳碎片及可溶性盐类，对混凝土会产生腐蚀，河砂表面洁净光滑，比表面积小，拌制的混凝土和易性好，耗用的水泥浆少，比较经济，在建筑工程中常用河砂作细骨料。

(2)人工砂。人工砂是经过除土处理的机制砂、混合砂的统称。机制砂石是由机械破碎筛分制成的，单纯由矿石、卵石或尾矿石加工而成，其颗粒富有棱角，比较洁净，细粉和片状颗粒较多，成本高，混合砂由机制砂和天然砂混合而成。可充分利用地方资源降低机制砂的生产成本，一般当地缺乏天然砂时就会采用人工砂。

2. 技术要求及指标

细骨料从技术要求等级方面可分为Ⅰ、Ⅱ、Ⅲ类。Ⅰ类宜用于配制强度等级大于 C60 的混凝土；Ⅱ类砂宜用于配制强度等级 C30～C60 及有抗冻、抗渗或有其他要求的混凝土；Ⅲ类宜用于配制强度等级小于 C30 的混凝土和建筑砂浆。

细骨料的技术指标根据《建设用砂》(GB/T 14684—2011)要求，从颗粒级配、含泥量、石粉和泥块含量等多个方面进行抽样检测，要求技术指标见表 3-3～表 3-10。

表 3-3 砂的颗粒级配

砂的分类	天然砂			机制砂		
级配区	1 区	2 区	3 区	1 区	2 区	3 区
方筛孔	累计筛余/%					
4.75 mm	10～0	10～0	10～0	10～0	10～0	10～0
2.36 mm	35～5	25～0	15～0	35～5	25～0	15～0

续表

砂的分类	天然砂			机制砂		
1.18 mm	65～35	50～10	25～0	65～35	50～10	25～0
0.60 mm	85～71	70～41	40～16	85～71	70～41	40～16
0.30 mm	95～80	92～70	85～55	95～80	92～70	85～55
0.15 mm	100～90	100～90	100～90	97～85	94～80	94～75

注：1. 砂的实际颗粒级配，除 4.75 mm、0.6 mm 筛孔外，其余各筛孔累计筛余允许超出本表规定界限，但其超出的总量应小于 5%。
2. 砂浆用砂，4.75 mm 筛孔的累计筛余量为零。

表 3-4　级配类别

类别	Ⅰ	Ⅱ	Ⅲ
级配区	2 区	1、2、3 区	

表 3-5　含泥量和泥块含量

类别	Ⅰ	Ⅱ	Ⅲ
含泥量(按质量计)/%	≤1.0	≤3.0	≤5.0
泥块含量(按质量计)/%	0	≤1.0	≤2.0

表 3-6　石粉含量和泥块含量(MB 值≤1.4 或快速法试验合格)

类别	Ⅰ	Ⅱ	Ⅲ
MB 值	≤0.5	≤1.0	≤1.4 或合格
石粉含量(按质量计)/%*	≤10.0		
泥块含量(按质量计)/%	0	≤1.0	≤2.0

* 此指标根据使用地区和用途，经试验验证可由供需双方协商确定。

表 3-7　石粉含量和泥块含量(MB 值>1.4 或快速法试验不合格)

类别	Ⅰ	Ⅱ	Ⅲ
石粉含量(按质量计)/%	≤1.0	≤3.0	≤5.0
泥块含量(按质量计)/%	0	≤1.0	≤2.0

表 3-8　有害物质限量

类别	Ⅰ	Ⅱ	Ⅲ
云母	≤1.0	≤2.0	
轻物质(按质量计)/%	≤1.0		
有机物	合格		
硫化物及硫酸盐(按 SO_3 质量计)/%	≤0.5		
氯化物(以氯离子质量计)/%	≤0.01	≤0.02	≤0.06
贝壳(按质量计)/%*	≤3.0	≤5.0	≤8.0

* 该指标仅适用于海砂，其他砂中不作要求。

表 3-9　坚固性指标

类别	Ⅰ	Ⅱ	Ⅲ
质量损失/%	≤8		≤10

表 3-10　压碎指标

类别	Ⅰ	Ⅱ	Ⅲ
单级最大压碎指标/%	≤20	≤25	≤30

含泥量——天然砂中粒径小于 75 μm 的颗粒含量。

石粉含量——机制砂中粒径小于 75 μm 的颗粒含量。

泥块含量——砂中原粒径大于 1.18 mm，经水浸洗、手捏后小于 600 μm 的颗粒含量。

砂的颗粒级配——不同大小颗粒和数量比例的砂子的组合或搭配情况，常用砂的筛分析方法进行测定，用级配曲线表示砂的级配。

坚固性——砂在自然风化和其他外界物理、化学因素作用下抵抗破裂的能力。

【案例引入 1】 某建筑条形基础，使用设计强度等级为 C30 的钢筋混凝土。混凝土浇筑次日发现部分硬化结块，部分呈疏松状，轻轻敲击纷纷落下，混凝土基本无强度，工程被迫停工。经调查，混凝土用砂含泥量超过标准规定值一倍以上。请从理论上解释上述混凝土工程现象。

解析： 主要原因是混凝土用砂含泥量超标，导致混凝土用骨料总表面积大幅度增加，水泥浆量不足，骨料颗粒表面没有完全被水泥浆包裹，骨料之间黏结强度低，再加上泥粉本身强度就低，降低了混凝土整体强度。

拓展内容

随着天然砂资源的逐渐减少，机制砂的使用将越来越广泛。对于用矿山尾矿、工业废渣等生产的机制砂除应按《建设用砂》(GB/T 14684—2011)的要求，严格控制其石粉的含量外，还应符合我国环保和安全相关的标准规定，即不应对人体、生物、环境和混凝土性能产生有害影响，放射性应符合国家标准规定。

3. 颗粒级配与粗细程度

(1)颗粒级配。颗粒级配是指骨料中不同粒径颗粒的分布情况或所占的比例。良好的级配是骨料的空隙率和总表面积较小，不仅能够减少水泥的用量，而且还能提高混凝土的密实度和强度等性能。图 3-1 所示分别为单一粒径、两种不同粒径、三种不同粒径砂的搭配结构。

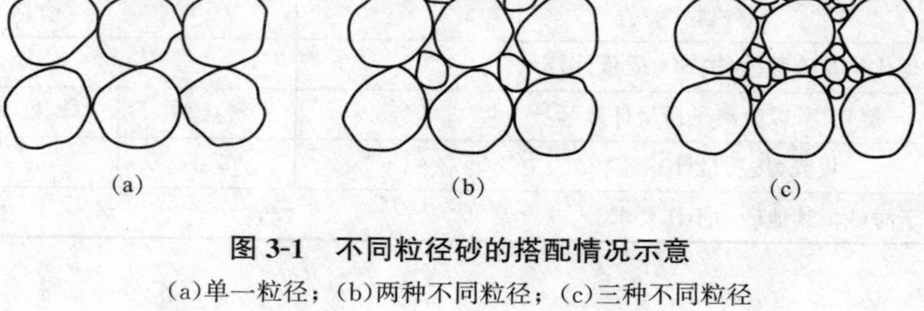

(a)　　(b)　　(c)

图 3-1　不同粒径砂的搭配情况示意

(a)单一粒径；(b)两种不同粒径；(c)三种不同粒径

相同粒径的砂搭配起来，空隙率最大，如图 3-1(a)所示；两种不同粒径的砂相互搭配堆积在一起时，空隙率有所减小，如图 3-1(b)所示。当砂同时由三种不同粒径的颗粒搭配堆积起来时，空隙率最小，如图 3-1(c)所示。可见，要减小砂堆积起来的空隙率，必须由大小不同的几种粒径的砂组合起来，逐级搭配，才能形成最密集的堆积，使空隙率达到最小。

砂的颗粒级配和粗细程度是通过筛分析方法确定的。筛分析试验过程：称取 500 g 预先通过 9.5 mm 孔径筛的烘干砂，置于一套孔径分别为 4.75 mm、2.36 mm、1.18 mm、0.60 mm、0.30 mm、0.15 mm 的标准方孔筛上，由粗到细依次过筛，然后分别称量存留在各筛上砂的质量，并计算分计筛余百分率，即筛余质量占砂样总质量的百分率；累计筛余百分率，即某号筛上分计筛余百分率与大于该号筛的各筛的分计筛余百分率总和；质量通过百分率，即通过某筛的质量占试样总质量的百分率。砂的颗粒级配用分计筛余百分率、累计筛余百分率表示。砂的颗粒级配参数计算方法及换算关系见表 3-11。

表 3-11 砂的颗粒级配参数计算方法及换算关系

筛孔尺寸/mm	筛余质量/g	分计筛余百分率/%	累计筛余百分率/%
4.75	$m_{4.75}$	$a_1=m_{4.75}/500\times100\%$	$A_1=a_1$
2.36	$m_{2.36}$	$a_2=m_{2.36}/500\times100\%$	$A_2=a_1+a_2$
1.18	$m_{1.18}$	$a_3=m_{1.18}/500\times100\%$	$A_3=a_1+a_2+a_3$
0.60	$m_{0.60}$	$a_4=m_{0.60}/500\times100\%$	$A_4=a_1+a_2+a_3+a_4$
0.30	$m_{0.30}$	$a_5=m_{0.30}/500\times100\%$	$A_5=a_1+a_2+a_3+a_4+a_5$
0.15	$m_{0.15}$	$a_6=m_{0.15}/500\times100\%$	$A_6=a_1+a_2+a_3+a_4+a_5+a_6$
底盘	$m_{底盘}$	$a_{底盘}=m_{底盘}/500\times100\%$	100

混凝土的颗粒级配还可以用级配区来表示。对细度模数为 1.6～3.7 的砂，按 0.6 mm 筛上的累计筛余百分率划分为 1、2、3 三个级配区，见表 3-3。

(2)粗细程度。砂的粗细程度是指不同粒径的砂粒，混合在一起后的总体的粗细程度，用细度模数 M_x 表示。细度模数按下式进行计算，精确至 0.1。

$$M_x=\frac{(A_2+A_3+A_4+A_5+A_6)-5A_1}{100-A_1}$$

细度模数(M_x)越大，表示砂越粗，普通混凝土用砂的细度模数范围一般为 3.7～0.7，理想的细度模数为 2.75。其中，M_x 在 3.7～3.1 为粗砂；M_x 在 3.0～2.3 为中砂；M_x 在 2.2～1.6 为细砂；M_x 在 1.5～0.7 为特细砂。

在相同用砂量条件下，细砂的总表面积较大，粗砂的总表面积较小。在混凝土中，砂子表面需用水泥浆包裹，赋予流动性和黏结强度，砂子的总表面积越大，则需要包裹砂粒表面的水泥浆就越多。一般用粗砂配制混凝土比用细砂要节省水泥。

砂的颗粒级配区如图 3-2 所示。

当级配曲线偏向右下方时，砂中的粗颗粒所占的比重较大，砂较粗，即 1 区砂相对较粗；当筛分曲线偏向左上方时，砂中的细颗粒占的比重较大，砂较细，即 3 区砂相对较细。2 区砂粗细比较适中，配制混凝土时宜优先选用 2 区砂。

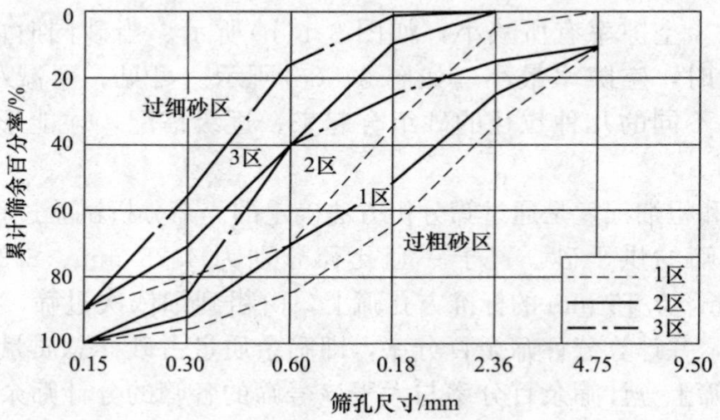

图 3-2　砂的颗粒级配区

当选用 1 区砂时，应提高砂率，并保持足够的水泥浆用量以满足和易性要求，否则混凝土内颗粒之间的内摩擦阻力较大、保水性差，不易捣实成型；当采用 3 区砂时，应适当降低砂率，以保证配制混凝土的流动性、黏聚性和保水性满足要求，减少混凝土的干缩裂缝，保证混凝土的强度。

【案例引入 2】 从某工地取回水泥混凝土用烘干砂 500 g 做筛分试验，筛分结果见表 3-12，请计算该砂样的各筛分参数，并判断其所属的级配区，评价砂的粗细和颗粒级配情况。

表 3-12　筛分结果

筛孔尺寸/mm	9.50	4.75	2.36	1.18	0.60	0.30	0.15	底盘
留存量/g	0	25	35	90	125	125	75	25

解析： 砂的分计筛余百分率和累计筛余百分率计算结果汇总见表 3-13。

表 3-13　砂的各筛分参数计算结果

筛孔尺寸/mm	9.50	4.750	2.36	1.18	0.60	0.30	0.15	底盘
留存量/g	0	25	35	90	125	125	75	25
分计筛余百分率 a/%	0	5	7	18	25	25	15	5
分计筛余百分率 A/%	0	5	12	30	55	80	95	100

细度模数计算如下：

$$M_x = \frac{(A_2 + A_3 + A_4 + A_5 + A_6) - 5A_1}{100 - A_1}$$

$$= \frac{(12 + 30 + 55 + 80 + 95) - 5 \times 5}{100 - 5}$$

$$= 2.6$$

求解可知，该砂样为粗砂；在 0.60 mm 筛上的累计筛余百分率为 55%，对照表 3-3 可知，该砂位于级配 2 区，且累计筛余百分率均在 2 区范围内，故其颗粒级配符合规范要求。

3.2.3 粗骨料

1. 定义及分类

粗骨料(粒径大于4.75 mm的岩石颗粒)又称为石子，按来源不同可分为卵石和碎石。天然形成的石子称为卵石，由人工破碎而成的石子称为碎石。卵石按其产源不同可分为河卵石、海卵石和山卵石。卵石的表面光滑，其混凝土拌合物比碎石流动性要好，但与水泥砂浆黏结力差，故强度较低，通常按就地取材的原则给予选用。

2. 技术要求及指标

粗骨料从技术要求等级方面可分为Ⅰ、Ⅱ、Ⅲ类。Ⅰ类宜用于配制强度等级大于C60的混凝土；Ⅱ类宜用于配制强度等级为C30～C60及有抗冻、抗渗或有其他要求的混凝土；Ⅲ类宜用于配制强度等级小于C30的混凝土和建筑砂浆。

粗骨料的技术指标根据《建设用卵石、碎石》(GB/T 14685—2011)要求，要从颗粒级配状况、含泥量、泥块含量、针、片状颗粒含量、有害物质含量等多个方面进行抽样检测。

(1)卵石、碎石的颗粒级配应符合表3-14的规定。

表3-14　石子的颗粒级配

公称粒级/mm		累计筛余百分率/%											
		方孔筛/mm											
		2.36	4.75	9.50	16.00	19.00	26.50	31.50	37.50	53.00	63.00	75.00	90.00
连续粒级	5～15	95～100	85～100	30～60	0～10	0							
	5～20	95～100	90～100	40～80	—	0～10	0						
	5～25	95～100	90～100	—	30～70	—	0～5	0					
	5～31.5	95～100	90～100	70～90	—	15～45	—	0～5	0				
	5～40	—	95～100	70～90	—	30～65	—	—	0～5	0			
单粒粒级	5～10	95～100	80～100	0～15	0								
	10～16		95～100	80～100	0～15								
	10～20		95～100	85～100		0～15	0						
	16～25			95～100	55～70	25～40	0～10						
	16～31.5		95～100		85～100			0～10	0				
	20～40			95～100		80～100			0～10	0			
	40～80					95～100			70～100		30～60	0～10	0

(2)卵石、碎石的含泥量和泥块含量应符合表3-15的规定。

表3-15　卵石、碎石的含泥量和泥块含量

类别	Ⅰ	Ⅱ	Ⅲ
含泥量(按质量计)/%	≤0.5	≤1.0	≤1.5
泥块含量(按质量计)/%	0	≤0.2	≤0.5

(3)卵石、碎石的针、片状颗粒含量应符合表3-16的规定。

表 3-16　卵石、碎石的针、片状颗粒含量

类别	Ⅰ	Ⅱ	Ⅲ
针、片状颗粒总含量(按质量计)/%	≤5	≤10	≤15

(4)卵石、碎石的有害物质限量应符合表 3-17 的规定。

表 3-17　卵石、碎石的有害物质限量

类别	Ⅰ	Ⅱ	Ⅲ
有机物	合格		
硫化物及硫酸盐(按 SO_3 质量计)/%	≤0.5	≤1.0	≤1.0

另外，当使用矿山废石生产的碎石时，有害物质还应符合我国环保和安全相关的标准规定，即不应对人体、生物、环境和混凝土性能产生有害影响，放射性应符合国家标准规定。

(5)粗骨料坚固性采用硫酸钠溶液法进行试验，其质量损失应符合表 3-18 的规定。

表 3-18　坚固性指标

类别	Ⅰ	Ⅱ	Ⅲ
质量损失/%	≤5	≤8	≤12

(6)在水饱和状态下，其抗压强度火成岩应不小于 80 MPa，变质岩应不小于 60 MPa，水成岩应不小于 30 MPa。

(7)卵石、碎石的压碎指标应符合表 3-19 的规定。

测试题

表 3-19　卵石、碎石的压碎指标

类别	Ⅰ	Ⅱ	Ⅲ
碎石压碎指标/%	≤10	≤20	≤30
卵石压碎指标/%	≤12	≤14	≤16

(8)卵石、碎石表观密度、连续级配松散堆积空隙率应符合如下规定：表观密度不小于 2 600 kg/m^3；连续级配松散堆积空隙率应符合表 3-20 的规定。

表 3-20　连续级配松散堆积空隙率

类别	Ⅰ	Ⅱ	Ⅲ
空隙率/%	≤43	≤45	≤47

(9)卵石、碎石的吸水率应符合表 3-21 的规定。

表 3-21　卵石、碎石的吸水率

类别	Ⅰ	Ⅱ	Ⅲ
吸水率/%	≤1.0	≤2.0	≤2.0

碱骨料反应试验后，试件应无裂缝、酥裂、胶体外溢等现象，在规定的试验龄期膨胀率应小于0.10%。

拓展内容

碱骨料反应

碱骨料反应是混凝土中的水泥、外加剂，以及环境中的碱与骨料中活性二氧化硅在潮湿环境下缓慢发生并导致混凝土开裂破坏的膨胀反应。经碱骨料反应试验后，混凝土试件应无裂缝、酥裂、胶体外溢等现象，在规定的试验龄期膨胀率应小于0.10%。

碱骨料反应

3.2.4 水

混凝土拌合用水按水源可分为饮用水、地表水、地下水、再生水、混凝土企业设备洗刷水和海水，应优先选择国家生活饮用水。各类水源在混凝土中的应用要求见表3-22。

表3-22 各类水源在混凝土中的应用要求

水源	应用要求
饮用水	符合国家标准的饮用水可直接用于拌制和养护混凝土
地表水或地下水	首次使用时必须进行适用性检验，合格后才能使用
海水	只允许用来拌制素混凝土，不得用于拌制钢筋混凝土、预应力混凝土和有饰面要求的混凝土
工业废水	必须经过检验，经处理合格后方可使用
生活污水	不能用来拌制混凝土

混凝土拌合用水不应产生以下有害作用：影响混凝土的工作性能及凝结，有碍于混凝土强度发展，降低混凝土的耐久性，加快钢筋腐蚀及导致预应力钢筋脆断，污染混凝土表面。我国《混凝土用水标准》(JGJ 63—2006) 规定，混凝土拌合用水中各种物质含量限值应符合表3-23的规定。对于使用年限为100年的结构混凝土，氯离子含量不超过500 mg/L；对于使用钢丝或经热处理钢筋的预应力混凝土，氯离子含量不超过350 mg/L。

表3-23 混凝土用水的要求

项目	预应力混凝土	钢筋混凝土	素混凝土
pH值	≥5.0	≥4.5	≥4.5
不溶物/ $(mg \cdot L^{-1})$	≤2 000	≤2 000	≤5 000
可溶物/ $(mg \cdot L^{-1})$	≤2 000	≤5 000	≤10 000
Cl^- / $(mg \cdot L^{-1})$	≤500	≤1 000	≤3 500
SO_4^{2-} / $(mg \cdot L^{-1})$	≤600	≤2 000	≤2 700
碱含量/ $(mg \cdot L^{-1})$	≤1 500	≤1 500	≤1 500

【案例引入 3】 海南某市临出海口建造 7 层住宅综合楼，采用现浇钢筋混凝土框架结构，工地现场挖井取水配制 C30 混凝土，该工程竣工投入近六年，居民陆续发现部分柱、梁、板混凝土出现顺筋开裂现象，个别地方混凝土崩落，钢筋外露，锈蚀发展迅速。

解析： 工程场地毗邻出海口，临近海口的井水中，其氯离子和硫酸根离子会较高，同时又不可避免会出现海水倒灌入井的现象，这样日积月累，造成钢筋锈蚀，钢筋与混凝土之间的黏结力下降甚至丧失，因此，会出现混凝土开裂、崩落等现象。

3.2.5 外加剂

外加剂是一种在混凝土拌制过程中加入的、掺量不超过水泥质量的 5%，用以改善新拌混凝土和(或)硬化混凝土性能的材料。外加剂在现代混凝土中的作用可以体现为以下几个方面：

(1)改善混凝土拌合物和易性；

(2)调节混凝土的凝结硬化时间；

(3)降低水胶比，提高混凝土强度；

(4)提高混凝土耐久性(包括防渗、抗裂、抗冻、抗化学腐蚀、抗碱骨料反应及抗碳化等)；节约水泥，增加矿物掺合料的使用量，降低混凝土综合成本；

(5)满足混凝土的某些特殊要求，如水下不分散、着色、自养护、自应力等。

外加剂的类型很多，目前建筑工程中应用较多的是减水剂、引气剂、早强剂、防冻剂和养护剂。

1. 减水剂

减水剂是在保持混凝土坍落度基本不变的条件下，能减少拌合用水量的外加剂；或在保持混凝土拌合物用水量不变的情况下，增大混凝土坍落度的外加剂。

减水剂的减水作用是由其自身的特殊分子结构决定的。

(1)减水剂的分子结构。减水剂多属于表面活性剂，其分子具有典型的两亲性结构特点，即分子的一端是亲水(憎油)基团，另一端是憎水(亲油)基团，如图 3-3 所示。当将减水剂加入水中时，其分子中的亲水基团指向水溶液，憎水基团指向空气，减水剂分子将在水和空气的界面形成定向吸附和定向排列。

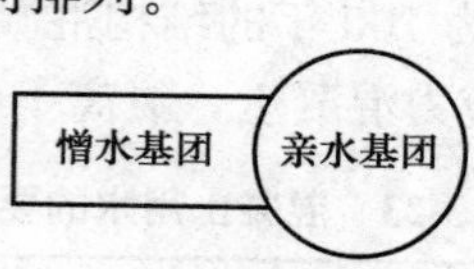

图 3-3 减水剂分子结构

(2)减水剂的减水机理。水泥加水拌和后，通常会产生图 3-4 所示的絮凝状结构。在絮凝状结构中包裹了许多拌合水，从而降低了混凝土拌合物的流动性。

当将减水剂加入混凝土拌合物中时，减水剂分子将在水泥颗粒和拌合水的界面产生定向吸附和定向排列，减水剂的憎水基团将吸附于水泥颗粒表面，亲水基团则指向水溶液。这种定向吸附一方面使水泥颗粒表面带上了相同的电荷，加大了水泥颗粒之间的静电斥力，使絮凝状结构中包裹的游离水释放出来，增加了混凝土拌合物的流动性；另一方面，由于亲水基对水的亲和力较大，因此在水泥颗粒表面形成一层稳定的溶剂化水膜，增加了水泥

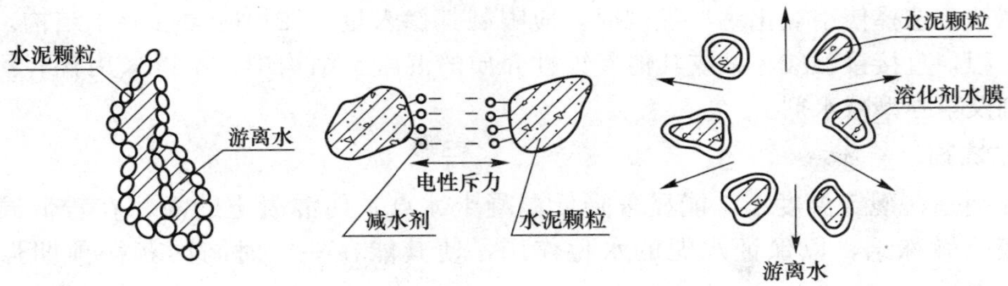

图 3-4 减水剂的作用机理

颗粒之间的滑动能力，使拌合物的流动性增大；同时，水膜又将水泥颗粒隔开，使水泥颗粒的分散程度增大。上述两种作用的结果就是在不增加用水量的情况下，使混凝土拌合物的流动性增大了。

(3)减水剂的技术经济效果。减水剂合理地应用于混凝土施工中，可以取得以下技术和经济效果：

1)增大拌合物流动性。在原配合比不变的条件下，减水剂可以增大混凝土拌合物的坍落度 10～200 mm 且不影响混凝土的强度。

2)减少拌合物泌水离析现象。掺用减水剂后，还可以减少混凝土拌合物的泌水离析现象，减慢水泥水化的放热速度，延缓混凝土拌合物的凝结时间。

3)提高混凝土强度。在保持流动性和水泥用量不变时，可显著减少拌合用水量 10%～20%，从而降低水胶比，使混凝土强度提高 15%～20%，早期强度提高 30%～50%。

4)提高耐久性。减水剂的掺入可显著改善混凝土的孔结构，提高混凝土密实度，透水性可降低 40%～80% ，从而提高混凝土的抗渗、抗冻、抗化学腐蚀等能力。

5)节约水泥。保持混凝土强度和流动性不变，可节约水泥用量 10%～15%。

2. 引气剂

引气剂是指在搅拌过程中能引入大量分布均匀的、稳定而封闭的微小气泡的外加剂。一般来说，引气剂在 1 m^3 混凝土中可生成 500～3 000 个直径为 50～1 250 μm(大多在 200 μm 以下)的独立气泡。气泡在混凝土中可以起到以下作用：

(1)改善混凝土拌合物的和易性。大量微小球状气泡如同滚珠一样，减少了颗粒之间的摩擦阻力，减少了泌水和离析，改善了混凝土拌合物的保水性、黏聚性。

(2)显著提高混凝土的抗渗性和抗冻性。大量均匀分布的封闭气泡切断了混凝土中的毛细管渗水通道，改变了混凝土的孔结构，使混凝土抗渗性显著提高。

(3)降低混凝土强度。由于大量气泡的存在，减少了混凝土的有效受力面积，使混凝土强度有所降低。一般混凝土的含气量每增加 1%时，其抗压强度将降低 4%～5%，抗弯强度降低 2%～3%。

3. 早强剂

早强剂是能提高混凝土早期强度，并对后期强度无显著影响的外加剂。早强剂可以缩短养护周期，加快模板和场地的周转。早强剂用于快速低温下施工的混凝土，尤其是冬期施工或紧急抢修的混凝土工程，使混凝土在短时间内即能达到要求的强度。

常用的早强剂有氯化物系(如 $CaCl_2$)、硫酸盐系(如 Na_2SO_4)等。但为了防止氯化钙对钢筋的锈蚀，选择使用氯化钙早强剂时，应限制其掺入量。在预应力混凝土结构，大体积混凝土工程，直接接触酸、碱或其他侵蚀性介质的混凝土结构中，不得采用含有氯盐配制的早强剂及早强型减水剂。

4. 防冻剂

防冻剂是在规定温度下，能显著降低混凝土冰点，使混凝土的液相在较低温度下不冻结或仅轻微冻结，以保证水泥的水化作用，使其能在一定时间内获得预期强度的外加剂。

目前，工程上使用较多的是复合防冻剂，即兼具了防冻、早强、引气、减水等多种性能，以提高防冻剂的防冻效果，并不至影响或降低混凝土的其他性能。

5. 养护剂

对刚成形的混凝土进行保湿养护的外加剂称为养护剂，又称养护液。养护剂的保湿作用使其能在混凝土表面形成一层连续的薄膜，该薄膜起着阻止混凝土内部水分蒸发的作用，达到较长时间的保湿养护效果。

在实际工程中，养护剂代替了通过洒水、铺湿砂、铺湿麻布草袋等途径对混凝土进行的保湿养护方法，尤其适用于在工程构筑物的立面无法用传统办法实现的保湿养护。常用的养护剂有水玻璃、沥青乳剂和过氯乙烯树脂等。

测试题

拓展内容

外加剂的选择和使用

(1)外加剂品种的选择。外加剂品种的选择，一方面要考虑工程需要、现场的材料条件；另一方面要保证所用外加剂与水泥具有良好的匹配性。

通常，高性能混凝土宜选用高性能减水剂；有抗冻要求的混凝土宜采用引气剂或引气减水剂；大体积混凝土宜采用缓凝剂或缓凝减水剂；混凝土冬期施工应选择防冻剂。具体选择还应通过试验最终确定。

案例分析

(2)外加剂掺量的确定。混凝土外加剂均有适宜的掺量。外加剂掺量过小，往往达不到预期效果；掺量过大，则会影响混凝土质量，甚至造成质量事故。因此，应通过试验试配的方式确定外加剂的最佳掺量。

(3)外加剂的掺加方法。

1)水剂。对于可溶于水的外加剂，应先配制成定浓度的溶液，随水加入搅拌机。

2)干掺。对于不溶于水的外加剂，应与适量水泥或砂混合均匀后再加入搅拌机内。切忌直接将外加剂加入混凝土搅拌机内。

(4)掺入时间。掺入时间可视工程的具体要求确定，可选择同掺、后掺、分次掺入等不同的掺加方法。

3.2.6 掺合料

矿物掺合料是指在混凝土拌制过程中直接加入以天然矿物质或工业废渣为材料的粉状矿物质。其作用是改善混凝土性能，常用的主要有粉煤灰、硅灰、沸石粉、粒化高炉矿渣粉等。以下主要介绍粉煤灰和硅灰在混凝土中的应用。

1. 粉煤灰

粉煤灰是火力发电厂燃烧煤粉后排放出来的废料。粉煤灰属于火山灰质混合材料。按照氧化钙含量的不同，粉煤灰可分为高钙灰(CaO 含量为 15%～35%，活性相对较高)和低钙灰(CaO 含量为低于 10%，活性相对较低)。

按技术品质划分，粉煤灰可分为Ⅰ、Ⅱ、Ⅲ三类。Ⅰ类粉煤灰的品质最好。

粉煤灰对混凝土的性能有以下影响：

(1)改善新拌混凝土的和易性。粉煤灰的颗粒呈球形且表面光滑，加入混凝土中可以减少用水量或增大拌合物的流动性；同时，还可以增加拌合物的黏聚性，减少泌水。

(2)提高硬化混凝土的强度。混凝土中掺入粉煤灰，可以在不改变流动性的条件下，减少用水量，从而提高混凝土的强度。

(3)提高混凝土的长久性能。粉煤灰中的活性二氧化硅参与二次水化反应，增加了混凝土中的胶凝材料生成量，提高了混凝土的后期强度和耐腐蚀性，减少了碱骨料反应的危害。

(4)降低混凝土的水化升温速率。混凝土中掺入粉煤灰后可以减少一定量的水泥用量，从而降低由于大量水泥水化而导致的混凝土升温，对大体积混凝土施工非常有利，可以减少由于温差收缩引起的混凝土构件开裂。

2. 硅灰

硅灰是铁合金厂在生产金属硅或硅铁时得到的产品，又称硅粉、硅尘。

硅灰属于火山灰活性物质，但由于其较高的 SiO_2 含量和很大的比表面积，因而加入混凝土中的作用效果比粉煤灰好得多。硅灰在混凝土工程中具有以下应用：

(1)配制高强度混凝土。采用 SiO_2 含量不小于 90%的硅灰，代替 5%～15%的水泥用量，同时掺入高效减水剂时，采用常规的施工方法便可配制出 C100 混凝土。

(2)提高混凝土耐蚀、耐磨性能。采用硅粉混凝土可以成倍地提高混凝土的抗磨性能。硅粉混凝土主要用于水工混凝土泄水建筑物，提高混凝土对高速含砂水流的冲击和磨蚀作用的承受能力，避免混凝土表层遭受损坏。

(3)配制抗化学侵蚀混凝土。处于海水中的混凝土建筑物会遭受氯离子、硫酸根离子的侵蚀，而使混凝土产生脱皮甚至损坏等现象。当在混凝土中掺入硅粉时，硅粉的水化产物充填了混凝土中的孔隙，使混凝土结构密实度增大，抗化学侵蚀能力增强。

(4)抑制碱骨料反应。硅灰由于具有极高的火山灰活性，水化反应中消耗了胶体中的 OH^-，使硬化混凝土中的碱含量降低，从而抑制了碱骨料反应。

(5)减少混凝土喷射的回弹量。普通喷射混凝土中，加入 3%～5%的硅粉，可减少混凝土喷射的回弹量约 10%。这样节约了原材料，加快了施工速度，降低了工程成本。

3.3 混凝土的技术性能

3.3.1 混凝土拌合物的和易性

1. 和易性的概念

将混凝土拌合物易于搅拌、运输、浇筑及振捣，并能获得成型密实、质量均匀混凝土的性能，称为混凝土拌合物的和易性。混凝土拌合物的和易性是一项综合技术性质，它包括流动性、黏聚性及保水性三个方面，彼此既有联系，又相互矛盾。

(1)流动性：混凝土拌合物在质量或外力作用下(机械振捣)，能产生流动，并均匀密实地填满模板的性能。流动性的大小反映了混凝土拌合物的稀稠，直接影响混凝土拌合物浇捣施工的难易程度和施工质量。流动性大小以坍落度或维勃稠度表示，坍落度越大或维勃稠度越小，表明混凝土拌合物的流动性越大。

坍落度的选择应根据结构物的截面尺寸、钢筋疏密和施工方法等因素确定，在便于施工操作的条件下，应尽可能选择较小的坍落度，以节约水泥并获得质量较高的混凝土。

(2)黏聚性：混凝土拌合物在施工过程中，其组成材料之间有一定的黏聚力，不至于产生分层和离析的性能。黏聚性差会使混凝土硬化后产生蜂窝、麻面、薄弱夹层等缺陷，影响混凝土的强度和耐久性。

(3)保水性：混凝土拌合物在施工过程中，具有一定的保水能力，不至于产生严重泌水的性能。保水性差，混凝土拌合物在施工过程中会出现泌水现象，使硬化后的混凝土内部存在许多孔隙，降低混凝土的抗渗性、抗冻性。另外，上浮的水分还会聚集在石子或钢筋的下方形成较大孔隙(水囊)，削弱了水泥浆与石子、钢筋之间的黏结力，影响混凝土的质量。

2. 和易性的评价

目前在施工现场和实验室中，评价混凝土的和易性时通常定量测定拌合物的流动性，在测定流动性的过程中定性辅助评价黏聚性和保水性。

(1)流动性的测定。混凝土拌合物的流动性可采用坍落度法和维勃稠度法测定。

1)坍落度法。坍落度法适用于骨料最大公称粒径不大于 40 mm、坍落度值不小于 10 mm 的塑性混凝土的流动性测定。如图 3-5 所示，将混凝土拌合物按规定的试验方法装入坍落度筒内，按规定的方法在规定的时间内垂直提起坍落度筒(提筒过程应在 5～10 s 完成)，筒高与拌合物试体坍落后的最高点之间的高差即混凝土拌合物的坍落度，以 mm 为单位，精确至 5 mm。

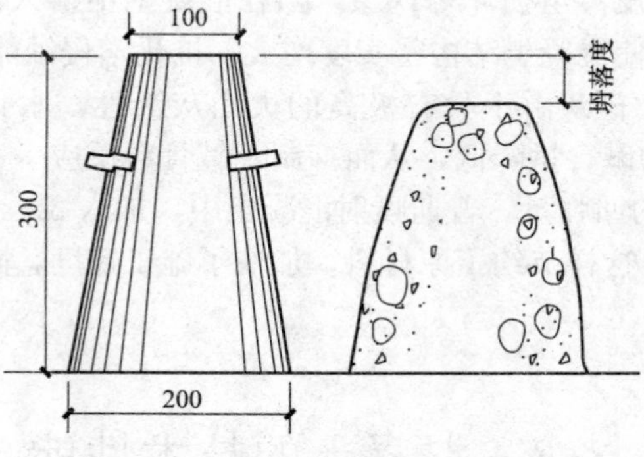

图 3-5　混凝土拌合物的坍落度测定法

在测量坍落度值之后，应目测观察混凝土试体的黏聚性及保水性，具体方法：用捣棒轻轻敲打已坍落的混凝土拌合物锥体侧面，如果锥体逐渐下沉，则表示黏聚性良好，如果锥体倒塌、部分崩裂或出现离析现象，则表示黏聚性差。保水性是以混凝土拌合物中水泥浆析出的程度来评定的。提起坍落度筒后如有较多的水泥浆从底部析出，锥体部分的混凝土拌合物因失浆而骨料外露，则表明此混凝土拌合物的保水性差；如无水泥浆或仅有少量水泥浆自底部析出，则表示此混凝土拌合物的保水性良好。

2)维勃稠度法。维勃稠度法适用于骨料最大粒径不大于 40 mm 且坍落度小于 10 mm，维勃稠度为 5～30 s 的混凝土拌合物稠度测定。

此方法可用维勃稠度仪测定，如图 3-6 所示。测定方法是按坍落度试验方法，将混凝土拌合物装入坍落度筒内，再拔去坍落度筒，并在混凝土拌合物上方放置一透明圆盘，然后启动振动台并记录从开始振动到当圆盘下面全部布满水泥浆时所需要的振动时间，即拌合物的维勃稠度值，以时间 s 为单位，精确至 1 s。

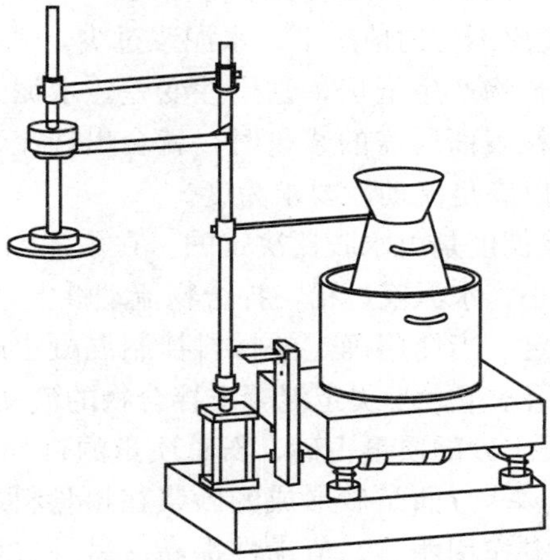

图 3-6　维勃稠度仪

(2)流动性的选择。混凝土拌合物流动性的选择原则是在保证施工条件及混凝土浇筑质量的前提下，尽可能采用较小的流动性，以节约水泥并获得均匀密实的混凝土。具体可按以下情况选用：

1)按设计图纸选择。当设计图纸上标明坍落度指标要求时，应按图纸上所要求的坍落度值进行配合比设计。

2)按工程实际选择。当设计图纸上没有标明坍落度指标时，应根据结构物构件断面尺寸、钢筋疏密和振捣方式来确定。当构件断面尺寸较小、钢筋较密或采用人工振捣时，应选择较大的坍落度，以使浇捣密实，保证施工质量；反之，对于构件断面尺寸较大、钢筋配置稀疏或采用机械振捣时，尽可能选用较小的坍落度以节约水泥。一般情况下，混凝土浇筑时的坍落度选用见表 3-24。

表 3-24　混凝土浇筑时的坍落度选用

序号	结构	坍落度/mm	
		机械振捣	人工振捣
1	基础或地基等的垫层	10～30	20～40
	无配筋的大体积结构(挡土墙、基础、厚大块体等)或配筋稀疏的结构	10～30	35～50
2	板、梁和大型及中型截面的柱子等	35～50	55～70
3	配筋密列的结构(薄壁、斗仓、筒仓、细柱等)	55～70	75～90
4	配筋密列的其他结构	75～90	90～120

拓展内容

目前，流动性混凝土已逐渐被施工单位接受并取得了较好的施工效果。一般情况下，流动性混凝土的坍落度为100～150 mm；泵送高度较大及在炎热气候下施工时，可采用的坍落度为150～180 mm或更大一些。

3. 影响混凝土拌合物和易性的因素

拌合物在自重或外力作用下产生流动的大小，除与骨料颗粒之间的内摩擦力有关外，还与水泥浆流变性能及骨料颗粒表面水泥浆层厚度有关。

(1)水泥浆数量。在水胶比不变的情况下，水泥浆过少，其不能完全填充骨料空隙或包裹骨料表面，会使混凝土拌合物产生崩坍，黏聚性变差。水泥浆过多时，超过了填充骨料颗粒之间空隙及包裹骨料颗粒表面所需的浆量时，就会出现流浆现象，使拌合物黏聚性变差。因此，水泥浆要适量，以满足流动性要求为度。

(2)水泥浆稠度。水泥浆稠度是由水胶比决定的。在水泥用量不变时，水胶比越小，水泥浆越稠，拌合物流动性越小；水泥浆过稀，拌合物流动性大，但黏聚性、保水性越差。

混凝土拌合物需水量确定：当使用确定的材料拌制混凝土时，在水泥用量增减不超过50～100 kg/m^3 的情况下，用水量大小决定混凝土拌合物的流动性。

(3)砂率。砂率是指混凝土砂的质量占砂、石总质量的百分率。实践证明，砂率对混凝土拌合物的和易性影响很大，一方面是砂形成的砂浆在粗骨料之间起润滑作用，在一定砂率范围内随砂率的增大，润滑作用明显，流动性提高；另一方面在砂率增大的同时，骨料的总表面积随之增大，需要润滑的水分增多，在用水量一定的条件下，拌合物流动性降低，所以当砂率超过一定范围后，流动性反而随砂率的增大而降低，如图 3-7(a)所示。另外，如果砂率过小、砂浆数量不足，会使混凝土拌合物的黏聚性和保水性降低，产生离析和流浆现象。所以，为保证混凝土拌合物和易性，应采用合理砂率。

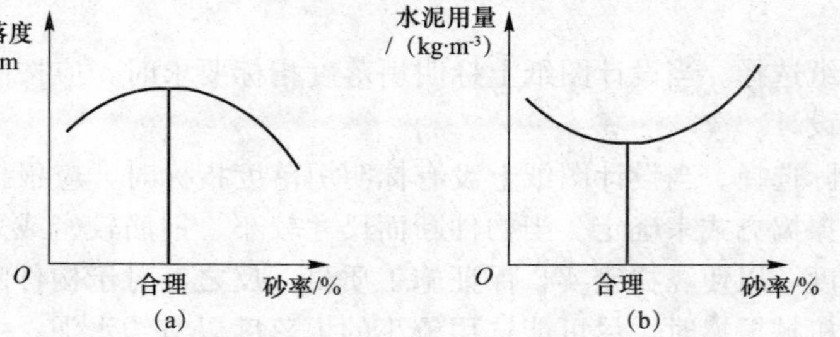

图 3-7　砂率与坍落度和水泥用量的关系

(a)坍落度与砂率的关系；(b)水泥用量和砂率的关系

当砂率适宜时，砂不但可以填满石子的空隙，而且还能保证粗骨料之间有一定厚度的砂浆层，以减小粗骨料的滑动阻力，使拌合物有较好的流动性，这个适宜的砂率称为合理砂率。如图 3-7(b)所示，当采用合理砂率时，在用水量和水泥用量一定的情况下，能使拌合物获得最大的流动性和良好的稳定性，或者在保证拌合物获得所要求的流动性及良好的均匀稳定性时，水泥用量最少。

(4)水泥品种与外加剂。主要表现在需水性方面。水泥品种不同，达到标准稠度的需水量也不同，需水量大的水泥拌制的混凝土，要达到同样坍落度时，就需要较多的用水量。

为改善混凝土拌合物流动性，可掺入减水剂、引气剂等外加剂。

(5)骨料特征。卵石混凝土比碎石混凝土在用水量等相同条件下流动性大，但黏聚性和保水性差；在其他条件相同的情况下，粒径越大，混凝土拌合物流动性越好；在其他条件相同的情况下，骨料级配越好，混凝土拌合物的和易性越好；针、片状颗粒越少，粒形越近球形或立方体形，表面越光滑，混凝土拌合物流动性越好。

(6)时间和温度。混凝土拌合物随时间的延长，其中的水泥水化，骨料吸水，水分蒸发，从而使混凝土拌合物逐渐变得干稠，和易性变差。温度升高，拌合物流动性降低，每升高 10 ℃，拌合物坍落度减少 20 mm。

(7)施工条件。混凝土拌合物的搅拌可分为机械搅拌和人工搅拌两种形式。在较短的时间内，搅拌得越完全越彻底，混凝土拌合物的和易性越好。因此，机械搅拌比人工搅拌的效果好；强制式搅拌机比自落式搅拌机的拌和效果好；高频搅拌机比低频搅拌机的拌和效果好。混凝土施工通常宜采用强制式搅拌机搅拌，并应搅拌均匀。

4. 调整混凝土和易性的措施

调整混凝土和易性的措施必须兼顾流动性、黏聚性、保水性的统一，并考虑对混凝土强度、耐久性的影响。其主要包括以下内容：

(1)通过试验，采用合理砂率，以利于改善和易性，提高混凝土强度和节约水泥。

(2)采用级配良好的骨料，特别是粗骨料的级配，并尽量采用较粗的粗砂、石。

测试题

(3)当混凝土拌合物坍落度太小时，在保持水胶比不变的情况下，适当增加水泥浆数量；坍落度太大时，保持砂率不变，适当增加砂、石骨料用量。

(4)选择合理的外加剂，如减水剂，可提高混凝土拌合物的流动性。

(5)改进施工工艺，高效率的搅拌设备和振捣设备可以改善拌合物的和易性及提高拌合物的浇筑质量。另外，现代商品混凝土在远距离运输时，为了减少坍落度损失，还经常采用二次加水法，即在混凝土搅拌站拌和时只加入大部分的水，剩下少部分的水在快到施工现场时加入，然后迅速搅拌以获得较好的坍落度。

【案例引入 4】 水泥混凝土在施工中，为了提高混凝土拌合物的流动性，随意向混凝土中加水，或将洗涮混凝土搅拌设备的泥浆水加到混凝土拌合物中的做法是否可行?

解析：不可行。因为随意加水，或者将洗涮搅拌设备的泥浆水加到拌合物中，都会增大混凝土的水胶比，导致硬化的混凝土内部孔隙增多，强度降低；混凝土的抗冻性、抗渗性等耐久性都会下降。

3.3.2 混凝土的强度

1. 混凝土强度的含义

混凝土单位面积所能承受的最大外应力，称为混凝土强度。其表示混凝土单位面积所能抵抗外力的一种自身能力。强度是混凝土最重要的力学性质，混凝土主要用于承受荷载或抵抗各种作用力。

混凝土强度与其他性能关系密切，一般来说，混凝土的强度越高，其刚性、抗渗性、抵抗风化和某些侵蚀介质的能力也越高，通常用强度来评定和控制混凝土的质量。

(1)立方体抗压强度。混凝土立方体抗压强度是指按《混凝土物理力学性能试验方法标准》(GB/T 50081—2019)标准方法制作的边长为 150 mm 的立方体试件，在标准条件(温度为 20 ℃±2 ℃，相对湿度为 95%以上)下养护 28 d，用标准试验方法测得的抗压强度值，用 f_{cu}表示。

混凝土立方体抗压强度标准值是指按《混凝土物理力学性能试验方法标准》(GB/T 50081—2019)标准方法测得具有不低于 95%保证率的立方体抗压强度值，用 $f_{cu,k}$表示，是确定混凝土强度等级的主要依据。混凝土强度等级用符号 C 与立方体抗压强度标准值表示，分为 C15、C20、C25、C30、C35、C40、C45、C50、C55、C60、C65、C70、C75、C80 共 14 个强度等级。例如，C40 表示混凝土立方体抗压强度标准值为 40 MPa。

(2)轴心抗压强度(棱柱体抗压强度)。混凝土轴心抗压强度是指按《混凝土物理力学性能试验方法标准》(GB/T 50081—2019)标准方法制作的边长为 150 mm×150 mm×300 mm 的棱柱体试件，在标准条件下养护 28 d，用标准试验方法测得的抗压强度值，用 f_{cp}表示。

在实际结构物中，混凝土受压构件大多数为棱柱体(或圆柱体)，所以，采用棱柱体试件比采用立方体试件更能反映混凝土的实际受压情况。

(3)抗拉强度。混凝土的抗拉强度很低，一般只有抗压强度的 1/10～1/20，所以在结构设计中，一般不考虑混凝土的承受拉力。但混凝土的抗拉强度对于混凝土抵抗裂缝的产生具有重要的意义，作为确定构件抗裂程度的重要指标。通常用劈裂法测定混凝土的抗拉强度。

(4)为了实现钢筋与混凝土协同工作，必须保证钢筋与混凝土之间具有可靠的锚固和黏结，以实现在钢筋和混凝土交界处的应力传递。而混凝土与钢筋之间的黏结强度取决于水泥石与钢筋之间的黏结力、混凝土与钢筋之间的摩擦力和混凝土的强度等级。钢筋的直径越小，有效黏结面积越大，黏结强度越高；变形钢筋的黏结力高于光圆钢筋与混凝土表面的机械咬合力；强度等级越高的混凝土，其与钢筋之间的黏结强度越高。

2. 影响混凝土强度的因素

(1)水泥强度和水胶比。水泥强度和水胶比是影响混凝土强度最主要的因素。水泥是混凝土中的活性成分，其水化活性大小直接影响水泥石自身强度及其与骨料之间的界面强度。在混凝土配合比相同的条件下，水泥强度等级越高，混凝土强度越高。

水胶比较大时，混凝土硬化后，多余的水分就会残留在混凝土中，形成水泡或蒸发后形成气孔，混凝土密实度下降，降低了水泥石与骨料的黏结强度。但是，如果水胶比太小，混凝土拌合物过于干稠，则很难保证浇筑、振实的质量，混凝土中将出现较多的空洞与蜂窝，也会导致混凝土强度降低。

大量试验表明，普通强度等级的密实混凝土强度与水泥 28 d 强度及水胶比符合鲍罗米公式关系：

$$f_{cu}=\alpha_a f_b\left(\frac{W}{B}-\alpha_b\right)$$

式中 f_{cu}——混凝土 28 d 抗压强度值(MPa)；

f_b——胶凝材料 28 d 胶砂抗压强度实测值(MPa)；

$\frac{W}{B}$——混凝土的水胶比；

α_a，α_b——回归系数，对于碎石混凝土，$\alpha_a=0.53$，$\alpha_b=0.20$；对于卵石混凝土，$\alpha_a=0.49$，$\alpha_b=0.13$。

(2)骨料的品种、质量及数量。在其他条件相同的情况下，碎石混凝土比卵石混凝土强度高。影响混凝土强度的骨料质量，主要包括有害杂质含量(泥、泥块、有机物、云母、硫化物、轻物质及针、片状颗粒等)及骨料强度等。强度等级为C35以下的混凝土，骨料数量对混凝土强度影响不大；强度等级为C35以上的混凝土，骨料数量对混凝土强度的影响有所增大。但总的来说，该因素为影响强度的次要因素。

(3)养护条件。养护时的温度是影响水泥水化反应速度的重要因素。周围环境或养护温度高，水泥水化速度快，早期强度高，但后期强度增进率低。一般情况下，湿度越大，保湿养护时间越长，混凝土强度越高，如图3-8所示。

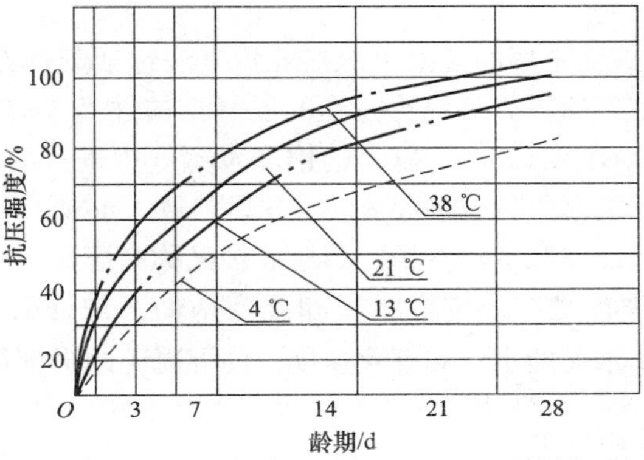

图3-8　养护温度对混凝土强度的影响

(4)龄期。混凝土早期强度增长快，在最初的3～7 d强度增长速度较快，以后逐渐减慢，28 d以后，强度基本趋于稳定。普通强度等级混凝土，在标养条件下，3～28 d龄期内，混凝土强度与龄期对数成正比关系，满足以下规律：

$$f_n=f_{28}\frac{\lg n}{\lg 28}$$

式中　f_n——n天龄期的混凝土抗压强度(MPa)；

f_{28}——28 d龄期的混凝土抗压强度(MPa)；

n——养护龄期(d)。

不同龄期混凝土的强度增长值见表3-25。

表3-25　不同龄期混凝土的强度增长值

龄期	7 d	28 d	3个月	6个月	1年	2年	4～5年	20年
混凝土相当于28 d的强度	0.6～0.7	1	1.25	1.5	1.75	2	2.25	3

(5)施工质量。混凝土在施工过程中，应配料准确，搅拌均匀，振捣密实。一般采用机械振捣更加密实，可使混凝土强度得到提高。

3. 混凝土强度的提高措施

(1)采用高强度水泥和早期型水泥。对于紧急抢修工程、桥梁拼装接头、严寒的冬期施工及其他要求早期强度高的混凝土结构物，可优先选用早强型水泥。

(2)采用较小的水胶比、较少的用水量。在不影响施工情况下，尽量减小水胶比，减少拌合水的使用量，制得相对干硬的混凝土，以减少硬化混凝土中由于多余水分的挥发而产生的孔隙，提高混凝土强度。

(3)采用级配良好的碎石。碎石表面粗糙多棱角，可以增大骨料与胶凝材料浆体之间的黏结面积，提高黏结强度。

(4)掺加外加剂和掺合料。在混凝土中掺加减水剂，尤其是高效减速剂，可以大幅度减少水的加入量，使混凝土强度得到提高；根据工程需要适当地使用早强剂，可以提高混凝土的早期强度。

(5)改进施工工艺，提高混凝土的密实度。采用机械振捣的方式，可以增加混凝土的密实度，提高混凝土强度。

(6)采用湿热养护方式。常用的混凝土湿热养护方法包括蒸汽养护和蒸压养护。蒸汽养护是在常压下，将浇筑完毕的混凝土构件经 1～3 h 预养后，在 90%以上的相对湿度、60 ℃以上的饱和水蒸气中进行的养护；蒸压养护是指将浇筑好的混凝土构件静停 8～10 h 后，放入 175 ℃和 8 个大气压的蒸压釜内，进行的饱和蒸汽养护。蒸压养护又称高压蒸汽养护。

测试题

蒸汽养护和蒸压养护都是在足够的温度和湿度条件下进行的养护，较高的温度、湿度加快了水泥的水化和硬化速度，使混凝土的强度得到了提高。

3.3.3　混凝土的变形性能

混凝土的变形包括非荷载作用下的变形和荷载作用下的变形。非荷载作用下的变形，可分为混凝土的化学收缩、干湿变形及温度变形；荷载作用下的变形，可分为短期荷载作用下的变形及长期荷载作用下的变形。

1. 非荷载作用下的变形

(1)化学收缩(自身体积变形)。在混凝土硬化过程中，由于水泥水化物的固体体积，比反应前物质的总体积小，从而引起混凝土的收缩，称为化学收缩。其收缩量不能恢复，收缩值较小，对混凝土结构没有破坏作用，但在混凝土内部可能产生微细裂缝而影响承载状态和耐久性。

(2)干湿变形(物理收缩)。干湿变形是指由于混凝土周围环境湿度的变化，会引起混凝土的干湿变形，表现为干缩湿胀。混凝土的干湿变形量很小，一般无破坏作用。但干缩变形对混凝土危害较大，干缩能使混凝土表面产生较大的拉应力导致开裂，降低混凝土的抗渗、抗冻、抗侵蚀等耐久性能。

(3)温度变形。温度变形是指混凝土随着温度的变化而产生热胀冷缩变形。温度变形对大体积混凝土、纵长的混凝土结构、大面积混凝土工程极为不利，易使这些混凝土造成温度裂缝。因此，大体积混凝土施工时，常采用低热水泥，减少水泥用量，掺加缓凝剂，采用人工降温等，以减少因温度变形而引起的混凝土质量问题。

2. 荷载作用下的变形

(1)短期荷载作用下的变形——弹塑性变形。混凝土是一种由水泥石、砂、石、游离水、气泡等组成的不匀质的多组分三相复合材料，称为弹塑性体。受力时既产生弹性变形，又产生塑性变形，其应力—应变关系呈曲线，如图 3-9 所示。卸载后能恢复的应变是由混凝土的弹性应变引起的，称为弹性应变；剩余的、不能恢复的则是由混凝土的塑性应变引起的，称为塑性应变。

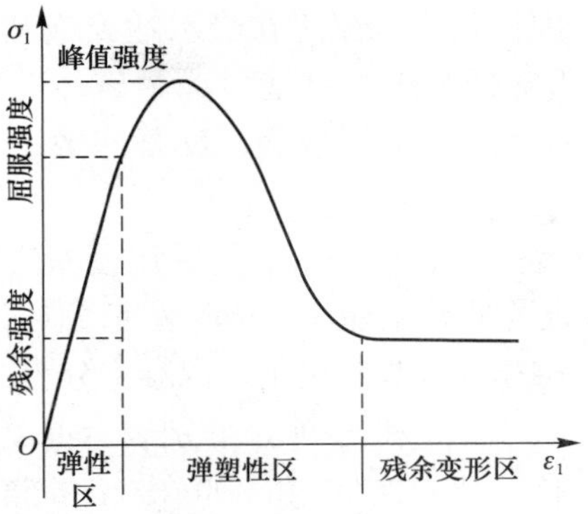

图 3-9　混凝土在压力作用下的应力—应变关系曲线

(2)长期荷载作用下的变形——徐变。混凝土在长期荷载作用下，除产生瞬间的弹性变形和塑性变形外，还会产生随时间增长的变形，即荷载不变而变形仍随时间增大，一般要延续2～3 年才逐渐趋于稳定。这种在长期荷载作用下产生的变形，通常称为徐变。

混凝土的徐变对结构的影响既有有利的方面，又有不利的方面。有利的影响是徐变可消除钢筋混凝土内的应力集中，使应力重新分配，从而使混凝土构件中局部应力得到缓和，对大体积混凝土则能消除一部分由于温度变形所产生的破坏应力；不利的影响是混凝土徐变使钢筋的预加应力受到损失(预应力减小)，使构件强度减小。

3.3.4　混凝土耐久性

测试题

混凝土的耐久性是指混凝土结构物在使用过程中，抵抗周围环境各种因素作用而不发生破坏的性能，是一项综合性能。其主要包括抗渗性、抗冻性、抗侵蚀性、抗碳化性及碱骨料抑制性。耐久性差的混凝土结构在设计使用期限之前，会出现钢筋锈蚀、混凝土裂化剥落等破坏现象，需要投资修复乃至拆除重建。因此，提高混凝土的耐久性，对于延长结构寿命、减少修复工作量、提高经济效益具有重要的意义。

(1)抗渗性。混凝土的抗渗性是指混凝土抵抗有压介质(水、油、溶液等)渗透作用的能力。若混凝土的抗渗性差，不仅周围水等液体物质易渗入内部，而且当遇有负温或环境水中含有侵蚀性介质时，混凝土就易遭受冰冻或侵蚀作用而破坏，对钢筋混凝土还将引起其内部钢筋锈蚀，并导致表面混凝土保护层开裂与剥落。因此，对地下建筑、水坝、港工、海工等工程，必须要求混凝土具有一定的抗渗性。

混凝土的抗渗性在我国一般用抗渗等级表示。抗渗等级是以 28 d 龄期的标准试件，按标准试验方法进行试验，用每组 6 个试件中 4 个试件未出现渗水时最大水压力(MPa) 来表示的，分为 P4、P6、P8、P10、P12 和＞P12 六个等级，即相应表示混凝土能抵抗0.4 MPa、0.6 MPa、0.8 MPa、1.0 MPa、1.2 MPa 和大于 1.2 MPa 的水压力而不渗水。抗渗等级大于 P6 级的混凝土称为抗渗混凝土。

混凝土的抗渗性主要与其密实度及内部孔隙大小和构造特征有关。提高混凝土抗渗性的措施主要有降低水胶比、采用减水剂、掺入引气剂、加入掺合料、防止离析和泌水的发生，选用致密、干净、级配良好的骨料，加强养护及防止出现施工缺陷等。

(2)抗冻性。混凝土的抗冻性是指混凝土在吸水达到饱和状态下经受多次冻融循环作用而不破坏，同时，也不严重降低强度的性能。冻融破坏的原因是混凝土中的水结成冰后，体积发生膨胀，混凝土内部产生微细裂缝，反复冻融使裂缝不断扩大，导致混凝土强度降低直至破坏。

混凝土的抗冻性用抗冻等级表示。抗冻等级是采用慢冻法以龄期 28 d 的试块在吸水饱和后，于−18 ℃～20 ℃承受反复冻融循环，以抗压强度下降不超过25%，且质量损失不超过 5%时，所能承受的最大冻融循环次数来确定。混凝土分为 9 个抗冻等级，即 F10、F15、F25、F50、F100、F150、F200、F250 和 F300，分别表示混凝土能够承受反复冻融次数不小于 10、15、25、50、100、150、200、250 和 300(次)。抗冻等级＞F50 的混凝土为抗冻混凝土。

(3)抗侵蚀性。当混凝土处于侵蚀性介质中时，可能遭受侵蚀。混凝土被侵蚀的原因是混凝土内部不密实，外界侵蚀性介质可以通过开口连通的孔隙或毛细管通路侵入。

(4)混凝土的碳化。混凝土内水泥石中的氢氧化钙与空气中的二氧化碳，在湿度相宜时发生化学反应，生成碳酸钙和水，使混凝土碱度降低的过程叫作碳化，也称为中性化。混凝土的碳化是二氧化碳由表及里逐渐向混凝土内部扩散的过程。

碳化对混凝土的作用，利少弊多。碳化使混凝土碱度降低，减弱了对钢筋的保护作用，可能导致钢筋锈蚀。产生碳化收缩，对其核心形成压力，而表面碳化层出现拉应力，可能产生微细裂缝，而使混凝土抗拉、抗弯能力降低。有利影响为表层混凝土碳化时生成的碳酸钙，可填充水泥石的孔隙，提高密实度，对防止有害介质的侵入具有一定的缓冲作用。

3.4 混凝土配合比设计

3.4.1 混凝土配合比设计基本知识

1. 混凝土配合比及表示方法

混凝土配合比是指混凝土各组成材料数量之间的比例关系。其表示方法有以下两种：

(1)以每立方米混凝土中各组成材料的质量表示，如每立方米混凝土需用水泥 300 kg、砂 720 kg、石子 1 260 kg、水 180 kg。

(2)以各组成材料相互之间的质量比来表示，其中以水泥质量为 1，其他组成材料数量以水泥为参照，如水泥：砂：石：水＝1：2.31：4.14：0.6。

2. 混凝土配合比的基本要求

混凝土配合比设计的目的就是根据原材料性能、结构形式、施工条件和对混凝土的技术要求，通过计算和试配调整，确定出满足工程技术经济指标的各组成材料的用量。混凝土的配合比设计应满足下列四项基本要求：

(1)满足混凝土施工的和易性要求，以便于施工操作和保证混凝土的施工质量。

(2)满足结构设计的强度要求，以保证达到工程结构设计或施工进度所要求的强度。

(3)满足与工程所处环境和使用条件相适应的混凝土耐久性要求。

(4)符合经济性原则，在保证质量的前提下，应尽量节约水泥、降低成本。

3. 混凝土配合比设计的重要参数及其确定原则

(1)水胶比。水胶比的大小对混凝土拌合物的和易性、强度、耐久性、经济性等均有较大影响。水胶比较小时，可以提高混凝土强度和耐久性；在满足混凝土强度和耐久性的要求时，选用较大水胶比，可以节约水泥，降低生产成本。

(2)砂率。砂率的大小能够影响混凝土拌合物的和易性。砂率的选用应合理，在保证混凝土拌合物和易性要求的前提下，选用较小值可节约水泥。砂在骨料中的数量应以填充石子空隙后略有富余的原则来确定砂率。

(3)单位用水量。在水胶比不变的条件下，单位用水量如果确定，那么水泥用量和骨料的总用量也随之确定。因此，单位用水量反映了水泥浆与骨料之间的比例关系。为节约水泥和改善混凝土耐久性，在满足流动性条件下，应尽可能取较小的单位用水量。根据粗骨料的种类和规格确定混凝土的单位用水量需要利用需水量定则。

3.4.2 混凝土配合比设计步骤

进行配合比设计前，首先应掌握以下资料：

(1)工程设计要求的混凝土强度等级、施工单位生产质量水平；

(2)了解工程结构所处环境和使用条件对混凝土耐久性要求；

(3)了解结构物截面尺寸、配筋设置情况，熟知混凝土施工方法及和易性要求；

(4)熟知混凝土各项组成材料的性能指标，如水泥的品种、实测强度；骨料的粒径、表观密度、堆积密度、含水率；

(5)拌合用水的来源、水质；

(6)外加剂的品种、掺量等。

其次进行初步计算，得出“初步计算配合比”；再经过实验室试拌调整，得出“基准配合比”；然后经过强度检验，定出满足设计和施工要求并比较经济的“实验室配合比”；最后根据现场砂石的实际含水率，对配合比进行调整，求出“施工配合比”。

1. 初步配合比确定

根据混凝土所选原材料的性能和混凝土配合比设计的基本要求，借助于经验公式和经验参数，计算出混凝土各组成材料的用量，以得出供试配用的初步配合比。

(1)确定混凝土配制强度 $f_{cu,0}$。根据《普通混凝土配合比设计规程》(JGJ 55—2011)规定：

当混凝土的设计强度等级小于 C60 时，混凝土配制强度可按式(3-1)进行计算：

$$f_{cu,0} \geqslant f_{cu,k} + 1.645\sigma \tag{3-1}$$

式中 $f_{cu,0}$——混凝土配制强度(MPa)；

$f_{cu,k}$——混凝土立方体抗压强度标准值，这里取混凝土的设计强度等级值(MPa)；

σ——混凝土强度标准差(MPa)。

当设计强度等级不小于 C60 时，配制强度应按式(3-2)确定：

$$f_{cu,0} \geqslant 1.15 f_{cu,k} \tag{3-2}$$

σ 的确定：当具有近 1～3 个月的同一品种、同一强度等级混凝土的强度资料，且试件组数不小于 30 时，其混凝土强度标准差 σ 应按式(3-3)进行计算：

$$\sigma=\sqrt{\frac{\sum_{i=1}^{n}f_{cu,i}^{2}-nm_{f_{cu}}^{2}}{n-1}} \tag{3-3}$$

式中 σ——混凝土强度标准差；

$f_{cu,i}$——第 i 组的试件强度(MPa)；

$nm_{f_{cu}}$——n 组试件的强度平均值(MPa)；

n——试件组数。

对于强度等级不大于 C30 的混凝土，当混凝土强度标准差计算值 $\sigma \geqslant 3.0$ MPa 时，应按标准差计算公式结果取值；当混凝土强度标准差计算值 $\sigma < 3.0$ MPa 时，应取 3.0 MPa。对于强度等级大于 C30 且小于 C60 的混凝土，当混凝土强度标准差计算值 $\sigma \geqslant 4.0$ MPa 时，应按标准差计算公式结果取值；当混凝土强度标准差计算值 $\sigma < 4.0$ MPa 时，应取 4.0 MPa。

当无强度统计资料时，强度标准差可根据混凝土强度等级，查表 3-26 确定。

表 3-26 强度标准差 σ 值的选用表

混凝土强度标准差	≤C20	C25～C45	C50～C55
σ/MPa	4.0	5.0	6.0

(2)确定水胶比(W/B)。确定水胶比 W/B 需要经过“一算一比”，即先依据鲍罗米公式计算水胶比的理论值，再根据《普通混凝土配合比设计规程》(JGJ 55—2011)规定的混凝土最大水胶比经验值进行耐久性对比校核，取计算理论值和规范经验值中的最小值作为初步配合比设计的水胶比值。

当混凝土强度等级小于 C60 时，混凝土水胶比宜按式(3-4)进行计算：

$$\frac{W}{B}=\frac{\alpha_a f_b}{f_{cu,0}+\alpha_a\alpha_b f_b} \tag{3-4}$$

式中 W/B——混凝土水胶比；

α_a，α_b——回归系数，可通过试验确定，也可按表 3-27 选用；

f_b——胶凝材料 28 d 胶砂抗压强度(MPa)，可实测，且试验方法应按现行国家标准《水泥胶砂强度检验方法(ISO 法)》(GB/T 17671—1999)执行，也可按式(3-5)确定。

回归系数根据工程所使用的原材料，通过试验建立的水胶比与混凝土强度关系来确定；当不具备上述试验统计资料时，也可按表 3-27 选用。

表 3-27 回归系数(α_a，α_b)取值表

系数	碎石	卵石
α_a	0.53	0.49
α_b	0.20	0.13

当胶凝材料 28 d 胶砂抗压强度值(f_b)无实测值时，按式(3-5)进行计算。

$$f_b=\gamma_f\gamma_s f_{ce} \tag{3-5}$$

式中 γ_f，γ_s——粉煤灰影响系数和粒化高炉矿渣粉影响系数，可按表 3-28 选用；

f_{ce}——水泥 28 d 胶砂抗压强度(MPa)，可实测，也可按式(3-6)确定。

表 3-28　粉煤灰影响系数(γ_f)和粒化高炉矿渣粉影响系数(γ_s)

掺量/%	粉煤灰影响系数 γ_f	粒化高炉矿渣粉影响系数 γ_s
0	1.00	1.00
10	0.85～0.95	1.00
20	0.75～0.85	0.95～1.00
30	0.65～0.75	0.90～1.00
40	0.55～0.65	0.80～0.90
50	—	0.70～0.85

注：1. 采用Ⅰ级、Ⅲ级粉煤灰宜取上限值；

2. 采用 S75 级粒化高炉矿渣粉宜取下限值，采用 S95 级粒化高炉矿渣粉宜取上限值，采用 S105 级粒化高炉矿渣粉可取上限值加 0.05；

3. 当超出表中的掺量时，粉煤灰和粒化高炉矿渣粉影响系数应试验确定。

当水泥 28 d 胶砂抗压强度(f_{ce})无实测值时，按式(3-6)进行计算。

$$f_{ce}=\gamma_c f_{ce,g} \tag{3-6}$$

式中　γ_c——水泥强度等级值的富余系数，可按实际统计资料确定，当缺乏实际统计资料时也可按表 3-29 选用；

$f_{ce,g}$——水泥强度等级值(MPa)。

表 3-29　水泥强度等级值的富余系数(γ_c)

水泥强度等级值	32.5	42.5	52.5
富余系数	1.12	1.16	1.10

根据不同结构物的暴露条件、结构部位和气候条件等，表 3-30 对混凝土的最大水胶比作出了规定。根据混凝土所处的环境条件，水胶比值应满足混凝土耐久性对最大水胶比的要求，即按强度计算得出的水胶比不得超过表 3-30 规定的最大水胶比限制。

表 3-30　混凝土的最大水胶比和最小胶凝材料用量表

环境类别	最低强度等级	最大水胶比	最小胶凝材料用量/kg		
			素混凝土	钢筋混凝土	预应力混凝土
室内干燥环境、无侵蚀性静水浸没环境	C20	0.6	250	280	300
室内潮湿环境； 非严寒和非寒冷地区的露天环境； 非严寒和非寒冷地区与无侵蚀性的水或土壤直接接触环境； 严寒和寒冷地区的冰冻线以下与无侵蚀性的水或土壤直接接触环境	C25	0.55	280	300	300

续表

环境类别	最低强度等级	最大水胶比	最小胶凝材料用量/kg		
			素混凝土	钢筋混凝土	预应力混凝土
干湿交替环境； 水位频繁变动环境； 严寒和寒冷地区的露天环境； 严寒和寒冷地区的冰冻线以下与无侵蚀性的水或土壤直接接触环境	C30	0.50	320	320	320
严寒和寒冷地区冬季水位变动区环境； 受除冰盐影响环境； 海风环境	C35	0.45	330	330	330
盐泽土环境； 受除冰盐影响环境； 海岸环境	C40	0.40	330	330	330

注：1. 室内潮湿环境是指构件表面经常处于结露或湿润状态的环境。
2. 海岸环境和海风环境应根据当地情况，考虑主导风向及结构所处迎风、背风部位等因素的影响，由调查研究和工程经验确定。
3. 受除冰盐影响环境是指受到除冰盐盐雾影响的环境；受除冰盐作用环境是指被除冰盐溶液溅射的环境及使用除冰盐地区的洗车房、停车楼等建筑。

(3)确定用水量和外加剂用量。

1)干硬性或塑性混凝土的用水量确定。每立方米干硬性或塑性混凝土的用水量(m_{w0})应符合下列规定：

①混凝土水胶比为0.40～0.80时，应根据粗骨料的品种、最大粒径及施工要求的混凝土拌合物稠度，按表3-31和表3-32选取；

②混凝土水胶比小于0.40时，可通过试验确定。

表3-31 干硬性混凝土的用水量 kg/m³

拌合物稠度		卵石最大公称粒径/mm			碎石最大公称粒径/mm		
项目	指标	10.0	20.0	40.0	16.0	20.0	40.0
维勃稠度/s	16～20	175	160	145	180	170	155
	11～15	180	165	150	185	175	160
	5～10	185	170	155	190	180	165

表3-32 塑性混凝土的用水量 kg/m³

拌合物稠度		卵石最大公称粒径/mm				碎石最大公称粒径/mm			
项目	指标	10.0	20.0	31.5	40.0	16.0	20.0	31.5	40.0
坍落度/mm	10～30	190	170	160	150	200	185	175	165
	35～50	200	180	170	160	210	195	185	175
	55～70	210	190	180	170	220	205	195	185
	75～90	215	195	185	175	230	215	205	195

注：本表用水量是采用中砂时的取值。采用细砂时，每立方米混凝土用水量可增加5～10 kg；采用粗砂时，可减少5～10 kg；掺用矿物掺合料和外加剂时，用水量应相应调整。

2)掺外加剂的用水量确定。

$$m_{w0}=m'_{w0}(1-\beta) \tag{3-7}$$

式中 m_{w0}—— 计算配合比每立方米混凝土的用水量(kg/m^3)；

m'_{w0}——未掺外加剂时推定的满足实际坍落度要求的每立方米混凝土用水量(kg/m^3)，以表 3-32 中 90 mm 坍落度的用水量为基础，按每增大 20 mm 坍落度相应增加5 kg/m^3用水量来计算，当坍落度增大到 180 mm 以上时，随坍落度相应增加的用水量可减少；

β——外加剂掺量(%)，应经混凝土试验确定。

3)外加剂用量的确定。每立方米混凝土中外加剂用量(m_{a0})按式(3-8)进行计算：

$$m_{a0}=m_{b0}\beta_a \tag{3-8}$$

式中 m_{a0}——计算配合比每立方米混凝土中外加剂用量(kg/m^3)；

m_{b0}——计算配合比每立方米混凝土中胶凝材料用量(kg/m^3)；

β_a——外加剂掺量(%)，应经混凝土试验确定。

(4)胶凝材料、矿物掺合料和水泥用量的确定。

1)确定胶凝材料用量也需要经过“一算一比”，即先依据水胶比和用水量的理论值推导得出胶凝材料用量的理论值，见式(3-9)。再根据混凝土最小胶凝材料用量经验值(表 3-30)进行耐久性对比校核，取计算理论值和规范经验值中的最大值作为初步配合比设计的胶凝材料用量。

$$m_{b0}=\frac{m_{w0}}{W/B} \tag{3-9}$$

式中 m_{b0}——计算配合比每立方米混凝土中胶凝材料用量(kg/m^3)；

m_{w0}——计算配合比每立方米混凝土的用水量(kg/m^3)；

W/B——混凝土水胶比。

2)每立方米混凝土的矿物掺合料用量(m_{f0})应按式(3-10)进行计算：

$$m_{f0}=m_{b0}\beta_f \tag{3-10}$$

式中 m_{f0}——计算配合比每立方米混凝土中矿物掺合料用量(kg/m^3)；

β_f——矿物掺合料掺量(%)。

3)每立方米混凝土的水泥用量(m_{c0})应按式(3-11)进行计算：

$$m_{c0}=m_{b0}-m_{f0} \tag{3-11}$$

式中 m_{c0}——计算配合比每立方米混凝土中水泥用量(kg/m^3)。

(5)砂率值(β_s)的确定。砂率应根据骨料的技术指标、混凝土拌合物性能和施工要求，参考既有历史资料确定。

当缺乏砂率的历史资料时，混凝土的砂率应符合下列规定：

1)坍落度小于 10 mm 的混凝土，其砂率应经试验确定；

2)坍落度为 10～60 mm 的混凝土，其砂率可根据粗骨料品种、最大公称粒径及水胶比按表 3-33 选取；

3)坍落度大于 60 mm 的混凝土，其砂率可经试验确定，也可在表 3-33 的基础上，按坍落度每增大 20 mm、砂率增大 1%的幅度予以调整。

表 3-33　混凝土的砂率　%

水胶比	卵石最大公称粒径/mm			碎石最大公称粒径/mm		
	10.0	20.0	40.0	16.0	20.0	40.0
0.40	26～32	25～31	24～30	30～35	29～34	27～32
0.50	30～35	29～34	28～33	33～38	32～37	30～35
0.60	33～38	32～37	31～36	36～41	35～40	33～38
0.70	36～41	35～40	34～39	39～44	38～43	36～41

注：1. 本表数值系中砂的选用砂率，对细砂或粗砂，可相应地减少或增大砂率。
2. 采用人工砂配制混凝土时，砂率可适当增大。
3. 只用一个单粒级粗骨料配制混凝土时，砂率应适当增大。

(6)粗、细骨料用量的确定。粗、细骨料用量的确定方法有质量法和体积法。

1)质量法。计算原理：认为 1 m^3 混凝土的质量(即混凝土的表观密度)等于各组成材料质量之和。

根据经验，如果原材料情况比较稳定，所配制的混凝土拌合物的表观密度将接近一个固定值，这样就可以先假定一个混凝土拌合物的表观密度。在砂率已知的条件下，砂用量 m_{s0} 和石子用量 m_{g0} 可按下式计算：

$$\begin{cases} m_{f0}+m_{c0}+m_{g0}+m_{s0}+m_{w0}=m_{cp} & (3\text{-}12a) \\ \beta_s=\dfrac{m_{s0}}{m_{g0}+m_{s0}}\times 100\% & (3\text{-}12b) \end{cases}$$

式中　m_{f0}、m_{c0}、m_{g0}、m_{s0}、m_{w0}——每立方米混凝土中矿物掺合料、水泥、石子、砂和水的用量(kg)；

β_s——混凝土的砂率(%)；

m_{cp}——每立方混凝土拌合物的假定质量(kg)，可取 2 350～2 450 kg/m^3。

2)体积法。计算原理：认为混凝土拌合物的体积等于各组成材料绝对体积和混凝土拌合物中所含空气体积的总和。

砂率应按式(3-12b)计算，砂用量 m_{s0} 和石子用量 m_{g0} 可按式(3-13)计算：

$$\frac{m_{f0}}{\rho_f}+\frac{m_{c0}}{\rho_c}+\frac{m_{g0}}{\rho_g}+\frac{m_{s0}}{\rho_s}+\frac{m_{w0}}{\rho_w}+0.01\alpha=1 \qquad (3\text{-}13)$$

式中　ρ_c——水泥密度，可按现行国家标准《水泥密度测定方法》(GB/T 208—2014)测定，也可取 2 900～3 100 kg/m^3；

ρ_f——矿物掺合料密度，可按现行国家标准《水泥密度测定方法》(GB/T208—2014)测定；

ρ_g——粗骨料的表观密度，应按现行行业标准《普通混凝土用砂、石质量及检验方法标准》(JGJ 52—2006)测定；

ρ_s——细骨料的表观密度，应按现行行业标准《普通混凝土用砂、石质量及检验方法标准》(JGJ 52—2006)测定；

ρ_w——水的密度(kg/m^3)，可取 1 000 kg/m^3；

α——混凝土的含气量百分数，在不使用引气剂或引气型外加剂时，α 可取 1。

拓展内容

一般认为质量法比较简便，计算中不需要各种组成材料的密度资料。例如，施工单位已积累有当地常用材料所组成的混凝土的假定表观密度材料，也可得到准确的结果。体积法由于是根据各组成材料实测的密度来进行计算的，因此能获得较为精确的结果，但制备混凝土前期测定材料密度指标的工作量相对较大。

2. 基准配合比确定

初步计算配合比求出的各材料用量，是借助于一些经验公式和数据计算出来的，或是利用经验资料查得的，因而不一定能够完全符合设计要求的混凝土拌合物的和易性。因此，必须通过试拌对初步计算配合比进行调整，直到混凝土拌合物的和易性符合要求为止，然后提出供检验强度用的基准配合比。

在初步计算配合比的基础上，假定 W/B 不变，通过试拌、调整，以使拌合物满足设计的和易性要求。

混凝土试配时，应采用强制式搅拌机进行搅拌。试拌时每盘混凝土的最小搅拌量：骨料最大粒径在 31.5 mm 及以下时，拌合物数量取 20 L；骨料最大粒径为 40 mm 及以上时，拌合物数量取 25 L。拌合物数量不应小于搅拌机额定搅拌量的 1/4。

按初步计算配合比配制混凝土拌合物，测定其坍落度，同时，观察拌合物的黏聚性和保水性。当不符合和易性的设计要求时，应进行调整。调整原则如下：

(1)当坍落度或维勃稠度低于设计要求时，保持 W/B 不变，适当增加水泥浆量；增加 2%～5%的水泥浆，可提高混凝土拌合物坍落度 10 mm；

(2)当坍落度或维勃稠度高于设计要求时，保持砂率不变，适当增大骨料用量；黏聚性和保水性不良，实质上是混凝土拌合物中砂浆不足或砂浆过多，应在保持水胶比不变的条件下适当增大或降低砂率。

(3)每次调整后都需要重新试拌混凝土，重新检测和易性，直到符合要求为止。从而得到符合和易性要求的各组成材料的实拌用量 $m_{c拌}$、$m_{f拌}$、$m_{s拌}$、$m_{g拌}$、$m_{w拌}$，并可检测得出混凝土拌合物的实测表观密度 $\rho_{c,t}$。

由于理论计算的各材料用量之和与实测表观密度不一定相同，且用料量在试拌过程中有可能发生了改变，因此应对上述实拌用料结合实测表观密度进行调整。

试拌时混凝土拌合物表观密度理论值可按下式计算：

$$\rho_{c,t}=m_{c拌}+m_{f拌}+m_{s拌}+m_{g拌}+m_{w拌}$$

则每立方米混凝土各材料用量可调整为

$$m_{c1}=\frac{m_{c拌}}{\rho_{c,c}}\rho_{c,t}$$

$$m_{f1}=\frac{m_{f拌}}{\rho_{c,c}}\rho_{c,t}$$

$$m_{s1}=\frac{m_{s拌}}{\rho_{c,c}}\rho_{c,t}$$

$$m_{g1}=\frac{m_{g拌}}{\rho_{c,c}}\rho_{c,t}$$

$$m_{w1}=\frac{m_{w拌}}{\rho_{c,c}}\rho_{c,t}$$

进而得出供检验强度用的基准配合比：$m_{c1}:m_{s1}:m_{g1}$，$\frac{W}{B}=\frac{m_{w1}}{m_{c1}}$。

3. 实验室配合比确定

通过调整得出的基准配合比，其混凝土拌合物和易性已满足设计要求，但水胶比不一定满足强度设计要求。因此，需要通过调整水胶比，使配合比满足强度设计要求。

检测混凝土强度时，采用3个不同的配合比，其一为基准配合比，另外两个配合比的水胶比较基准配合比分别增加或减少0.05；用水量保持不变，砂率也相应增加或减少1%，由此相应调整水泥和砂石用量，得到3组配合比。每组配合比制作一组(3块)标准试块，在标准条件下养护28 d，测其抗压强度。在立方体抗压强度为纵轴，胶水比为横轴的坐标系上，分别描出3组配合比的28 d强度与胶水比的坐标点，进而通过三个坐标点进行直线拟合，由作图法或直线拟合法得到与混凝土配制强度 $f_{cu,0}$ 相对应的胶水比。按这个胶水比值与原用水量计算出相应的各材料用量，作为最终确定的实验室配合比，即每立方米混凝土中各组成材料的用量 m_c、m_f、m_s、m_g、m_w。

经试配确定配合比后，应按下列步骤进行校正，据前述已确定的材料用量，按式(3-14)计算混凝土的表观密度计算值：

$$\rho_{c,c}=m_c+m_f+m_s+m_g+m_w \tag{3-14}$$

再按式(3-15)计算混凝土配合比较正系数 δ

$$\delta=\frac{\rho_{c,t}}{\rho_{c,c}} \tag{3-15}$$

式中 $\rho_{c,t}$——混凝土体积密度实测值(kg/m^3)；

$\rho_{c,c}$——混凝土体积密度计算值(kg/m^3)。

当混凝土表观密度实测值与计算值之差的绝对值不超过计算值的2%时，按以前的配合比即最终的实验室配合比；当两者之差超过2%时，应将混凝土配合比中每项材料用量乘以较正系数 δ，即最终确定的实验室配合比。

4. 施工配合比确定

混凝土的初步配合比和实验室配合比都是以骨料处于干燥状态为基准的，而工地存放的砂、石材料都会含有一定的水分。所以，现场材料的实际用量应按工地砂、石的含水情况进行修正，修正后的配合比叫作施工配合比。

假定工地存放砂的含水率为 $a\%$，石子的含水率为 $b\%$，则将实验室配合比换算为施工配合比。其材料用量为

$$m_c'=m_c$$
$$m_s'=m_s(1+a\%)$$
$$m_g'=m_g(1+b\%)$$
$$m_w'=m_w-m_s a\%-m_g b\%$$

式中 m'_c,m'_s,m'_g,m'_w——每立方米混凝土水泥、砂、石子和水的用量。

【案例引入5】 某室内现浇钢筋混凝土梁，混凝土设计强度等级为C25，无强度历史统计资料。原材料情况：水泥为42.5级普通硅酸盐水泥，密度为3.10 g/cm^3，水泥强度等级富余系数为1.08；砂为中砂，表观密度为2 650 kg/m^3；粗骨料采用碎石，最大粒径为40 mm，表观密度为2 700 kg/m^3；水为自来水。混凝土施工采用机械搅拌，机械振捣，坍落度要求35～50 mm，施工现场砂含水率为3%，石子含水率为1%，试设计该混凝土配合比。

解析：

1. 计算初步配合比

(1)确定配制强度 $f_{cu,p}$。由题意可知，设计要求混凝土强度为C25，且施工单位没有历史统计资料，查表3-26可得 $\sigma=5.0$ MPa

$$f_{cu,p}=f_{cu,k}+1.645\sigma=25+1.645\times5.0\approx33.2(\text{MPa})$$

(2)计算水胶比 W/B。由于混凝土强度低于C60，且采用碎石，因此：

$$\frac{W}{B}=\frac{0.35f_{ce}}{f_{cu,0}+0.35\times0.2f_{ce}}=\frac{0.35\times42.5\times1.08}{33.2+0.35\times0.2\times42.5\times1.08}\approx0.44$$

由于混凝土所处的环境属于室内环境，因此查表3-30进行耐久性校核，可知按强度计算所得水胶比 $W/B=0.64$，不满足混凝土耐久性要求，因此，$W/B=0.6$。

(3)确定单位用水量 m_{w0}。查表3-32可知，骨料采用碎石，最大公称粒径为40 mm，混凝土拌合物坍落度为35～50 mm时，每立方米混凝土的用水量 $m_{w0}=175$ kg。

(4)计算水泥用量 m_{c0}。

$$m_{c0}=\frac{m_{w0}}{W/B}=\frac{175}{0.6}\approx292(\text{kg})$$

查表3-30进行耐久性校核，可知室内环境中钢筋混凝土最小水泥用量为280 kg/m^3，所以，混凝土水泥用量 $m_{c0}=292$ kg。

(5)确定砂率 β_s。查表3-33可知，对于最大公称粒径为40 mm、碎石配制的混凝土，取 $\beta_s=35.8\%$。

(6)计算砂用量 m_{s0} 和石子用量 m_{g0}。

1)质量法。由于该混凝土强度等级为C25，假设每立方米混凝土拌合物的表观密度为2 350 kg/m^3，则由公式

$$\begin{cases}m_{f0}+m_{c0}+m_{g0}+m_{s0}+m_{w0}=m_{cp}\\ \beta_s=\dfrac{m_{s0}}{m_{g0}+m_{s0}}\times100\%\end{cases}$$

求得：

$$m_{s0}+m_{g0}=\rho_{cp}-m_{c0}-m_{w0}=2\,350-292-175=1\,883(\text{kg})$$

$$m_{s0}=(\rho_{cp}-m_{c0}-m_{w0})\beta=1\,883\times35.8\%\approx674(\text{kg})$$

$$m_{g0}=\rho_{cp}-m_{c0}-m_{w0}-m_{s0}=1\,883-674=1\,209(\text{kg})$$

2)体积法。由公式

$$\begin{cases}\dfrac{m_{f0}}{\rho_f}+\dfrac{m_{c0}}{\rho_c}+\dfrac{m_{g0}}{\rho_g}+\dfrac{m_{s0}}{\rho_s}+\dfrac{m_{w0}}{\rho_w}+0.01\alpha=1\\ \beta_s=\dfrac{m_{s0}}{m_{g0}+m_{s0}}\times100\%\end{cases}$$

代入数据得：

$$\begin{cases}\dfrac{292}{3\,100}+\dfrac{m_{s0}}{2\,650}+\dfrac{m_{g0}}{2\,700}+\dfrac{175}{1\,000}+0.01\times1=1\\ \dfrac{m_{s0}}{m_{g0}+m_{s0}}=0.358\end{cases}$$

求得：$m_{s0}=692$ kg，$m_{g0}=1\,241$ kg。

在实际工程中常以质量法为准，所以混凝土的初步配合比为：水泥∶砂∶碎石∶水＝292∶674∶1 209∶175 ＝ 1∶2.31∶4.14∶0.6。

2. 确定基准配合比

因为骨料最大粒径为 40 mm，在实验室试拌取样 25 L，则试拌时各组成材料用量分别为

水泥：0.025×292=7.3(kg)；

砂：0.025×674=16.85(kg)；

碎石：0.025×1 209≈30.23(kg)；

水：0.025×175≈4.38(kg)。

按规定方法拌和，测得坍落度为 20 mm，低于规定坍落度为 35～50 mm 的要求，黏聚性、保水性均好，砂率也适宜。为满足坍落度要求，增加 5%的水泥和水，即加入水泥 7.3×5%≈0.37(kg)，水 4.38×5%≈0.22(kg)，再进行拌和检测，测得坍落度为 40 mm，符合要求。并测得混凝土拌合物的实测表观密度 $\rho_{c,t}=2\ 390\ kg/m^3$。

试拌完成后，各组成材料的实际拌和用量为：

水泥 $m_{c拌}=7.3+0.37=7.67$(kg)；砂 $m_{s拌}=16.85$(kg)；碎石 $m_{g拌}=30.23$(kg)；水 $m_{w拌}=4.38+0.22=4.6$(kg)。

试拌时混凝土拌合物表观密度理论值 $\rho_{c,c}=7.67+16.85+30.23+4.6=59.35$(kg)。

每立方米混凝土各材料用量调整为：

$$m_{c1}=\frac{7.67}{59.35}\times 2\ 390\approx 309(\text{kg})$$

$$m_{s1}=\frac{16.85}{59.35}\times 2\ 390\approx 679(\text{kg})$$

$$m_{g1}=\frac{30.23}{59.35}\times 2\ 390\approx 1\ 217(\text{kg})$$

$$m_{w1}=\frac{4.6}{59.35}\times 2\ 390\approx 185(\text{kg})$$

则混凝土基准配合比为：水泥：砂：石子=309：679：1 217；水胶比=0.6。

3. 确定实验室配合比

以基准配合比为基准(水胶比为 0.6)，另增加两个水胶比分别为 0.6−0.05=0.55 和 0.6+0.05=0.65 的配合比进行强度检验。用水量不变(均为 185 kg)，砂率相应增加或减少 1%，并假设三组拌合物的实测表观密度也相同(均为 2 390 kg/m³)，由此相应调整水泥和砂石用量。计算过程如下：

第一组：$W/B=0.55$，$\beta_s=34.8\%$；

每立方米混凝土用量为：

$$水泥=\frac{185}{0.55}\approx 336(\text{kg})$$

$$砂=(2\ 390-185-336)\times 34.8\%\approx 650(\text{kg})$$

$$石子=2\ 390-185-336-650=1\ 219(\text{kg})$$

则配合比为：水泥：砂：石子：水=336：650：1 219：185=1：1.93：3.63：0.55。

第二组：$W/B=0.6$，$\beta_s=35.8\%$；

则配合比为：水泥：砂：石子：水=309：679：1 217：185=1：2.20：3.94：0.6。

第三组：$W/B=0.65$，$\beta_s=36.8\%$。

每立方米混凝土用量为：

$$水泥=\frac{185}{0.65}\approx 285(\text{kg})$$

$$砂=(2\ 390-185-285)\times 36.8\%\approx 707(\text{kg})$$

$$石子=2\ 390-185-285-707=1\ 213(\text{kg})$$

则配合比为：水泥：砂：石子：水=285：707：1 213：185=1：2.48：4.26：0.65。

用上述三组配合比各制一组试件，标准养护，测得28 d抗压强度为：

第一组：$W/B=0.55$，　$B/W=1.82$，测得 $f_{cu}=36.3$ MPa；

第二组：$W/B=0.6$，　$B/W=1.67$，测得 $f_{cu}=30.7$ MPa；

第三组：$W/B=0.65$，　$B/W=1.54$，测得 $f_{cu}=26.8$ MPa。

用作图法求出与混凝土配制强度 $f_{cu,0}=33.2$ MPa 相对应的水胶比值为1.76，即当 $W/B=1/1.76=0.57$时，$f_{cu,0}=33.2$ MPa($\beta_s=34.8\%$)。则每立方米混凝土中各组成材料的用量为

$$m_c=\frac{185}{0.57}\approx 325(\text{kg})$$

$$m_s=(2\ 390-185-325)\times 34.8\%\approx 654(\text{kg})$$

$$m_g=2\ 390-185-325-654=1\ 226(\text{kg})$$

$$m_w=185(\text{kg})$$

混凝土的试验室配合比为：水泥：砂：石子：水=325：654：1 226：185=1：2.01：3.77：0.57。

4. 确定施工配合比

因测得施工现场砂含水率为3%，石子含水率为1%，则每立方米混凝土的施工配合比为

$$水泥\ m'_c=325\ \text{kg}$$

$$砂\ m'_s=654\times(1+3\%)\approx 674(\text{kg})$$

$$石子\ m'_g=1\ 226\times(1+1\%)\approx 1\ 238(\text{kg})$$

$$水\ m'_w=185-654\times 3\%-1\ 226\times 1\%\approx 153(\text{kg})$$

混凝土的施工配合比为：水泥：砂：石子：水=325：674：1 238：153=1：2.07：3.81：0.47。

3.5 混凝土的质量控制及强度评定

3.5.1 混凝土的质量控制

混凝土的养护

3.5.1.1 影响混凝土质量波动的因素

混凝土是由多种材料组合而成的一种复合材料。在生产过程中由于受原材料质量、施工工艺、气温变化和试验条件等因素的影响，不可避免地造成混凝土质量存在一定的波动性。影响混凝土质量的主要因素如下：

(1)混凝土原材料质量。

(2)混凝土在施工过程中的因素，如混凝土拌合物的搅拌、运输、浇筑和养护等。

(3)检测条件和检测方法。

3.5.1.2　混凝土质量控制措施

1. 混凝土质量的初步控制

(1)混凝土各组成材料进场质量检验与控制。

1)混凝土原材料进入施工场地时，供方应按规定提供原材料出厂质量检测报告、合格证等质量证明文件，外加剂产品还应提供产品使用说明书。

2)原材料进场后应按国家标准规定检测项目及时进行检测，检测样品应随机抽取。

3)混凝土各组成材料质量均应符合相应的技术标准，原材料的质量、规格必须满足工程设计与施工的要求。

(2)混凝土配合比的确定与调整。

1)混凝土配合比应经实验室检测验证，并应满足混凝土施工性能、强度和耐久性等设计要求。

2)在混凝土配合比的使用过程中，应根据原材料质量的动态信息，如水泥强度等级、混凝土用砂粗细情况、粗骨料最大粒径、施工现场含水率等及时进行调整，但在施工过程中不得随意改变混凝土配合比。

2. 混凝土质量的生产控制

(1)计量。严格各组成材料的用量，计量偏差要符合规范要求。胶凝材料的称量偏差为2%，骨料的偏差为3%，拌合用水与外加剂的称量偏差为1%。

(2)搅拌。投料方式应满足技术要求。严格控制搅拌时间，应符合表3-34的规定。掺入外加剂的要延长搅拌时间，且外加剂应事先溶化在水里，待拌合物搅拌了规定时间的一半后再加入。

表3-34　混凝土搅拌的最短时间

混凝土坍落度/mm	搅拌机机型	搅拌机出料量/L		
		<250	250～500	>500
≤30	强制式	60 s	90 s	120 s
	自落式	90 s	120 s	150 s
>30	强制式	60 s	60 s	90 s
	自落式	90 s	90 s	120 s

注：1. 混凝土搅拌的最短时间是指自全部材料装入搅拌机中起到开始卸料的时间。
2. 当采用其他形式的搅拌设备时，搅拌的最短时间应按设备说明书的规定或经验确定。

(3)运输。在运输过程中，应防止混凝土拌合物出现离析、分层现象，保证混凝土的匀质性。应以最少的转载次数和最短的运输时间，将混凝土拌合物从搅拌地点运至浇筑地点。运输时间不宜超过90 min。

(4)浇筑。浇筑混凝土前，应检查并控制模板、钢筋、保护层和预埋件等的尺寸、规格、数量与位置，模板支撑的稳定性及接缝的密合情况，以保证模板在混凝土浇筑过程中不出现失稳、跑模和漏浆等现象；清除模板内的杂物和钢筋表面上的油污。

按规定方法浇筑，控制混凝土的均匀性、密实性和整体性，同时注意限制卸料高度(混凝土自高处倾落的自由高度不应超过 2 m)，以防止离析现象的产生。遇雨、雪天气时不应露天浇筑。浇筑混凝土应连续浇筑，当必须有间歇时，其间歇时间应缩短，并应在前层混凝土凝结之前，将次层混凝土浇筑完毕。

(5)振捣。振捣应根据混凝土拌合物特性及混凝土结构、构件的制作方式确定合理的振捣方式和振捣时间。振捣时间应按混凝土拌合物稠度和振捣部位等不同情况，控制在 10～30 s。一般认为，当混凝土拌合物表面出现浮浆和不再沉落时，可视为振捣密实。

(6)养护。养护应根据结构类型、环境条件、原材料情况及对混凝土性能的要求等，提出混凝土施工养护方案。对已浇筑完毕的混凝土，应在 12 h 内加以覆盖和浇水，保持必要的温度和湿度。一般情况下，养护时间不应少于 7～14 d。养护时可用稻草或麻袋等物覆盖表面并经常洒水，浇水次数应以保持混凝土处于湿润状态为宜，冬季要注意保温，防止冰冻。

3.5.1.3 混凝土质量的合格控制

混凝土质量的合格控制是指对所浇筑的混凝土进行强度或其他技术指标的检验评定。

混凝土的质量波动将直接反映到混凝土的强度方面，而混凝土的抗压强度与其他性能有较好的相关性，因此，常以混凝土的抗压强度作为评定和控制其质量的主要指标。

3.5.2 混凝土强度质量评定

案例分析

混凝土强度质量评定是按规定的时间与数量在搅拌地点或浇筑点抽取具有代表性的试样，按标准方法制作试件，按标准养护至规定的龄期后，进行强度检测，以评定混凝土的质量。

根据国家标准规定，混凝土强度质量评定可分为统计方法评定及非统计方法评定。

1. 统计方法评定

当连续生产的混凝土，生产条件在较长时间内能保持一致，且同一品种、同一强度等级混凝土的强度变异性保持稳定时，其强度应同时满足以下规定：

$$\begin{cases} m_{f_{cu}} \geqslant f_{cu,k} + 0.7\sigma_0 \\ f_{cu,min} \geqslant f_{cu,k} - 0.7\sigma_0 \end{cases}$$

式中　$f_{cu,k}$——混凝土立方体抗压强度标准值(MPa)；

$f_{cu,min}$——同一验收批混凝土立方体抗压强度的最小值(MPa)。

同时还要满足以下条件：

当混凝土设计强度不大于 C20 时，$f_{cu,min} \geqslant 0.85 f_{cu,k}$；当混凝土设计强度大于 C20 时，$f_{cu,min} \geqslant 0.9 f_{cu,k}$。

混凝土立方体抗压强度的标准差 σ_0，可按下式计算：

$$\sigma_0 = \sqrt{\frac{\sum_{i=1}^{n} f_{cu,i}^2 - n m_{f_{cu}}^2}{n-1}}$$

式中　$m_{f_{cu}}$——同一验收批混凝土立方体抗压强度的平均值(MPa)；

σ_0——验收批混凝土立方体抗压强度的标准差(MPa)；

$f_{cu,i}$——第 i 组混凝土试件的立方体抗压强度值(MPa)；

n——一个验收批混凝土试件的组数。

结论：当检验结果满足以上所有规定不等式条件时，认为该批混凝土强度质量合格；否则不合格。

【案例引入 6】 某高层建筑，现浇混凝土强度等级为 C30，做试件 11 组(配合比基本一致)。试压强度代表值分别为：$f_{cu,1}=30.8$ MPa、$f_{cu,2}=31.8$ MPa、$f_{cu,3}=33.0$ MPa、$f_{cu,4}=29.8$ MPa、$f_{cu,5}=32.0$ MPa、$f_{cu,6}=31.2$ MPa、$f_{cu,7}=34.0$ MPa、$f_{cu,8}=29.0$ MPa、$f_{cu,9}=31.5$ MPa、$f_{cu,10}=32.3$ MPa、$f_{cu,11}=28.8$ MPa。判断其强度合格性。

解析：因为验收批试件组数 $n=11$，所以采用统计方法评定，判断三个不等式是否成立。

$$m_{f_{cu}}=\frac{\sum_{i=1}^{11}f_{cu,1}}{n}=\frac{30.8+31.8+33.0+29.8+32.0+31.2+34.0+29.0+31.5+32.3+28.8}{11}$$

$$=31.3(\text{MPa})$$

$$\sigma_0=\sqrt{\frac{\sum_{i=1}^{11}f_{cu,i}^2-nm_{f_{cu}}^2}{n-1}}=\sqrt{\frac{(30.8^2+31.8^2+33.0^2+29.8^2+32.0^2+31.2^2+34.0^2+29.0^2+31.5^2+32.3^2+28.8^2)-11\times31.3^2}{11-1}}$$

$$=1.4(\text{MPa})$$

$$f_{cu,k}+0.7\sigma_0=30+0.7\times1.4=30.98(\text{MPa})$$

所以，不等式 $m_{f_{cu}}\geqslant f_{cu,k}+0.7\sigma_0$ 成立。

$$f_{cu,min}=28.8\text{ MPa}$$

$$f_{cu,k}-0.7\sigma_0=30-0.7\times1.4=29.02(\text{MPa})$$

所以，不等式 $m_{f_{cu}}\geqslant f_{cu,k}-0.7\sigma_0$ 不成立。

因为，此批混凝土强度等级为 C30，大于 C20，所以，其强度的最小值应满足 $f_{cu,min}\geqslant 0.90f_{cu,k}$ 条件。

$$0.90f_{cu,k}=0.90\times30=27.0(\text{MPa})$$

所以，不等式 $f_{cu,min}\geqslant0.90f_{cu,k}$ 成立。

三个不等式中有一个不等式不成立，所以，该批混凝土强度质量不合格。

2. 非统计方法评定

当评定的样本容量小于 10 组时，应采用非统计方法评定混凝土强度。

按非统计方法评定混凝土强度时，其强度应同时满足下列要求：

$$\begin{cases}mf_{cu}\geqslant\lambda_3\cdot f_{cu,k}\\ f_{cu,min}\geqslant\lambda_4\cdot f_{cu,k}\end{cases}$$

式中 λ_3，λ_4——合格评定系数，应按表 3-35 的规定取值选取。

表 3-35 混凝土强度的非统计方法合格评定系数

混凝土强度等级	<C60	≥C60
λ_3	1.15	1.10
λ_4	0.95	

结论：当检验结果满足以上规定所有不等式条件时，认为该批混凝土强度质量合格；否则不合格。

【案例引入 7】 某结构混凝土设计强度等级为 C30，同一检验批试块共 6 组，每组的代表值分别为36.1 MPa、28.9 MPa、35.4 MPa、37.2 MPa、34.5 MPa、35.4 MPa。请判定强度是否符合标准规定。

解析：因为 $m_{f_{cu}}=\frac{36.1+28.9+35.4+37.2+34.5+35.4}{6}=34.58(\text{MPa})$

$$\lambda_3 \cdot f_{cu,k}=1.15\times30=34.5(\text{MPa})$$

所以，不等式 $m_{f_{cu}}\geqslant\lambda_3 \cdot f_{cu,k}$ 成立。

因为

$$f_{cu,min}=28.9(\text{MPa})$$

$$\lambda_4 \cdot f_{cu,k}=0.95\times30=28.5(\text{MPa})$$

所以，不等式 $m_{f_{cu,min}}\geqslant\lambda_3 \cdot f_{cu,k}$ 成立。

结论：两个不等式均成立，所以该批混凝土强度质量合格。

3.6　其他品种混凝土

3.6.1　轻料混凝土

轻骨料混凝

轻料混凝土是表观密度不大于1 900 kg/m^3 的混凝土的统称。轻混凝土与普通混凝土相比，最大的特点是表观密度小、具有良好的保温性能。

轻混凝土按孔隙结构可分为轻骨料混凝土(即多孔骨料轻混凝土)、多孔混凝土(主要包括加气混凝土和泡沫混凝土等)、大孔混凝土(即无砂混凝土或少砂混凝土)。

1. 轻骨料混凝土

轻骨料混凝土是指采用轻骨料的混凝土。其表观密度不大于1 900 kg/m^3。所谓轻骨料是指为了减轻混凝土的质量及提高热工效果而采用的骨料，其表观密度要比普通骨料低。人造轻骨料又称为陶粒。

轻骨料混凝土密度小、保温性好、抗震性好，并且变形性能良好，弹性模量较低，在一般情况下收缩和徐变也较大。其适用于高层及大跨度建筑。

轻骨料混凝土按细骨料不同，又可分为全轻混凝土和砂轻混凝土。采用轻砂做细骨料的，称为全轻混凝土；由普通砂或部分轻砂做细骨料的，称为砂轻混凝土。

2. 多孔混凝土

多孔混凝土中无粗、细骨料，内部充满大量细小封闭的孔，孔隙率高达60%以上。多孔混凝土可分为加气混凝土和泡沫混凝土两种。近年来，也有用压缩空气经过充气介质弥散成大量微气泡，均匀地分散在料浆中而形成多孔结构。这种多孔混凝土称为充气混凝土。

多孔混凝土质量轻，其表观密度不超过1 000 kg/m^3，通常在300～800 kg/m^3；保温性能优良，导热系数随其表观度降低而减小，一般为0.09～0.17 W/m·K；可加工性好，可锯、可刨、可钉、可钻，并可用胶粘剂黏结。

3. 大孔混凝土

大孔混凝土也称无砂混凝土，是以粗骨料和水泥配制成的一种轻混凝土。大孔混凝土按所用的骨料品种可分为普通大孔混凝土和轻骨料大孔混凝土。前者用普通碎石、卵石或硬矿渣配制而成，主要用于承重及保温外墙体；后者用陶粒、浮石、碎砖等轻骨料制成，通常用于非承重和承重的保温外墙。

3.6.2 泵送混凝土

泵送混凝土

泵送混凝土是利用混凝土泵的泵压产生推动力，沿管道输送和浇筑的混凝土。

1. 混凝土的可泵性

混凝土的可泵性是指具有顺利通过输送管道，摩阻力小、不离析、不阻塞，保持黏塑性良好的性能。为获得恰当的可泵性，要设法避免拌合物发生下列不良表现：

(1)坍落度损失。拌合物的坍落度会随时间的延长而降低，对于水泥用量大、外加剂用量大或者两者同时大的混凝土尤其显著。

(2)黏性不适。为防止拌合物离析、泌水，必须具有足够的黏性。黏性越差，发生离析的倾向越大；但黏性过大的拌合物，由于阻力大、流速慢，对泵送会很不利。

(3)含气量高。混凝土拌合物中含气量过大，会降低泵送效率，严重时会造成堵塞。泵送混凝土中的含气量不宜大于4%。

2. 泵送混凝土对组成材料的要求

(1)水泥。水泥应符合现行国家标准《通用硅酸盐水泥》(GB 175—2007) 的要求。

(2)骨料。应着重级配、粒型和最大粒径三个方面要求，来保证可泵性。粗骨料最大粒径与输送管径之比应满足表 3-36 的规定。泵送混凝土用于细骨料中，对 0.135 mm 筛孔的通过量，不应少于 15%；对 0.16 mm 筛孔的通过量，不应少于 5%。

表 3-36 粗骨料最大粒径与输送管径之比

骨料品种	泵送高度/m	最大粒径与输送管径之比
碎石	<50	≤1∶3
	50～100	≤1∶4
	>100	≤1∶5
卵石	<50	≤1∶2.5
	50～100	≤1∶3
	>100	≤1∶4

(3)拌合水。拌制泵送混凝土所用的水，应符合现行国家标准《混凝土用水标准》(JGJ 63—2006)。

(4)外加剂。外加剂应符合现行国家标准《混凝土外加剂》(GB 8076—2008)、《混凝土外加剂应用技术规范》(GB 50119—2013) 和《预拌混凝土》(GB/T 14902—2012) 的有关规定。

(5) 粉煤灰。泵送混凝土宜掺入适量粉煤灰，并应符合现行国家标准《用于水泥和混凝土中的粉煤灰》(GB/T 1596—2017) 和《预拌混凝土》(GB/T 14902—2012) 的有关规定。

3. 泵送混凝土配合比设计要点

(1)水胶比不应过大。水胶比过大时，浆体的黏度太小，会导致离析。泵送混凝土的水胶比宜为 0.4～0.6；泵送混凝土的水胶比不宜大于 0.6。

(2)坍落度必须适宜。坍落度过小时，吸入混凝土泵的泵缸困难，加大泵送阻力。坍落度过大时，会加大拌合物在管道中的滞留时间，导致阻塞。入泵时的坍落度可按表 3-37 选定。

表 3-37　不同泵送高度入泵时的坍落度

泵送高度/m	<30	30～60	60～100	>100
坍落度/mm	100～140	140～160	160～180	180～200

(3)要采用最佳水泥用量。水泥和矿物掺合料的总用量，不宜小于 300 kg/m³。

(4)砂率适当提高。砂率的选定应比同条件的普通混凝土高 2%～5%。加入矿物掺合料时，可酌情减小砂率。泵送混凝土的砂率宜为 35%～45%。

3.6.3　高性能混凝土

高性能混凝土(High Performance Concrete，HPC)是一种新型高技术混凝土，是在大幅度提高普通混凝土性能的基础上采用现代混凝土技术制作的混凝土。其以耐久性作为设计的主要指标，针对不同用途要求，对耐久性、工作性、适用性、强度、体积稳定性和经济性重点予以保证。为此，高性能混凝土在配制上的特点是采用低水胶比，选用优质原材料，且必须掺加足够数量的掺合料(矿物细掺料)和高效外加剂。

高性能混凝土具有以下特点：

(1)自密实性。高性能混凝土的用水量较低，流动性好，抗离析性高，从而具有较优异的填充性。因此，配合比恰当的大流动性高性能混凝土具有较好的自密实性。

(2)体积稳定性。高性能混凝土的体积稳定性较高，表现为具有高弹性模量、低收缩与徐变、低温度变形。普通混凝土的弹性模量为 20～25 GPa，采用适宜的材料与配合比的高性能混凝土，其弹性模可达 40～50 GPa。采用高弹性模量、高强度的粗骨料并降低混凝土中水泥浆体的含量，选用合理的配合比配制的高性能混凝土，90 d 龄期的干缩值低于 0.04%。

(3)强度高。高性能混凝土的抗压强度已超过 200 MPa。28 d 平均强度介于 100～120 MPa 的高性能混凝土，已在工程中应用。高性能混凝土抗拉强度与抗压强度值比较高强度混凝土有明显增加，高性能混凝土的早期强度发展加快，而后期强度的增长率却低于普通强度混凝土。

(4)水化热低。由于高性能混凝土的水胶比较低，会较早地终止水化反应，因此水化热相应降低。

(5)收缩和徐变小。高性能混凝土的总收缩量与其强度成反比，强度越高总收缩量越小。但高性能混凝土的早期收缩率，随着早期强度的提高而增大。相对湿度和环境温度仍然是影响高性能混凝土收缩性能的两个主要因素。高性能混凝土的徐变变形显著低于普通混凝土。

(6)耐久性好。高性能混凝土除通常的抗冻性、抗渗性明显高于普通混凝土外，Cl^- 渗透率明显低于普通混凝土。由于高性能混凝土具有较高的密实性和抗渗性，因此其抗化学腐蚀性能显著优于普通强度混凝土。

(7)耐火性差。高性能混凝土在高温作用下，会产生爆裂、剥落。由于混凝土的高密实度使自由水不易很快地从毛细孔中排出，再受高温时其内部形成的蒸汽压力几乎可达到饱和蒸汽压力，这样的内部压力可使混凝土中产生一定的拉伸应力，使混凝土发生爆炸性剥蚀和脱落。因此，高性能混凝土的耐高温性能是一个值得重视的问题。为克服这一性能缺陷，可以在高性能和高强度混凝土中掺入有机纤维，在高温下混凝土中的纤维能熔解、挥发，形成许多连通的孔隙，使高温作用产生的蒸汽压力得以释放，从而改善高性能混凝土的耐高温性能。

概括来说，高性能混凝土就是能更好地满足结构功能要求和施工工艺要求的混凝土，能最大限度地延长混凝土结构的使用年限，降低工程造价。高性能混凝土主要用于高层、重载、大跨度结构，尤其是有抗渗、抗化学腐蚀要求的混凝土结构。

3.6.4 大体积混凝土

大体积混凝土

大体积混凝土结构的特点是结构厚实、体积大、钢筋密、整体性要求高、工程条件复杂(一般都是地下现浇钢筋混凝土结构、高层建筑钢筋混凝土转换层梁柱)、施工技术要求高、水泥水化热较大等。大体积混凝土除对最小断面和内外温度有一定的规定外，对平面尺寸也有一定限制。

1. 大体积混凝土材料选择

(1)尽量选用低热水泥(如矿渣水泥、粉煤灰水泥)，减少水化热，在选用矿渣水泥时应尽量选择泌水性好的品种，并应在混凝土中掺入减水剂，以降低用水量。

(2)在条件许可的情况下，应优先选用收缩性小的或具有微膨胀性的水泥，可部分抵消温度预压应力，减少混凝土内的拉应力，提高混凝土的抗裂能力。

(3)适当掺加粉煤灰，可提高混凝土的抗渗性、耐久性，减少收缩，降低胶凝材料体系的水化热，提高混凝土的抗拉强度，抑制碱骨料反应，减少新拌混凝土的泌水等。

(4)可以考虑在大体积混凝土中掺加坚实无裂缝规格为 150～300 mm 的大块石，不仅减少了混凝土总用量，降低了水化热，而且石块本身也吸收了热量。

(5)选择级配良好的骨料。细骨料宜采用中粗砂，细度模数控制在 2.8～3.0，砂石含泥量控制在 1%以内，并不得混有有机质等杂物，杜绝使用海砂；粗骨料在可泵送情况下，选用粒径为 5～20 mm 的连续级配石子，以减少混凝土收缩变形。

(6)适当选用高效减水剂和缓凝剂。

2. 大体积混凝土配合比设计要点

(1)采用混凝土 60 d 或 90 d 强度作为指标时，应将其作为混凝土配合比的设计依据。

(2)所配制的混凝土拌合物，到浇筑工作面的坍落度不宜低于 160 mm。

(3)拌合水用量不宜大于 175 kg/m^3。

(4)粉煤灰掺量不宜超过胶凝材料用量的 40%；矿渣粉的掺量不宜超过胶凝材料用量的 50%；粉煤灰和矿渣粉掺合料的总量不宜大于混凝土中胶凝材料用量的 50%。

(5)水胶比不宜大于 0.55。

(6)砂率宜为 38%～42%。

(7)拌合物泌水量宜小于 10 L/m^3。

3.6.5 预拌混凝土

预拌混凝土是指水泥、骨料、水及根据需要掺入的外加剂、矿物掺合料等组分按一定比例，在搅拌站经计算、拌制后出售的，并采用运输车在规定时间内运输至使用地点的混凝土拌合物，又称商品混凝土。

1. 预拌混凝土的优点

近年来，在土木建筑工程中使用的混凝土都是以预拌混凝土的供应方式提供的。与传统的现场搅拌的混凝土相比，预拌混凝土的价格相对较高，但其综合的社会效益、经济效益都比现场搅拌的混凝土好。预拌混凝土的优点具体体现在以下几个方面：

(1)材料计量较精确，混凝土质量波动小。应用电子技术自动控制物料的称量和进料、选择合适的配合比、测试砂的含水率、调整材料用量，计量精确，混凝土的质量均匀性好。

(2)集中生产，集中供应，加快了施工进度。

(3)减少建筑材料储运损耗和生产工艺损耗，比分散生产可节约10%以上；减少了工地用工和各种管理费用。

(4)减少了噪声污染、粉尘污染和道路污染问题，综合社会效益较高。

2. 预拌混凝土的技术要求

(1)强度。预拌混凝土的强度可以是中强度混凝土，也可以是高强度混凝土。

(2)和易性。预拌混凝土的和易性包含较高的流动性及良好的黏聚性和保水性，以保证混凝土在运输、浇筑、捣固及停放时不出现离析、泌水现象；同时，还要保证混凝土具有良好的可泵性。坍落度实测值和合同规定的坍落度值之差应符合表3-38的规定。

表3-38 预拌混凝土的坍落度值允许偏差

规定的坍落度值/mm	坍落度值允许偏差/mm
≤40	±10
50～90	±20
≥100	±30

(3)含气量。预拌混凝土的含气量与购销合同规定值之差不应超过1.5%。

(4)其他要求。预拌混凝土的氯离子总含量、放射性核素等的有关要求按相关的规范执行。

3. 预拌混凝土的分类

预拌混凝土根据其组成和性能要求可分为通用品和特质品两类。

(1)通用品。通用品是指同时满足下列规定且无其他特殊要求的预拌混凝土。

1)强度等级：不大于C50。

2)坍落度：25 mm、50 mm、80 mm、100 mm、120 mm、150 mm、180 mm。

3)粗骨料最大公称粒径：20 mm、25 mm、31.5 mm、40 mm。

(2)特质品。特质品是指任一项指标超出通用品规定范围或有特殊要求的预拌混凝土。特质品的强度等级坍落度、粗骨料最大公称粒径除通用品规定的范围外，还可在下列范围内选取。

1)强度等级：C55、C60、C65、C70、C75、C80。

2)坍落度：>180 mm。

3)粗骨料最大公称粒径：小于20 mm，大于40 mm。

职业能力训练

一、名词解释

1. 最大粒径；2. 和易性；3. 减水剂；4. 坍落度；5. 配合比；6. 预拌混凝土。

二、填空题

1. 其他条件相同的情况下，在混凝土中使用天然砂与使用人工砂相比，使用________砂所需水泥用量较多，混凝土拌合物和易性较________。

2. 混凝土轴心抗压强度测定时采用的标准试件尺寸为________。

3. 冬季预应力钢筋混凝土应选用________水泥，若掺加外加剂，则应选________剂。

4. 混凝土在非荷载作用下的变形包括________、________和________三大类。

5. 在混凝土中，砂子和石子起________作用，水泥浆在硬化前起________作用，在硬化后起________作用。

三、选择题

1. 在混凝土中掺入(　　)，对混凝土抗冻性有明显改善。

A. 引气剂　　B. 减水剂　　C. 缓凝剂　　D. 早强剂

2. 在水和水泥量相同的情况下，用(　　)水泥拌制的混凝土拌合物的和易性最好。

A. 普通　　B. 火山灰　　C. 矿渣　　D. 粉煤灰

3. 以下品种水泥配制的混凝土，在高湿度环境中或永远处在水下效果最差的是(　　)。

A. 普通硅酸盐水泥　　B. 火山灰质硅酸盐水泥

C. 矿渣硅酸盐水泥　　D. 粉煤灰硅酸盐水泥

4. 喷射混凝土必须加入的外加剂是(　　)。

A. 引气剂　　B. 减水剂　　C. 速凝剂　　D. 早强剂

5. C30 表示混凝土的(　　)等于 30 MPa。

A. 立方体抗压强度值　　B. 设计的立方体抗压强度值

C. 立方体抗压强度标准值　　D. 强度等级

6. 配制高强度混凝土时，应选用(　　)。

A. 早强剂　　B. 高效减水剂　　C. 引气剂　　D. 膨胀剂

7. 配制混凝土时，水胶比(W/B)过大，则(　　)。

A. 混凝土拌合物的保水性变差　　B. 混凝土拌合物的黏聚性变差

C. 混凝土的强度和耐久性下降　　D. A+B+C

8. 混凝土立方体抗压强度试件的标准尺寸为(　　)。

A. 100 mm×100 mm×100 mm　　B. 150 mm×150 mm×150 mm

C. 200 mm×200 mm×200 mm　　D. 70.7 mm×70.7 mm×70.7 mm

9. 厚大体积的混凝土工程适宜选用(　　)。

A. 高铝水泥　　B. 矿渣水泥　　C. 硅酸盐水泥　　D. 普通硅酸盐水泥

10. 混凝土的实验室配合比应满足(　　)。

A. 和易性要求　　B. 流动性要求　　C. 强度要求　　D. A、C

四、问答题

1. 普通混凝土中使用卵石或碎石，对混凝土性能的影响有何差异？

2. 某工地现配强度等级为C20的混凝土，选用42.5级硅酸盐水泥，水泥用量为260 kg/m^3，水胶比为0.50，砂率为30%，所用石的粒径均为20～40 mm，且为间断级配，浇筑后发现混凝土结构中蜂窝、空洞较多，请从材料方面分析原因。

3. 为什么混凝土在潮湿条件下养护时收缩较小，干燥条件下养护时收缩较大，而在水中养护时却几乎不收缩?

4. 某市政工程队在夏季正午施工，铺筑路面水泥混凝土。选用缓凝减水剂。浇筑完成后表面未及时覆盖，后发现混凝土表面形成众多表面微细龟裂纹，请分析原因。

5. 现场浇筑混凝土时，随意向混凝土拌合物中加水是否可行?为什么?

五、计算题

1. 工程使用强度等级为C20的混凝土，共取得一批9组混凝土的强度代表值，数据见表3-39。请评价该批混凝土的强度是否合格。

表3-39　各组混凝土的强度代表值

序号	1	2	3	4	5	6	7	8	9
强度/MPa	26.0	27.0	26.5	22.0	24.0	21.0	19.5	21.5	23.0

2. 已知混凝土经试拌调整后，各项材料用量为：水泥3.10 kg，水1.86 kg，砂6.24 kg，碎石12.8 kg，并测得拌合物的表观密度为2 500 kg/m^3，试计算：

(1)每立方米混凝土各项材料的用量为多少?

(2)如工地现场砂含水率为2.5%，石子含水率为0.5%，求施工配合比。

模块 4　建筑砂浆

内容概述

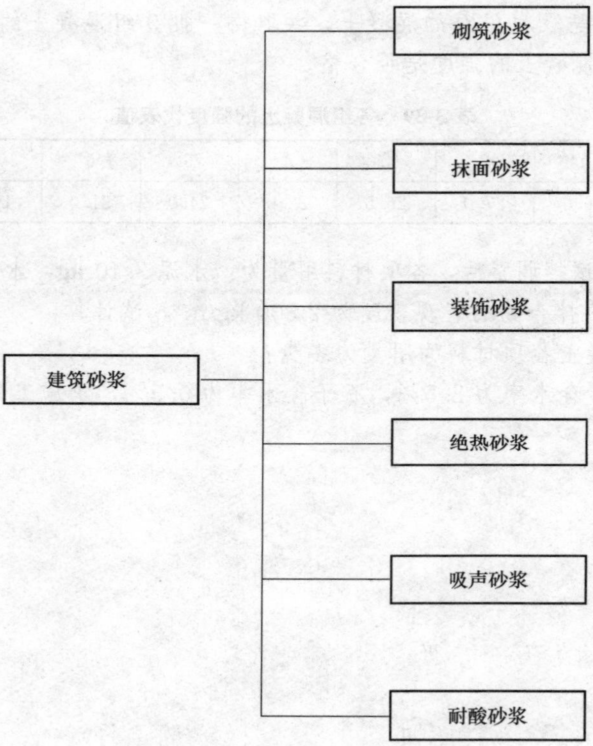

知识目标

1. 掌握砌筑砂浆的组成、技术性质及配合比设计；
2. 掌握抹面砂浆的作用、类型配合比及选用。

技能目标

1. 能够根据工程需要选用合适的砂浆种类；
2. 能够确定合适的砂浆配合比。

4.1 砌筑砂浆

砂浆是由胶凝材料、细骨料、掺合料和水按一定比例配制而成的建筑工程材料。砂浆的分类如下。

1. 按用途不同分

按用途不同可分为砌筑砂浆(图 4-1)、抹面砂浆和特种砂浆。

2. 按胶凝材料分

按胶凝材料可分为水泥砂浆、石灰砂浆、混合砂浆。

图 4-1　砂浆在砌体工程中的应用

4.1.1　砌筑砂浆的组成材料

1. 胶凝材料及掺合料

测试题

砌筑砂浆常用的胶凝材料是水泥。其品种应根据砂浆的用途和使用环境来选择；其强度等级宜为砂浆强度等级的 4～5 倍，用于配制水泥砂浆的水泥强度等级不宜大于 32.5 级；用于配制混合砂浆的水泥强度等级不宜大于 42.5 级。

掺合料是为改善砂浆和易性而加入的无机材料，如石灰膏、建筑石膏、黏土，也可掺加活性混合材料如粉煤灰、硅灰等。

2. 砂

砌筑砂浆用细骨料主要为天然砂，宜用中砂，其中毛石砌体宜选用粗砂。

砂的含泥量要求：水泥砂浆、强度等级≥M5 的混合砂浆不应超过 5%；强度等级<M5 的水泥混合砂浆，不应超过 10%。

3. 水和外加剂

拌制砂浆应采用不含有害杂质的洁净水。为改善或提高砂浆的性能，可掺入一定的外加剂，但对外加剂的品种和掺量必须通过试验确定。

4.1.2　砌筑砂浆的主要技术性质

砌筑砂浆作为砌体中一种传递荷载的接缝材料，应该具有一定的和易性和强度，同时，必须具有能保证砌体材料与砂浆之间牢固黏结的黏结力。

1. 和易性

砂浆的和易性包括流动性(稠度)和保水性两个方面。

(1)流动性(稠度)。流动性是指砂浆在自重或外力作用下能产生流动的性能。流动性采用砂浆稠度测定仪测定，以沉入度(mm)表示。沉入度大，说明砂浆稀；沉入度小，说明砂浆稠。

(2)保水性。新拌砂浆能够保持水分，各组成材料之间不产生泌水、离析的能力称为保水性。砂浆在施工过程中必须具有良好的保水性，避免水分过快流失，以保证胶结材料正常凝结硬化，形成密实均匀的砂浆层，提高砌体的质量。

砂浆的保水性用分层度表示；用分层度测定仪测定。分层度值越小，则保水性越好。砌筑砂浆保水率见表 4-1。

表 4-1　砌筑砂浆保水率

砂浆种类	保水率/%
水泥砂浆	≥80
水泥组合砂浆	≥84
水泥预拌砌筑砂浆	≥88

2. 强度

砌筑砂浆在砌体中主要起传递荷载的作用，因此，应具有一定的抗压强度。砌筑砂浆的强度主要取决于水泥实测强度和水泥用量；而用于砌筑石砌体的砂浆强度主要取决于水泥实测强度和水胶比。

根据《砌筑砂浆配合比设计规程》(JGJ/T 98—2010)规定，砂浆强度是以边长为 70.7 mm×70.7 mm×70.7 mm 的立方体试块每组 6 个，在温度为 20 ℃±3 ℃，相对湿度为水泥砂浆大于 90%，混合砂浆 60%～80%的条件下，养护 28 d，采用标准试验方法测定的极限抗压强度。砂浆按其抗压强度平均值可分为 M5、M7.5、M10、M15、M20、M25、M30 七个强度等级。

3. 黏结力

砖石砌体是靠砂浆将块状材料黏结成坚固整体的，因此，要求砂浆具有一定的黏结力。砂浆黏结力的影响因素如下：

(1)黏结力随抗压强度增加而增强；

(2)黏结力与砖石表面状态有关；

(3)黏结力与砖石表面清洁程度、湿润情况有关；

(4)黏结力与施工养护条件有关。

4.1.3　砌筑砂浆的配合比设计

计算实例

砌筑砂浆配合比应按《砌筑砂浆配合比设计规程》(JGJ/T 98—2010)进行计算和确定。砌筑砂浆的强度等级宜采用 M30、M25、M20、M15、M10、M7.5、M5，这些砂浆在施工前必须进行配合比试验以确定配合比。配合比的计算过程如下：

(1)计算砂浆试配强度 $f_{m,0}$。

$$f_{m,0}=kf_2$$

式中 $f_{m,0}$——砂浆的试配强度，精确至 0.1 MPa；

f_2——砂浆的强度等级值(MPa)，精确至 0.1 MPa；

k——系数，按表 4-2 取值。

表 4-2 砂浆强度标准差 σ 及 k 值

砂浆强度等级 / 施工水平	强度标准差 σ/MPa							k
	M5	M7.5	M10	M15	M20	M25	M30	
优良	1.00	1.50	2.00	3.00	4.00	5.00	6.00	1.15
一般	1.25	1.88	2.50	3.75	5.00	6.25	7.50	1.20
较差	1.50	2.25	3.00	4.50	6.00	7.50	9.00	1.25

(2)砌筑砂浆现场强度标准差的确定。

1)当有统计资料时，砂浆强度标准差应按下式进行计算：

$$\sigma=\sqrt{\frac{\sum_{i=1}^{n} f_{m,i}^2-n\mu_{fm}^2}{n-1}}$$

式中 $f_{m,i}$——统计周期内同一品种砂浆第 i 组试件的强度(MPa)；

μ_{fm}——统计周期内同一品种砂浆 n 组试件强度的平均值(MPa)；

n——统计周期内同一品种砂浆试件的总组数，$n\geqslant 25$。

2)当不具备近期统计资料时，其砂浆现场强度标准差 σ 可按表 4-2 取用。

(3)计算每立方米砂浆中的水泥用量 Q_c。

1)每立方米砂浆的水泥用量，可按下式计算：

$$Q_c=\frac{1\,000(f_{m,0}-\beta)}{\alpha f_{ce}}$$

式中 Q_c——每立方米砂浆的水泥用量(kg)，应精确至 1 kg；

f_{ce}——水泥的实测强度(MPa)，精确至 0.1 MPa；

α，β——砂浆的特征系数，其中 $\alpha=3.03$，$\beta=-15.09$。

2)在无法取得水泥的实测强度值时，可按下式计算 f_{ce}。

$$f_{ce}=\gamma_c\times f_{ce,k}$$

式中 $f_{ce,k}$——水泥商品等级对应的强度值(MPa)；

γ_c——水泥强度等级值的富余系数，宜按实际统计资料确定；无统计资料时取 1.0。

(4)计算掺加料用量 Q_D。

$$Q_D=Q_A-Q_C$$

式中 Q_D——每立方米砂浆的石灰膏用量(kg)，应精确至 1 kg；石灰膏使用时的稠度宜为(120±5)mm。

Q_C——每立方米砂浆的水泥用量(kg)，应精确至 1 kg。

Q_A——每立方米砂浆中水泥和石灰膏总量(kg)，应精确至 1 kg；可为 350 kg。

(5)确定每立方米砂浆中砂的用量。每立方米砂浆中的砂用量，应按干燥状态(含水率小于0.5%)的堆积密度值作为计算值(kg)。

(6)确定每立方米砂浆的用水量。每立方米砂浆中的用水量，可根据砂浆稠度要求先用210～310 kg。

4.2 抹面砂浆和特种砂浆

4.2.1 抹面砂浆定义、作用、使用

测试题

1. 抹面砂浆的定义及作用

普通抹面砂浆是以薄层抹在建筑物内外表面，保持建筑物不受风、雨、雪、大气等有害介质侵蚀，提高建筑物的耐久性，使其表面平整、美观，如图4-2所示。

图4-2 抹面砂浆在工程中的应用

2. 抹面砂浆的施工

抹面砂浆施工时通常分二至三层施工，即底层、中层和面层。底层抹灰主要是使抹灰层和基层能牢固地黏结，因此，要求底层的砂浆应具有良好的和易性及较高的黏结力；中层抹灰的主要作用是找平；面层抹灰则是起装饰作用，为了达到表面美观的效果。对砖墙及混凝土墙、梁、柱、顶板等底层、面层多用混合砂浆，在容易碰撞或潮湿的地方如踢脚板、墙裙、窗口、地坪等处则采用水泥砂浆。

4.2.2 抹面砂浆的配合比及选用

确定抹面砂浆的组成材料及其配合比，主要是依据工程使用部位及基层材料。常用抹面砂浆的参考配合比及应用范围见表4-3。

表 4-3　常用抹面砂浆的参考配合比及应用范围

组成材料	配合比(体积比)	应用范围
石灰：砂	1：3	干燥砖石墙面打底找平
	1：1	墙面石灰面层
水泥：石灰：砂	1：1：6	内外墙面混合砂浆找平
	1：0.3：3	墙面混合砂浆面层
水泥：石膏：砂：锯末	1：1：3：5	吸声粉刷
水泥：砂	1：2	地面顶棚墙面水泥砂浆面
石灰膏：磨刀	100：2.5(质量比)	木板条顶棚底层
	100：1.3(质量比)	木板条顶棚面层
石灰膏：纸筋	100：3.8(质量比)	木板条顶棚面层
	1 m^3 石灰膏 3.6 kg 纸筋	墙面及顶棚

4.2.3　特殊砂浆

1. 装饰砂浆

装饰砂浆用于建筑物室内外装饰，以增加建筑物美感为主要目的，同时使建筑物具有特殊的表面形式及不同的色彩和质感，以满足艺术审美需要的一种表面装饰。

装饰砂浆所采用的胶结材料有矿渣水泥、普通硅酸盐水泥、白水泥、各种形色水泥等；骨料则常用浅色或彩色的大理石、天然砂、花岗石的石屑或陶瓷的碎粒等。

特殊砂浆

2. 防水砂浆

在水泥砂浆中掺入防水剂，用于制作刚性防水层的砂浆称为防水砂浆。其适用于不受振动和具有一定刚度的防水工程。

防水砂浆宜采用强度等级不低于 32.5 级的普通水泥、42.5 级的矿渣水泥或膨胀水泥，骨料宜采用中砂或粗砂，质量应符合混凝土用砂标准，使用洁净水。

常用的防水剂的品种主要有水玻璃类、金属皂类和氯化物金属盐类等。

3. 绝热砂浆

采用水泥、石灰、石膏等胶凝材料与膨胀珍珠岩、膨胀蛭石或陶砂等轻质多孔骨料，按一定比例配制的砂浆称为绝热砂浆。绝热砂浆质轻并具有良好的绝热性能，可用于屋面绝热层、绝热墙壁及供热管道绝热层等。

4. 吸声砂浆

一般绝热砂浆是由轻质多孔骨料制成的，同时具有吸声性能，还可以用水泥、石膏、砂、锯末(其体积比为 1：1：3：5)等配制成吸声砂浆，或在石灰、石膏砂浆中掺入玻璃纤维、矿物棉等松软纤维材料。吸声砂浆用于室内墙壁和顶棚的吸声。

5. 耐酸砂浆

用水玻璃与氟硅酸钠为胶结材料，掺入石英岩、花岗石、铸石等耐酸粉料和细骨料拌制并硬化而成耐酸砂浆。水玻璃硬化后具有很好的耐酸性能。耐酸砂浆多用作衬砌材料、耐酸地面和耐酸容器的内壁防护层。

拓展内容

外墙面的装饰砂浆常用做法

(1)拉毛。先用水泥砂浆做底层，再用水泥石灰砂浆做面层，在砂浆尚未凝结时，用刀将表面拉成凹凸不平的形状。

(2)水磨石。用颗粒细小的石渣所拌成的砂浆做面层，在水泥初始凝固时，喷水冲刷表面，使其石渣半露而不脱落。水刷石多用于建筑物的外墙装饰，具有一定的质感，经久耐用。

(3)水磨石。用普通硅酸盐水泥、白色水泥或彩色水泥拌和各种色彩的大理石渣做面层。硬化后用机械磨平抛光表面。水磨石多用于地面装饰，可事先设计图案和色彩，抛光后更具艺术效果。水磨石除可用作地面外，还可预制做成楼梯踏步、窗台板、柱面、踢脚板和地面板等多种建筑构件，一般应用于室内。

(4)干粘石。在水泥砂浆面层的整个表面上，黏结粒径为 5 mm 以下的彩色石渣、小石、彩色玻璃粒，要求石渣黏结牢固不脱落。干粘石的装饰效果与水刷石相同，而且避免了湿作业，施工效率高，也节约材料。

(5)斩假石。其又称为剁假石。制作情况与水刷石基本相同，是在水泥浆硬化后，用斧刀将表面剁毛并露出石渣。斩假石表面具有粗面花岗石的效果。

(6)假面砖。将普通砂浆用木条在水平方向压出砖缝印痕，用钢片在竖直方向压出砖印，再涂刷涂料。也可在平面上画出清水砖墙图案。

装饰砂浆还可采取喷涂、弹涂、辊压等新工艺方法，可做成多种多样的装饰面层，操作方便，施工效率可大大提高。

职业能力训练

一、填空题

1. 测定砂浆强度的标准试件尺寸为边长________ mm 的立方体，每组试件块________。
2. 砌筑砂浆的强度等级可分为________、________、________、________、________、________、________七个等级。
3. 水泥砂浆养护的湿度为________%。
4. 砂浆和易性包括________和________两个方面。
5. 砂浆的流动性采用砂浆稠度测定仪测定，以________表示。

二、问答题

1. 影响砂浆黏结力的因素有哪些?
2. 改善砂浆和易性的措施有哪些?
3. 抹面砂浆的种类有哪些?

模块 5　墙体材料

内容概述

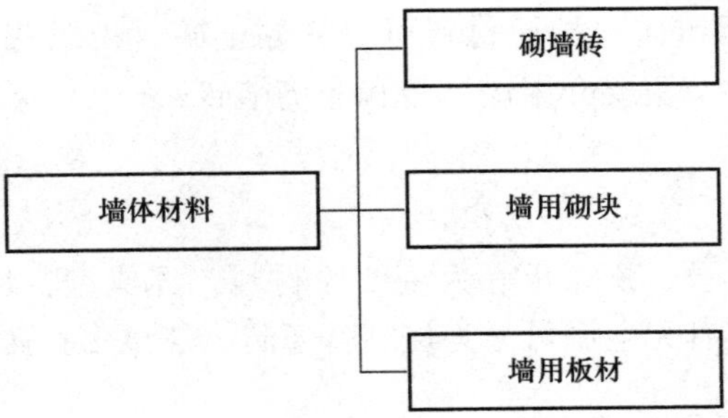

知识目标

1. 掌握烧结普通砖的规格尺寸及技术性质；
2. 熟悉烧结多孔砖、砌块、板材的特点及应用；
3. 了解砌墙砖和砌块的评定标准。

技能目标

1. 能够熟悉结合工程特点及环境，正确合理地选用墙体材料；
2. 能够掌握正确检测烧结普通砖的尺寸偏差、强度等级等各项性能。

用来砌筑、拼装或用其他方法构成承重或非承重墙体的材料称为墙体材料。墙体在房屋中起承重、隔断及围护作用。因此，合理选用墙体材料对建筑物的功能、安全及造价等均具有的重要意义。目前用于墙体的材料主要有砌墙砖、墙用砌块和墙用板材三种。

5.1 砌墙砖

砖的分类方式有多种，按生产工艺可分为烧结砖和非烧结砖；按用途又可分为承重砖和非承重砖；按原材料可分为黏土砖、粉煤灰砖、煤矸石砖、灰砂砖等。本小节主要介绍烧结砖和非烧结砖。

常用砌墙砖

5.1.1 烧结砖

以黏土、页岩、煤矸石、粉煤灰等为主要原材料，经成型、焙烧而成的块状墙体材料称为烧结砖。烧结砖按其有无空洞可分为烧结普通砖、烧结多孔砖和烧结空心砖。

1. 烧结普通砖

以黏土、页岩、煤矸石、粉煤灰等为主要原料，经焙烧而成的没有孔洞或孔洞率(砖面上孔洞总面积占砖面积的百分率)小于15%的砖，叫作烧结普通砖。

(1)烧结普通砖的生产过程简介。以黏土、页岩、煤矸石、粉煤灰等为原料烧制普通砖，其生产工艺基本相同。基本过程：采土→配料→调制→制坯→干燥→焙烧→成品。其中，焙烧是最重要的环节，焙烧窑中为氧化环境时，可烧得红砖；若焙烧窑中为还原环境，则烧得青砖，青砖较红砖耐碱，耐久性较好。砖在焙烧时窑内温度存在差异，在焙烧温度范围内生产的砖称为正火砖(合格品)；未达到焙烧温度范围生产的砖称为欠火砖；而超过焙烧温度范围生产的砖称为过火砖。欠火砖颜色浅，敲击时声音哑，孔隙率高，强度低，耐久性差，工程中不得使用欠火砖。过火砖颜色深，敲击声响亮，强度高，但往往变形大，变形不大的过火砖可用于基础等部位。欠火砖和过火砖都属于不合格品。

(2)烧结普通砖的分类、等级、规格及产品编号。烧结普通砖的标准尺寸是240 mm×115 mm×53 mm，如图5-1所示。通常将240 mm×115 mm面称为大面；240 mm×53 mm面称为条面；115 mm×53 mm面称为顶面；4块砖长、8块砖宽、16块砖厚，再加上砌筑灰缝(10 mm)，长度均为1 m，则1 m^{3}砖砌体理论上需要用砖512块。

烧结普通砖

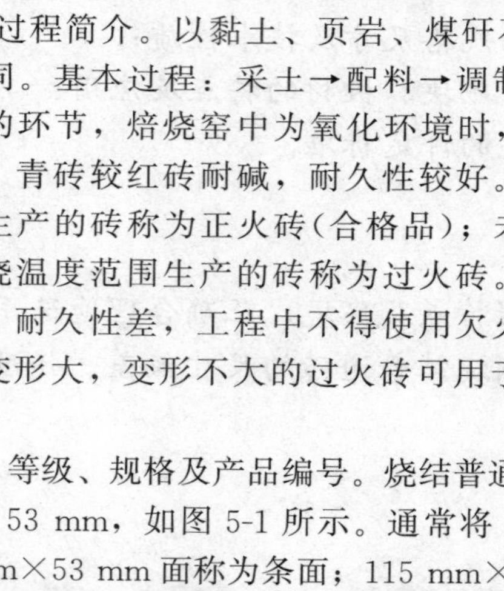

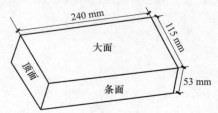

图5-1 烧结普通砖的标准尺寸

《烧结普通砖》(GB /T 5101—2017)规定，烧结普通砖的产品分类、等级、规格、标记见表 5-1。

表 5-1 烧结普通砖的分类规定

项目	内容
分类	按主要原料分为黏土砖(N)、页岩砖(Y)、煤矸石砖(M)、粉煤灰砖(F)、建筑渣土砖(Z)、淤泥砖(U)、污泥砖(W)、固体废弃物砖(G)
规格	砖的外形为直角六面体，其公称尺寸为长 240 mm、宽 115 mm、高 53 mm
等级	按抗压强度分为 MU10、MU15、MU20、MU25、MU30 五个强度等级
标记	砖的产品标记按产品名称的英文缩写、类别、强度等级和标准编号顺序编写。 示例：烧结普通砖，强度等级 MU15 的黏土砖，其标记为 FCB N MU15 GB/T 5101—2017

拓展内容

采用两种原材料，掺配合比质量大于 50%以上的为主要原材料；采用 3 种或 3 种以上原材料，掺配合比质量最大者为主要原材料。污泥掺量达到 30%以上的可称为污泥砖。

(3)烧结普通砖的技术要求。《烧结普通砖》(GB /T 5101—2017)规定，烧结普通砖产品的技术要求包括以下内容：

1)尺寸偏差。烧结普通砖的尺寸允许偏差应符合表 5-2 的规定。

表 5-2 烧结普通砖的尺寸允许偏差 mm

公称尺寸	指标	
	样本平均偏差	样本极差 ≤
240	±2.0	6.0
115	±1.5	5.0
53	±1.5	4.0

2)外观质量。烧结普通砖的外观质量应符合表 5-3 的规定。

表 5-3 烧结普通砖的外观质量 mm

项目		指标
1. 两条面高度差	≤	2
2. 弯曲	≤	2
3. 杂质凸出高度	≤	2
4. 缺棱掉角的三个破坏尺寸	不得同时大于	5
5. 裂纹长度	≤	
①大面上宽度方向及其延伸至条面的长度		30
②大面上长度方向及其延伸至顶面的长度或条顶面上水平裂纹的长度		50
6. 完整面	不得少于	一条面和一顶面

注：1. 为砌筑挂浆而施加的凹凸纹、槽、压花等不算作缺陷。
2. 凡有下列缺陷之一者，不得称为完整面：
(1)缺损在条面或顶面上造成的破坏面尺寸同时大于 10 mm×10 mm；
(2)条面或顶面上裂纹宽度大于 1 mm，其长度超过 30 mm；
(3)压陷、粘底、焦花在条面或顶面上的凹陷或凸出超过 2 mm，区域尺寸同时大于 10 mm×10 mm。

3)强度等级。烧结普通砖的强度根据 10 块试样抗压强度的测试结果，划分为五个强度等级。其强度值应符合表 5-4 的规定。

表 5-4　烧结普通砖的强度等级 MPa

强度等级	抗压强度平均值 F ≥	强度标准值 f_k ≥
MU30	30.0	22.0
MU25	25.0	18.0
MU20	20.0	14.0
MU15	15.0	10.0
MU10	10.0	6.5

测定砖的强度等级时，试样数量为 10 块，按式(5-1)计算强度标准差：

$$s=\sqrt{\frac{1}{9}\sum_{i=1}^{10}(f_i-\bar{f})^2} \tag{5-1}$$

式中　f_i——单块砖试件抗压强度测定值(MPa)，精确至 0.01；

$\bar{f}$——10 块砖试件抗压强度平均值(MPa)，精确至 0.01；

s——10 块砖试件抗压强度标准差(MPa)，精确至 0.01。

样本 $n=10$ 时，强度标准值按式(5-2)进行计算。

$$f_k=\bar{f}-1.83s \tag{5-2}$$

式中　f_k——强度标准值(MPa)，精确至 0.01。

4)抗风化性能。抗风化性能是指在干湿变化、温度变化、冻融变化等物理因素作用下，材料不破坏并长期保持其原有性质的能力。砖的抗风化性能是烧结普通砖耐久性的重要指标之一，地域不同，材料的风化程度也不相同。

我国(香港、澳门除外)风化区按风化指数可分为严重风化区和非严重风化区。风化指数是指日气温从正温降低至负温或负温升至正温的每年平均天数与每年从霜冻之日起至消失霜冻之日止这一期间降雨量(以 mm 计)的平均值的乘积。风化指数大于等于 12 700 为严重风化区；风化指数小于 12 700 为非严重风化区；风化区的划分见表 5-5。

表 5-5　风化区的划分

严重风化区		非严重风化区	
1. 黑龙江省	11. 河北省	1. 山东省	11. 福建省
2. 吉林省	12. 北京市	2. 河南省	12. 台湾省
3. 辽宁省	13. 天津市	3. 安徽省	13. 广东省
4. 内蒙古自治区	14. 西藏自治区	4. 江苏省	14. 广西壮族自治区
5. 新疆维吾尔自治区		5. 湖北省	15. 海南省
6. 宁夏回族自治区		6. 江西省	16. 云南省
7. 甘肃省		7. 浙江省	17. 上海市
8. 青海省		8. 四川省	18. 重庆市
9. 陕西省		9. 贵州省	
10. 山西省		10. 湖南省	

5)泛霜。泛霜是指原料中可溶性盐类(如硫酸钠等)，随着砖内水分蒸发而在砖表面产生的盐析现象，一般为白色粉末，常在砖表面形成絮团状斑点，如图 5-2 所示。这些结晶

的白色粉末不仅有损建筑物的外观，而且结晶的体积膨胀会引起砖表面的酥松甚至剥落。每块砖不允许出现严重泛霜。

6)石灰爆裂。若原料中夹杂石灰石，则烧砖时石灰石将被烧成生石灰留在砖中，有时掺入的内燃料(煤渣)也会带入生石灰。这些生石灰在砖体内吸水消化时产生体积膨胀，导致砖发生胀裂破坏，这种现象称为石灰爆裂，如图 5-3 所示。石灰爆裂对砖砌体的影响较大，轻者影响美观，重者将使砖砌体强度降低直至破坏。标准规定，破坏尺寸大于 2 mm 且小于或等于15 mm的爆裂区域，每组砖不得多于 15 处，其中大于 10 mm 的不得多于 7 处；不准许出现最大破坏尺寸大于15 mm的爆裂区域；试验后，抗压强度损失不得大于 5 MPa。

图 5-2 泛霜

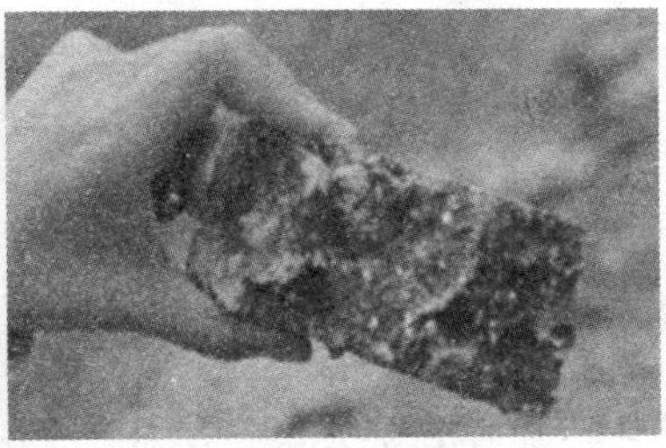

图 5-3 石灰爆裂

(4)烧结普通砖的应用。烧结普通砖的强度较高，绝热性和透气性稳定性较好，并且价格低廉，所以，其是应用范围最广的墙体材料之一。其中，中等泛霜的砖不得用于潮湿部位。烧结普通砖可用于砌筑柱、拱、烟囱、窑身、沟道及基础等；可与轻混凝土、加气混凝土等隔热材料复合使用，砌成两面为砖、中间填充轻质材料的复合墙体；在砌体中配置适当钢筋和钢筋网称为配筋砖砌体，可代替钢筋混凝土柱、过梁等。

拓展内容

砖的吸水率大，在砌筑中吸收砂浆中的水分，如果砂浆保持水分的能力差，砂浆就不能正常硬化，会使砌体强度下降。因此，在砌筑砂浆时除要合理地配制砂浆外，还要使砖润湿。烧结普通砖应在砌筑前 1～2 d 浇水湿润，以浸入砖内深度 1 cm 为宜。

由于烧结普通砖的制造严重毁田取土且能耗高、质量重、尺寸小、施工效率低、抗震性能差等，随着我国墙体材料的改革，烧结普通砖已被列为城市及小城镇建设禁止生产使用的建筑材料(除古建筑修复外)，墙体材料革新的技术方向是发展轻质、高强、耐久、多功能的新型绿色墙体材料。

2. 烧结多孔砖

以黏土、页岩、煤矸石、粉煤灰等为主要原料，经焙烧而成的孔洞率大于或等于 28%，孔洞数量多，尺寸小，且是竖孔，主要用于承重部位的砖，叫作烧结多孔砖，如图 5-4 所示。另外，建筑上常根据尺寸规格将烧结多孔砖分为 M 型(190 mm×190 mm×90 mm)和 P 型(240 mm×115 mm×90 mm)两种。

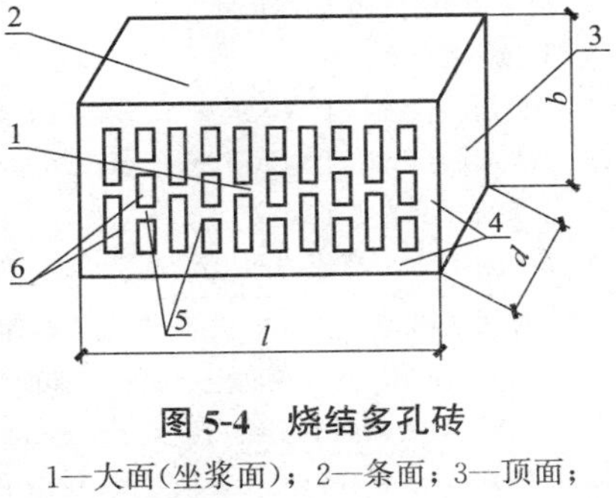

图 5-4 烧结多孔砖

1—大面(坐浆面)；2—条面；3—顶面；

4—外壁；5—肋；6—孔洞；

l—长度；b—宽度；d—高度

(1)烧结多孔砖的分类、等级、规格及产品编号。根据国家标准《烧结多孔砖和多孔砌块》(GB 13544—2011)规定，烧结多孔砖的产品分类、等级、规格、标记见表5-6。

表5-6 烧结多孔砖的分类规定

<table>
<tr><th>项目</th><th colspan="2">内容</th></tr>
<tr><td>分类</td><td colspan="2">按主要原料可分为黏土砖(N)、页岩砖(Y)、煤矸石砖(M)、粉煤灰砖(F)、淤泥砖(U)、固体废弃物砖(G)</td></tr>
<tr><td>规格</td><td colspan="2">砖的外形为直角六面体，其规格尺寸为290、240、190、180、140、115、90(mm)</td></tr>
<tr><td rowspan="2">等级</td><td>强度等级</td><td>按抗压强度可分为MU10、MU15、MU20、MU25、MU30五个强度等级</td></tr>
<tr><td>密度等级</td><td>1 000、1 100、1 200、1 300</td></tr>
<tr><td>标记</td><td colspan="2">砖的产品标记按产品名称、品种、规格、强度等级、密度等级和标准编号顺序编写。
示例：尺寸为290 mm×140 mm×90 mm、强度等级MU25、密度1 200级的黏土烧结多孔砖
其标记为：烧结多孔砖 N 290×140×90 MU25 1 200 GB 13544—2011</td></tr>
</table>

(2)烧结多孔砖的技术要求。根据国家标准《烧结多孔砖和多孔砌块》(GB 13544—2011)规定，烧结多孔砖的技术要求如下：

1)尺寸允许偏差。烧结多孔砖的尺寸允许偏差应符合表5-7的规定。

表5-7 烧结多孔砖的尺寸允许偏差 mm

尺寸	样本平均偏差	样本极差 ≤
>400	±3.0	10.0
300～400	±2.5	9.0
200～300	±2.5	8.0
100～200	±2.0	7.0
<100	±1.5	6.0

2)外观质量。烧结多孔砖的外观质量应符合表5-8的规定。

表5-8 烧结多孔砖的外观质量 mm

项目		指标
1. 完整面	不得少于	一条面和一顶面
2. 缺棱掉角的三个破坏尺寸	不得同时大于	30
3. 裂纹长度		
①大面(有孔面)上深入孔壁15 mm以上宽度方向及其延伸至条面的长度	≤	80
②大面(有孔面)上深入孔壁15 mm以上长度方向及其延伸至顶面的长度	≤	100
③条顶面上的水平裂纹	≤	100
4. 杂质在砖面上造成的凸出高度	≤	5
注：凡有下列缺陷之一者，不得称为完整面： (1)缺损在条面或顶面上造成的破坏面尺寸同时大于20 mm×30 mm； (2)条面或顶面上裂纹宽度大于1 mm，其长度超过70 mm； (3)压陷、粘底、焦花在条面或顶面上的凹陷或凸出超过2 mm，区域最大投影尺寸同时大于20 mm×30 mm。		

3)强度等级。烧结多孔砖的强度等级应符合表5-9的规定。

表 5-9　烧结多孔砖的强度等级　MPa

强度等级	抗压强度平均值 $\bar{f}$ ≥	强度标准值 f_k ≥
MU30	30.0	22.0
MU25	25.0	18.0
MU20	20.0	14.0
MU15	15.0	10.0
MU10	10.0	6.5

4)孔型、孔结构及孔洞率。烧结多孔砖的孔型、孔结构及孔洞率应符合表 5-10 的规定。

表 5-10　烧结多孔砖的孔型、孔结构及孔洞率

孔型	孔洞尺寸/mm		最小外壁厚/mm	最小肋厚/mm	孔洞率/%	孔洞排列
	孔宽度尺寸 b	孔长度尺寸 L			砖	
矩形条孔或矩形孔	≤13	≤40	≥12	≥5	≥28	1. 所有孔宽应相等。孔采用单向或双向交错排列。 2. 孔洞排列上下、左右应对称，分布均匀，手抓孔的长度方向尺寸必须平行于砖的条面

注：1. 矩形孔的孔长 L、孔宽 b 满足式 $L \geqslant 3b$ 时，为矩形条孔。
2. 孔四个角应做成过渡圆角，不得做成直尖角。
3. 如设有砌筑砂浆槽，则砌筑砂浆槽不计算在孔洞率内。
4. 规格大的砖应设置手抓孔，手抓孔尺寸为(30～40)mm×(75～85)mm。

5)泛霜。每块砖不允许出现严重泛霜。

6)石灰爆裂。石灰爆裂破坏尺寸大于 2 mm 且小于或等于 15 mm 的爆裂区域，每组砖不得多于 15 处，其中大于 10 mm 的不得多于 7 处；不允许出现破坏尺寸大于 15 mm 的爆裂区域。

7)抗风化性能。严重风化区中的黑龙江省、吉林省、辽宁省、内蒙古自治区、新疆维吾尔自治等省区的多孔砖和其他地区以淤泥、固体废弃物为主要原料生产的砖必须进行冻融试验；其他地区以黏土、粉煤砂、页岩、煤矸石为主要原料生产的多孔砖的抗风化性能符合表 5-11 规定时可不做冻融试验，否则必须进行冻融试验。15 次冻融循环试验后，每块砖不允许出现裂纹、分层、掉皮、缺棱掉角等冻坏现象。

表 5-11　烧结多孔砖的抗风化性能标准

砖种类	严重风化区				非严重风化区			
	5 h 沸煮吸水率/% ≤		饱和系数 ≤		5 h 沸煮吸水率/% ≤		饱和系数 ≤	
	平均值	单块最大值	平均值	单块最大值	平均值	单块最大值	平均值	单块最大值
黏土砖	21	23	0.85	0.87	23	25	0.88	0.90
粉煤灰砖	23	25			30	32		
页岩砖	16	18	0.74	0.77	18	20	0.78	0.80
煤矸石砖	19	21			21	23		

注：粉煤灰掺入量(质量比)小于 30%时按黏土砖规定判定。

(3)烧结多孔砖的应用。烧结多孔砖主要应用于建筑物的承重墙。M 形砖应符合建筑模数；P 形砖便于与普通砖配套使用。

3. 烧结空心砖

烧结空心砖是指以黏土、页岩、煤矸石、粉煤灰、淤泥(江、河、湖等淤泥)、建筑渣土及其他固体废弃物等为主要原料，经焙烧而成的孔洞率大于 40%的砖。其质量较轻，强度低，主要用于非承重墙和填充墙。孔洞多为矩形孔或其他孔型，数量少而尺寸大、孔洞平行于受压面。

(1)烧结空心砖的分类、等级、规格及产品编号。《烧结空心砖和空心砌块》(GB/T 13545—2014)规定，烧结空心砖的产品分类、等级、规格、标记见表 5-12。

表 5-12 烧结空心砖的分类规定

项目		内容
分类	按主要原料可分为黏土空心砖(N)、页岩空心砖(Y)、煤矸石空心砖(M)、粉煤灰空心砖(F)、淤泥空心砖(U)、建筑渣土空心砖(Z)、其他固体废弃物空心砖(G)	
规格	砖的外形为直角六面体， 其长度规格尺寸：390、290、240、190、180(175)、140 其宽度规格尺寸：190、180(175)、140、115 其高度规格尺寸：180(175)、140、115、90	
等级	强度等级	按抗压强度可分为 MU10、MU7.5、MU5、MU3.5 四个强度等级
	密度等级	800、900、1 000、1 100
标记	砖的产品标记按产品名称、类别、规格、密度等级、强度等级和标准编号顺序编写。 示例：尺寸为 290 mm×190 mm×90 mm、密度等级 800 级、强度等级 MU7.5 的页岩空心砖 其标记为：烧结空心砖 Y(290×190×90) 800 MU7.5 GB/T 13545—2014	

(2)烧结空心砖的技术要求。根据国家标准《烧结空心砖和空心砌块》(GB/T 13545—2014)的规定，烧结空心砖的技术要求如下：

1)尺寸允许偏差。烧结空心砖的尺寸允许偏差应符合表 5-13 的要求。

表 5-13 烧结空心砖的尺寸允许偏差

mm

尺寸	样本平均偏差	样本极差 ≤
>300	±3.0	7.0
>200～300	±2.5	6.0
100～200	±2.0	5.0
<100	±1.7	4.0

2)外观质量。烧结空心砖的外观质量应符合表 5-14 的要求。

表 5-14　烧结空心砖的外观质量　　　mm

项目		指标
1. 弯曲	≤	4
2. 缺棱掉角的三个破坏尺寸	不得同时大于	30
3. 垂直度差	≤	4
4. 未贯穿裂纹长度		
①大面上宽度方向及其延伸至条面的长度	≤	100
②大面长度方向或条面上水平面方向的长度	≤	120
5. 贯穿裂纹长度		
①大面上宽度方向及其延伸至条面的长度	≤	40
②壁、肋沿长度方向、宽度方向及其水平方向的长度	≤	40
6. 肋、壁内残缺长度	≤	40
7. 完整面	≤	一条面或一大面

注：凡有下列缺陷之一者，不能称为完整面：

(1)缺损在大面或条面上造成的破坏面尺寸同时大于 20 mm×30 mm；

(2)大面、条面上裂纹宽度大于 1 mm，其长度超过 70 mm；

(3)压陷、粘底、焦花在大面、条面上的凹陷或凸出超过 2 mm，区域尺寸同时大于 20 mm×30 mm。

3)强度等级。烧结空心砖的强度等级应符合表 5-15 的规定。

表 5-15　烧结空心砖的强度等级　　　MPa

强度等级	抗压强度/MPa		
		变异系数 $\delta \leqslant 0.21$	变异系数 $\delta > 0.21$
	抗压强度平均值 $\bar{f}$ ≥	强度标准值 f_k ≥	单块最小抗压强度 f_{min} ≥
MU10.0	10.0	7.0	8.0
MU7.5	7.5	5.0	5.8
MU5.0	5.0	3.5	4.0
MU3.5	3.5	2.5	2.8

4)孔洞排列及结构。烧结空心砖的孔洞排列及其结构应符合表 5-16 的规定。

表 5-16　烧结空心砖的孔洞排列及其结构

孔洞排列	孔洞排列/排		孔洞率/%	孔型
	宽度方向	高度方向		
有序或交错排列	$b \geqslant 200$ mm　≥4 $b < 200$ mm　≥3	≥2	≥40	矩形孔

5)泛霜。每块空心砖不允许出现严重泛霜。

6)石灰爆裂。石灰爆裂最大破坏尺寸大于 2 mm 且小于等于 15 mm 的爆裂区域，每组空心砖不得多于 10 处，其中大于 10 mm 的不得多于 5 处；不允许出现破坏尺寸大于 15 mm 的爆裂区域。

7)抗风化性能。严重风化区中的黑龙江省、吉林省、辽宁省、内蒙

测试题

古自治区、新疆维吾尔自治区的烧结空心砖应进行冻融试验；其他地区烧结空心砖的抗风化性能符合表 5-17 规定时可不做冻融试验，否则必须进行冻融试验。

表 5-17　烧结空心砖的抗风化性能标准

砖种类	严重风化区				非严重风化区			
	5 h 沸煮吸水率/% ≤		饱和系数 ≤		5 h 沸煮吸水率/% ≤		饱和系数 ≤	
	平均值	单块最大值	平均值	单块最大值	平均值	单块最大值	平均值	单块最大值
黏土砖	21	23	0.85	0.87	23	25	0.88	0.90
粉煤灰砖	23	25			30	32		
页岩砖	16	18	0.74	0.77	18	20	0.78	0.80
煤矸石砖	19	21			21	23		

注：1. 粉煤灰掺入量(质量分数)小于 30%时按黏土空心砖的规定判定。

2. 淤泥、建筑渣土及其他固体废弃物掺入量(质量分数)小于 30%时按相应产品类别的规定判定。

(3)烧结空心砖的应用。烧结空心砖主要用作非承重墙，如多层建筑的内隔墙或框架结构的填充墙。

5.1.2　非烧结砖

不经焙烧而制成的砖均为非烧结砖。这类砖的强度不是通过焙烧获得的，而是制砖时掺入一定量的胶凝材料或在生产过程中形成一定的胶凝物质使砖具有一定的强度。如免烧免蒸砖、蒸压砖等。目前应用较广的是蒸压砖，这类砖是以含钙材料(石灰、电石渣等)和含硅材料(砂子、粉煤灰、煤矸石、炉渣等)与水拌和，经压制成型、常压或高压蒸汽养护而成，主要品种有蒸压实心灰砂砖、蒸压粉煤灰砖、炉渣砖等。

1. 蒸压实心灰砂砖

蒸压实心灰砂砖是用磨细生石灰和天然砂为主要原料，经坯料制备、压制成型、蒸压养护而成的实心砖。其组织均匀、尺寸准确、外形光洁，多为浅灰色，加入碱性矿物颜料可制成彩色砖。

(1)蒸压实心灰砂砖的分类及强度等级。根据《蒸压灰砂实心砖和实心砌块》(GB/T 11945—2019)的规定，蒸压灰砂实心砖的分类及强度等级见表 5-18。

表 5-18　蒸压灰砂实心砖的分类及强度等级

项目	内容
分类	根据灰砂砖的颜色可分为彩色(C)、本色(N)
强度等级	根据抗压强度可分为 MU30、MU25、MU20、MU15、MU10 五个强度等级

(2)蒸压实心灰砂砖的技术性质。根据国家标准《蒸压灰砂实心砖和实心砌块》(GB/T 11945—2019)的规定，蒸压实心灰砂砖的技术要求如下：

1)尺寸偏差和外观。尺寸偏差和外观应符合表 5-19 的规定。

表 5-19 尺寸偏差和外观

项目		指标
尺寸允许偏差/mm	长度	±2
	宽度	±2
	高度	±1
缺棱掉角	三个方向最大投影尺寸	≤10
弯曲/mm		≤2
裂纹延伸的投影尺寸累计/mm		≤20

2)强度等级。强度等级应符合表 5-20 的规定。

表 5-20 强度等级

强度等级	抗压强度	
	平均值 ≥	单个最小值 ≥
MU10	10.0	8.5
MU15	15.0	12.5
MU20	20.0	17.0
MU25	25.0	21.0
MU30	30.0	25.5

3)抗冻性。抗冻性应符合表 5-21 的规定。

表 5-21 抗冻性指标

使用地区[a]	抗冻指标	干质量损失率[b]/%	抗压强度损失率/%
夏热冬暖地区	D15	平均值≤3.0 单个最大值≤4.0	平均值≤15 单个最大值≤20
温和与夏热冬暖地区	D25		
寒冷地区[c]	D35		
严寒地区[c]	D50		

[a] 地区划分执行《民用建筑热工设计规范》(GB 50176—2016)的规定。
[b] 当某个试件的试验结果出现负值时，按 0.0%计。
[c] 当产品明确用于室内环境等，供需双方有约定时，可降低抗冻指标要求，但不应低于 D25。

(3)蒸压灰砂砖的应用。蒸压灰砂砖在高压下成型，又经过蒸压养护，砖体组织致密，具有强度高、大气稳定性好、干缩率小、尺寸偏差小、外形光滑平整等特性。蒸压实心灰砂砖色泽淡灰，如配入矿物颜料则可制得各种颜色的砖，有较好的装饰效果。其主要用于工业与民用建筑的墙体和基础。其中，MU15、MU20、MU25 的蒸压实心灰砂砖可用于基础及其他部位，MU10 的蒸压实心灰砂砖仅可用于防潮层以上的建筑部位。

拓展内容

蒸压实心灰砂砖不得用于长期受热 200 ℃以上，受急冷、急热或有酸性介质侵蚀的环境。蒸压实心灰砂砖的耐水性良好，但抗流水冲刷能力较弱，可长期在潮湿、不受冲刷的环境中使用。蒸压实心灰砂砖表面光滑平整，使用时应注意提高砖和砂浆之间的黏结力。

2. 蒸压粉煤灰砖

蒸压粉煤灰砖是以粉煤灰和石灰为主要原料，可掺加适量石膏等外加剂和其他骨料，经坯料制备、压制成型、高压蒸汽养护而成的砖。

(1)蒸压粉煤灰砖的分类、强度等级、规格及标记见表5-22。

表5-22　蒸压粉煤灰砖的分类规定

项目	内容
规格	砖的外形为直角六面体，规格尺寸：长度240 mm，宽度115 mm，高度53 mm
强度等级	分为MU30、MU25、MU20、MU15、MU10五级
标记	砖按产品代号(AFB)、规格尺寸、强度等级、标准编号的顺序进行标记。示例：规格尺寸为240 mm×115 mm×53 mm，强度等级为MU15的砖标记为AFB 240 mm×115 mm×53 mm MU15 JC/T 239—2014

(2)蒸压粉煤灰砖的技术性质。根据建材行业标准《蒸压粉煤灰砖》(JC/T 239—2014)的规定，蒸压粉煤灰砖的技术要求如下：

1)尺寸偏差和外观。尺寸偏差和外观应符合表5-23的规定。

表5-23　蒸压粉煤灰砖的尺寸偏差和外观　　mm

项目名称			技术指标
外观质量	缺棱掉角	个数/个	≤2
		三个方向投影尺寸的最大值/mm	≤15
	裂纹	裂纹延伸的投影尺寸累计/mm	≤20
	层裂		不允许
尺寸偏差	长度/mm		+2 −1
	宽度/mm		±2
	高度/mm		+2 −1

2)强度等级。蒸压粉煤灰砖的强度等级应符合表5-24的规定。

表5-24　蒸压粉煤灰砖的强度等级　　MPa

强度级别	抗压强度		抗弯强度	
	20块平均值　≥	单块最小值 ≥	20块平均值　≥	单块最小值　≥
MU10	10.0	8.0	2.5	2.0
MU15	15.0	12.0	3.7	3.0
MU20	20.0	16.0	4.0	3.2
MU25	25.0	20.0	4.5	3.6
MU30	30.0	24.0	4.8	3.8

3)抗冻性。蒸压粉煤灰砖的抗冻性指标应符合表5-25的规定。

表 5-25　蒸压粉煤灰砖的抗冻性指标

使用地区	抗冻指标	质量损失率	抗压强度损失率
夏热冬暖地区	D15	≤5%	≤25%
温和与夏热冬暖地区	D25		
寒冷地区	D35		
严寒地区	D50		

4)干燥收缩值应不大于 0.50 mm/m。

5)碳化系数应不小于 0.85。

(3)蒸压粉煤灰砖的应用。粉煤灰砖可用于工业与民用建筑的墙体和基础，但用于基础或用于易受冻融和干湿交替作用的建筑部位，必须使用 MU15 及以上强度等级的砖。粉煤灰砖不得用于长期受热(200 ℃以上)及受急冷、急热交替作用或有酸性介质侵蚀的建筑部位，为避免或减少收缩裂缝的产生，用粉煤灰砖砌筑的建筑物，应适当增设圈梁及伸缩缝。

3. 炉渣砖

炉渣砖是以炉渣(煤燃烧后的残渣)为主要原料，掺入适量(水泥、电石渣)石灰、石膏，经混合、压制成型、蒸养或蒸压养护而成的实心砖。

(1)炉渣砖的分类、等级、规格及产品编号。根据建材行业标准《炉渣砖》(JC/T 525—2007)的规定，炉渣砖的分类应符合表 5-26 的规定。

表 5-26　炉渣砖的分类

项目	内容
规格	砖的外形为直角六面体，规格尺寸：长度 240 mm，宽度 115 mm，高度 53 mm
强度等级	根据抗压强度可分为 MU25、MU20、MU15 三级
标记	炉渣砖产品标记采用产品名称(LZ)、强度级别、标准编号的顺序进行。 示例如下：强度级别为 MU20 的炉渣砖：　LZ　MU20　JC/T　525—2007

(2)炉渣砖的技术性质。根据建材行业标准《炉渣砖》(JC/T 525—2007)的规定，炉渣砖的技术要求如下：

1)尺寸偏差和外观质量。尺寸偏差和外观质量应符合表 5-27 的规定。

表 5-27　炉渣砖的尺寸偏差和外观质量　　mm

项目			指标
			合格品
尺寸允许偏差	长		±2.0
	宽		±2.0
	高		±2.0
弯曲		≤	2.0
完整面		不少于	一条面和一顶面
缺棱掉角	个数	≤	1
	三个方向投影尺寸的最小值	≤	10

续表

项目		指标
		合格品
裂纹长度	大面上宽度方向及其延伸到条面上的长度 ≤	30
	大面上长度方向及其延伸到顶面上的长度或条、顶面水平裂纹的长度 ≤	50
层裂		不允许
颜色		基本一致

2)强度等级。炉渣砖的强度等级应符合表5-28的规定。

表5-28　炉渣砖的强度等级 MPa

强度等级	抗压强度平均值 $\bar{f}$ ≥	变异系数 $\delta \leqslant 0.21$	变异系数 $\delta > 0.21$
		强度标准值 f_k ≥	单块最小抗压强度 f_{min} ≥
MU25	25.0	19.0	20.0
MU20	20.0	14.0	16.0
MU15	15.0	10.0	12.0

3)抗冻性及碳化性能。炉渣砖的抗冻指标及碳化指标应符合表5-29的规定。

表5-29　炉渣砖的抗冻性指标及碳化指标

强度级别	冻后抗压强度/MPa，平均值不小于	单块砖的干质量损失/%，不大于	碳化后强度/MPa，平均值不小于
MU25	22.0	2.0	22.0
MU20	16.0	2.0	16.0
MU15	12.0	2.0	12.0

4)干燥收缩率。炉渣砖的干燥收缩率不大于0.06%。

(3)炉渣砖的应用。炉渣砖一般用于建筑物的墙体和基础部位。用于基础或易受冻融和干湿交替作用的建筑部位必须使用MU15及以上强度等级的砖；不得用于长期受热在200 ℃以上或受急冷、急热或有侵蚀性介质的部位。

5.2　墙用砌块

砌块是用于砌筑的、形体大于砌墙砖的人造块材，一般为直角六面体，是一种新型的墙体材料。砌块是以砂、卵石(或碎石)和水泥加水搅拌后在模具内振动加压成型，或用煤渣、煤矸石等工业废料加石灰、石膏经搅拌、轮碾、振动成型后再经蒸养而成。其具有适用性强、原料来源广、不占耕地、节约能源；制作、施工方便等多种优点，推广和使用砌块是墙体材料改革的一条有效途径。

墙用砌块

砌块按用途可分为承重砌块与非承重砌块；按有无孔洞可分为实心砌块与空心砌块；按生产工艺可分为烧结砌块与蒸压蒸养砌块；按大小可分为中型砌块(高度为 400 mm、800 m)和小型砌块(高度为 200 mm)；按原材料不同可分为硅酸盐砌块和混凝土砌块。常用的砌块有蒸压加气混凝土砌块、普通混凝土小型砌块、粉煤灰砌块、轻骨料混凝土小型空心砌块。

5.2.1 蒸压加气混凝土砌块

蒸压加气混凝土砌块，是以钙质材料(水泥、石灰等)和硅质材料(砂、矿渣、粉煤灰等)及加气剂(铝粉)等，经配料、搅拌、浇筑、发气(由化学反应形成孔隙)、预养切割、蒸汽养护等工艺制成的多孔轻质、块体硅酸盐材料，如图 5-5 所示。

图 5-5 蒸压加气混凝土砌块

(1)蒸压加气混凝土砌块的分类、等级、规格及产品编号。根据国家标准《蒸压加气混凝土砌块》(GB/T 11968—2020)的规定，蒸压加气混凝土砌块的分类见表 5-30。

表 5-30 蒸压加气混凝土砌块的分类

项目	内容	
规格尺寸	长度 L：600 mm，宽度 B：100 mm、120 mm、125 mm、150 mm、180 mm、200 mm、240 mm、250 mm、300 mm 高度 H：200 mm、240 mm、250 mm、300 mm	
等级	强度等级	分为 A1.5、A2.0、A2.5、A3.5、A5.0 五个级别
	干密度等级	B03、B04、B05、B06、B07 五个级别
标记	产品以蒸压加气混凝土砌块代号(AAC-B)、强度级别、干密度级别、规格尺寸、质量等级、标准编号进行标记。 示例：抗压强度为 A3.5 标记采用产品名称(AAC-B)，干密度为 B05、规格尺寸为 600 mm×200 mm×250 mm的蒸压加汽混凝土Ⅰ型砌块，标记为： AAC-B A3.5 B05 600×200×250(Ⅰ) GB/T 11968—2020	

(2)蒸压加气混凝土砌块的技术性质。根据国家标准《蒸压加气混凝土砌块》(GB/T 11968—2020)的规定，蒸压加气混凝土砌块的技术要求如下：

1)尺寸偏差和外观质量。蒸压加气混凝土砌块的尺寸偏差和外观质量应符合表 5-31 的规定。

表 5-31　蒸压加气混凝土砌块的尺寸偏差和外观

项目			指标	
			Ⅰ型	Ⅱ型
尺寸允许偏差	长 L		±3	±4
	宽 B		±1	±2
	高 H		±1	±2
缺棱掉角	最小尺寸	≤	10	30
	最大尺寸	≤	20	70
	三个方向尺寸之和不大于 120 mm 的掉角个数/个	≤	0	2
裂纹长度	裂纹长度/mm	≤	0	70
	任意不大于 70 mm 裂纹条数/条	≤	0	1
	每块裂纹总数/条	≤	0	2
损坏深度/mm		≤	0	10
平面弯曲/mm		≤	1	2
表面疏松、分层、表面油污			无	无
直角度/mm		≤	1	2

2)抗压强度和干密度。蒸压加气混凝土砌块的抗压强度和干密度应符合表 5-32 的规定。

表 5-32　蒸压加气混凝土砌块的抗压强度和干密度

强度级别	抗压强度/MPa		干密度级别	平均干密度/(kg·m⁻³)　≤
	平均值　≥	最小值　≥		
A1.5	1.5	1.2	B03	350
A2.0	2.0	1.7	B04	450
A2.5	2.5	2.1	B04	450
			B05	550
A3.5	3.5	3.0	B04	450
			B05	550
			B06	650
A5.0	5.0	4.2	B05	550
			B06	650
			B07	750

3)干燥收缩值应不大于 0.50 mm/m。

4)抗冻性。蒸压加气混凝土砌块的抗冻性应符合表 5-33 的规定。

表 5-33　蒸压加气混凝土砌块的抗冻性

强度级别		A2.5	A3.5	A5.0
抗冻性	冻后质量平均值损失/%	≤5.0		
	冻后强度平均值损失/%	≤20		

5)导热系数。蒸压加气混凝土砌块的导热系数应符合表 5-34 的规定。

表 5-34 蒸压加气混凝土砌块的导热系数

干密度级别		B03	B04	B05	B06	B07
导热系数(干态)/[W·(m·K)$^{-1}$]	≤	0.10	0.12	0.14	0.16	0.18

(3)蒸压加气混凝土砌块的应用。蒸压加气混凝土砌块在建筑工程上应用非常广泛，主要用于低层建筑的承重墙、多层建筑的间隔墙和高层框架结构的填充墙，也可用于一般工业建筑的围护墙，是一种集间隔、保温隔热材料和吸声于一体的多用建筑材料。

蒸压加气混凝土砌块的主要缺点是收缩大、弹性模量低且怕冻害。因此，在建筑物的以下部位不得使用加气混凝土墙体：建筑物±0.000 以下(地下室的非承重内隔墙除外)；长期浸水或经常干湿交替的部位；受化学侵蚀的环境，如强酸、强碱或高浓度二氧化碳等；砌块表面经常处于 80 ℃以上的高温环境和屋面女儿墙体。

【案例引入】 某工程用蒸压加气混凝土砌块砌筑外墙，该蒸压加气混凝土砌块出釜一周后即砌筑，工程完工一个月后墙体出现裂纹，试分析原因。

解析： 所用的蒸压加气混凝土砌块出釜仅一周，其含水率较大，在砌筑完工干燥过程中产生较大收缩，墙体在沿着砌块与砌块交接处产生裂缝。

5.2.2 普通混凝土小型砌块

普通混凝土小型砌块主要是以水泥、矿物掺合料、砂、石、水等为原材料，经搅拌、振动成型、养护而成的小型砌块，如图 5-6 所示。其包括空心砌块和实心砌块。

图 5-6 混凝土小型空心砌块

(1)普通混凝土小型砌块的分类、等级、规格及产品编号。根据国家标准《普通混凝土小型砌块》(GB/T 8239—2014)的规定，普通混凝土小型砌块的分类见表 5-35。

表 5-35 普通混凝土小型砌块的分类

项目	内容	
分类	按空心率分	空心砌块(代号 H，空心率不小于 25%) 实心砌块(代号 S，空心率小于 25%)
	使用时砌筑墙体的结构和受力分	承重结构用砌块(代号 L，简称承重砌块)
		非承重结构用砌块(代号 N，简称非承重砌块)

续表

项目	内容		
规格尺寸	长度：390 mm　宽度：90、120、140、190、240、290(mm)　高度：90、140、190(mm)		
强度等级	空心砌块	承重砌块(L)	7.5　10.0　15.0　20.0　25.0
		非承重砌块(N)	5.0　7.5　10.0
	实心砌块	承重砌块(L)	15.0　20.0　25.0　30.0　35.0　40.0
		非承重砌块(N)	10.0　15.0　20.0
标记	产品标记按砌块种类、规格尺寸、强度等级(MU)、标准代号的顺序进行。 示例如下：规格尺寸为 390 mm×190 mm×190 mm、强度等级 MU15.0、承重结构用实心砌块，标记为： LS　390×190×190　MU15.0　GB/T 8239—2014		

(2)普通混凝土小型砌块的技术性质。根据国家标准《普通混凝土小型砌块》(GB/T 8239—2014)的规定，普通混凝土小型砌块的技术要求如下：

1)尺寸偏差和外观质量。普通混凝土小型砌块的尺寸允许偏差和外观质量应符合表 5-36 的规定。

表 5-36　普通混凝土小型砌块的尺寸允许偏差和外观质量

项目名称			技术指标
长度/mm			±2
宽度/mm			±2
高度/mm			+3、−2
弯曲		≤	2 mm
缺棱掉角	个数	不超过	1个
	三个方向投影尺寸的最大值	≤	20 mm
裂纹延伸的投影尺寸累积		≤	30 mm

2)空心率。空心砌块(H)应不小于 25%；实心砌块(S)应小于 25%

3)外壁和肋厚。承重空心砌块的最小外壁厚应不小于 30 mm，最小肋厚应不小于 25 mm；非承重空心砌块的最小外壁厚和最小肋厚应不小于 20 mm。

4)强度等级。普通混凝土小型砌块的抗压强度应符合表 5-37 的规定。

表 5-37　普通混凝土小型砌块的抗压强度　MPa

强度等级	抗压强度	
	平均值　≥	单块最小值　≥
MU5.0	5.0	4.0
MU7.5	7.5	6.0
MU10	10	8.0
MU15	15	12.0

续表

强度等级	抗压强度	
	平均值 ≥	单块最小值 ≥
MU20	20	16.0
MU25	25	20.0
MU30	30	24.0
MU35	35	28.0
MU40	40	32.0

5)吸水率。L 类砌块的吸水率应不大于 10%；N 类砌块的吸水率应不大于 14%。

6)线性干燥收缩值。L 类砌块的线性干燥收缩值应不大于 0.45 mm/m；N 类砌块的线性干燥收缩值应不大于 0.65 mm/m。

7)碳化系数和软化系数。砌块的碳化系数应不小于 0.85；砌块的软化系数应不小于 0.85。

8)抗冻性。普通混凝土小型砌块的抗冻指标应符合表 5-38 的规定。

表 5-38　普通混凝土小型砌块的抗冻指标

使用条件	抗冻指标	质量损失率	强度损失率
夏热冬暖地区	D15	平均值≤5% 单块最大值≤10%	平均值≤20% 单块最大值≤30%
夏热冬冷地区	D25		
寒冷地区	D35		
严寒地区	D50		

(3)混凝土小型砌块的应用。普通混凝土小型砌块具有强度较高、质量较轻、耐久性好、外表尺寸规整等优点。部分类型的混凝土砌块还具有美观的饰面及良好的保温隔热性能，适用于建造各种公共、工业、教育、国防和安全性质的建筑，包括高层与大跨度的建筑，以及围墙、挡墙、桥梁、花坛等市政设施，应用范围十分广泛。混凝土砌块的施工方法与烧结普通砖相同，在产品生产方面还具有原材料来源广泛、可以避免毁坏良田、能利用部分工业废渣、生产能耗较低、对环境的污染程度较小及产品质量容易控制等优点。

5.2.3　粉煤灰砌块

粉煤灰砌块是指以粉煤灰、石灰、石膏和骨料等为原料，经浇水搅拌、振动成型、蒸汽养护而制成的密实砌块。

粉煤灰砌块属硅酸盐类制品，其干缩值比水泥混凝土大，弹性模量低于同强度等级的水泥混凝土制品。其适用于一般工业与民用建筑的墙体和基础，但不宜用于长期受高温(如炼钢车间)和经常受潮湿的承重墙，也不宜用于有酸性介质侵蚀的部位。

5.2.4 轻骨料混凝土小型空心砌块

轻骨料混凝土小型空心砌块(图 5-7)是由水泥、轻砂(或普通砂)、轻粗骨料、水等经搅拌、成型而得，表观密度不大于 1 950 kg/m^3。按砌块孔的排数可分为实心、单排孔、双排孔、三排孔、四排孔。主规格尺寸为长×宽×高为 390 mm×190 mm×190 mm。砌块密度等级可分为 700、800、900、1 000、1 100、1 200、1 300、1 400 八级。砌块强度等级可分为 MU2.5、MU3.5、MU5、MU7.5、MU10 五级。砌块的保温性能取决于孔的排数和密度等级。

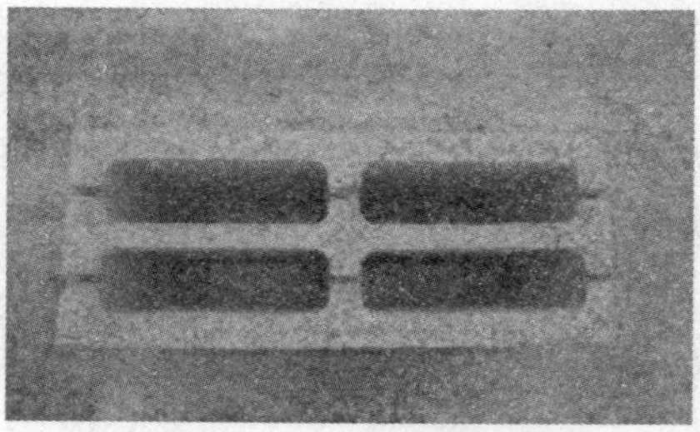

图 5-7　轻骨料混凝土小型空心砌块

轻骨料混凝土小型空心砌块具有轻质、保温、抗震、防火及隔声性能好等特点，适用于多层或高层的非承重及承重保温墙、框架结构填充墙等建筑墙体。

5.3　墙用板材

墙体板材具有轻质、高强、多功能的特点，便于拆装，平面尺寸大，施工劳动效率高，改善墙体功能；厚度薄，可提高室内使用面积；质量轻，可减轻建筑物对基础的承重要求、降低工程造价。因此，大力发展轻质墙体板材是墙体材料改革的趋势。

墙用板材

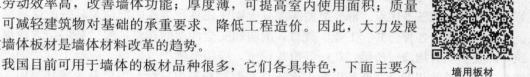

我国目前可用于墙体的板材品种很多，它们各具特色，下面主要介绍几种典型的板材。

5.3.1 水泥类墙用板材

水泥类墙用板材具有较好的耐久性和力学性能，生产技术成熟，产品质量可靠，可用于承重墙、外墙和复合墙体的外层面。但其表观密度大，抗拉强度低，生产中可采用空心化方式以减轻质量和改善隔声、隔热性能，也可掺加纤维材料制成增强薄型板材，还可以在水泥类墙板上制作成具有装饰效果的表面层(如花纹线条装饰、露骨料装饰、着色装饰等)。

1. 玻璃纤维增强水泥轻质多孔隔墙条板

以低碱水泥为胶凝材料、抗碱玻璃纤维网格布为增强材料、膨胀珍珠岩为骨料(也可用煤渣、粉煤灰等)，并加入起泡剂和防水剂等，经配料、搅拌、浇筑、振动成形、脱水养护而制成的水泥类板材，称为玻璃纤维增强水泥轻质多孔隔墙条板，如图 5-8 所示。

图 5-8　玻璃纤维增强水泥轻质多孔隔墙条板

玻璃纤维增强水泥轻质多孔隔墙条板也称为 GRC 轻质空心条板，其规格尺寸：厚度为 60 mm、90 mm、120 mm 三种；长度为 2 500～3 500 mm；宽度为 60 mm。玻璃纤维增强水泥轻质多孔隔墙条板具有密度小、韧性好、耐水、耐火、隔热、隔声强度较高，易于加工等优点。其适用于工业与民用建筑的隔墙、非承重墙和复合墙体的外墙面等。

2. 预应力混凝土空心墙板

以高强度低松弛预应力钢绞线、52.5 级早强水泥及砂石为原料，经张拉、搅拌、挤压、养护、放张、切割而制成的水泥类墙用板材，称为预应力混凝土空心墙板。预应力混凝土空心墙板也称为预应力空心墙板(图 5-9)，使用时可按要求配以保温层、外饰面层和防水层。

图 5-9　预应力混凝土空心墙板

预应力混凝土空心墙板的规格尺寸：长度为 1 000～1 900 mm，宽度为 600～1 200 mm，总厚度为 200～480 mm。其外饰面层可做成彩色水刷石、剁斧石、喷砂、釉面等多种式样。其适用于承重或非承重外墙板、内墙板、楼板、屋面板和阳台板等。

3. 纤维增强水泥平板

纤维增强水泥平板(简称水泥板)是以纤维和水泥为主要原材料生产的建筑用水泥平板，以其优越的性能被广泛应用于建筑行业的各个领域。纤维增强水泥平板的规格尺寸：长度为1 200～3 000 mm，宽度为800～1 200 mm，厚度为4 mm、5 mm、6 mm和8 mm。纤维增强水泥平板的特点是轻质、高强、防潮、防火、不易变形、易于加工等。其适用于各类建筑物的复合外墙和内隔墙，特别是高层建筑有防火、防潮要求的隔墙。

5.3.2　石膏类墙板

石膏板是以建筑石膏为主要原料制成的一种材料。其是一种质量轻、强度较高、厚度较薄、加工方便，以及隔声绝热和防火等性能较好的建筑材料，是当前着重发展的新型轻质板材之一。石膏板已广泛用于住宅、办公楼、商店、旅馆和工业厂房等各种建筑物的内隔墙、墙体覆面板(代替墙面抹灰层)、天花板、吸声板、地面基层板和各种装饰板等。

测试题

我国生产的石膏板主要有纸面石膏板、装饰石膏板、石膏空心条板、石膏纤维板、石膏刨花板、石膏吸声板、定位点石膏板等。

1. 纸面石膏板

纸面石膏板是以熟石膏为胶凝材料，并掺入适量添加剂和纤维，两面用护面纸制作而成的一种轻质板材，如图5-10所示。

图5-10　纸面石膏板

纸面石膏板可分为普通型(P)、耐水型(S)和耐火型(H)三种。以建筑石膏及适量纤维类增强材料和外加剂为芯材，与具有一定强度的护面纸制成的石膏板为普通纸面石膏板；若在芯材配料中加入防水、防潮外加剂，并用耐水护面纸，即可制成耐水纸面石膏板；若在配料中加入无机耐火纤维和阻燃剂等，改善高温下的黏结力，即可制成耐火纸面石膏板。

纸面石膏板常用规格尺寸：长度1 800～3 600 mm，间隔300 mm，宽度900 mm和1 200 mm；厚度：普通纸面石膏板为9 mm、12 mm、15 mm和18 mm；耐水纸面石膏板为9 mm、12 mm和15 mm；耐火纸面石膏板为9 mm、12 mm、15 mm、18 m、21 mm和25 mm。

普通纸面石膏板适用于干燥环境的室内隔墙板、墙体复合面板、天花板等，但不适用于厨房、卫生间及空气相对湿度经常大于70％的环境。耐水纸面石膏板可用于相对湿度较大(≥75％)的环境，如厕所、盥洗室等。耐火纸面石膏板主要用于对防火要求较高的房屋建筑中。

2. 石膏空心条板

以熟石膏为胶凝材料，适量掺入各种无机轻质骨料（如膨胀珍珠岩、膨胀蛭石等）、无机纤维材料，经搅拌、振动成形、抽芯、干燥而制成的空心条板，称为石膏空心条板，如图5-11所示。

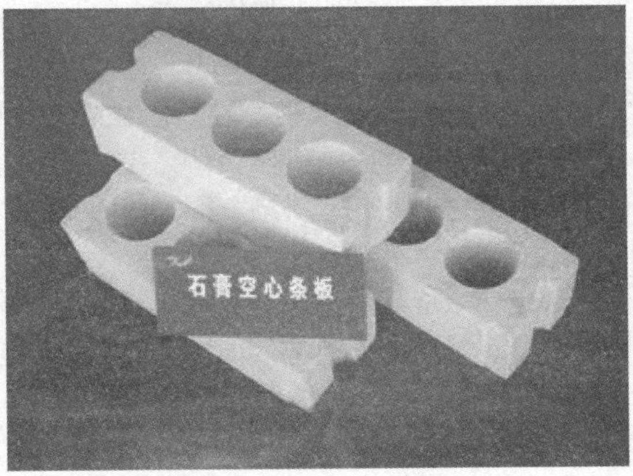

图 5-11　石膏空心条板

石膏空心条板的规格尺寸：长度为 2 500～3 000 mm，宽度为 500～600 mm，厚度为 60～90 mm。孔与孔、孔与面板之间的最小壁厚不小于 10 mm。该板生产时不用纸、不用胶，安装墙体时不用龙骨，设备简单，较易投产。石膏空心条板的表观密度为 600～900 kg/m^3 。抗折强度为 2～3 MPa，热导率为 0.22 W/(m·K)，隔声指数大于 30 dB，耐火极限为 1～2.25 h。

石膏空心条板的特点是加工性能好、轻质、强度高、隔热、隔声、防火、表面平整光滑、安装方便等。其适用于各类建筑的非承重内隔墙，但若用于相对湿度大于 75%的环境中，板材表面要进行防水等相应处理。

3. 石膏纤维板

以纤维增强石膏为基材的纸面石膏板称为石膏纤维板。该板用无机纤维或有机纤维与建筑石膏、缓凝剂等经打浆、铺装、脱水、成形、烘干而制成。石膏纤维板的特点是轻质高强、耐火隔声、韧性高、可加工性好等，其尺寸规格和用途与纸面石膏板相同。

4. 石膏刨花板

石膏刨花板是以熟石膏为胶凝材料，以木质刨花为增强材料，添加所需的辅助材料，搅拌、铺装、压制而成的板材。其具有上述其他石膏板材的优点，适用于非承重内隔墙和作为装饰板材的基材板。

5.3.3　复合墙板

复合墙板主要由承受或传递外力的结构层（多为普通混凝土或金属板）、保温层（矿棉、泡沫塑料、加气混凝土等）及面层（各类具有可装饰性的轻质薄板）组成。其优点是承重材料和轻质保温材料的功能都能得到合理利用。

案例分析

1. 玻璃纤维增强水泥(GRC)外墙内保温板

以玻璃纤维增强水泥砂浆或玻璃纤维增强水泥膨胀珍珠岩砂浆为面板，阻燃型聚苯乙烯泡沫塑料或其他绝热材料为芯材复合而成的外墙内保温板，称为玻璃纤维增强水泥 GRC)外墙内保温板。按板的类型可分为普通板(PB)、门口板(MB)、窗口板(CB)。普通板为条板，其主要规格尺寸：长度为 2 500～3 000 mm，宽度为 600 mm，厚度为 60 mm、70 mm、80 mm、90 mm。

2. 钢丝网水泥夹芯板

钢丝网水泥夹芯板是将泡沫、岩棉、玻璃棉等轻质芯材夹在中间，两片钢丝网之间用“之”字形钢丝相互连接，从而形成稳定的三维网架结构，然后用水泥浆在两侧抹面。根据芯材使用的种类，钢丝网架水泥夹芯板可分为水泥泡沫塑料夹芯板和钢丝网架水泥岩棉夹芯板两类。

钢丝网架水泥岩棉夹芯板近年来应用广泛，其具有轻、高强、抗震、保温隔热、隔声，防火性能好等特点，同时损耗低、易于施工、节约能源，能够降低建筑物自重。

职业能力训练

一、名词解释

1. 泛霜；2. 石灰爆裂；3. 抗风化性能；4. 烧结普通砖；5. 烧结多孔砖；
6. 烧结空心砖；7. 蒸压灰砂砖；8. 混凝土小型空心砌块。

二、填空题

1. 墙体材料的品种较多，总体上可归纳为________、________、________三大类。

2. 砖与砌块通常按块体高度尺寸划分，高度尺寸小于________ mm 者为砖，大于________ mm 的为砌块。

3. 粉煤灰砖按颜色可分为________、________，其公称尺寸为________。

4. 烧结普通砖的公称尺寸为________ mm×________ mm×________ mm。在砌筑时加上灰缝宽度 10 mm，则 1 m^3 砖砌体需用砖块。

5. MU15 以上的蒸压实心灰砂砖可用于________及其他建筑；MU10 的砖仅可用于________。

6. 烧结普通砖的外观质量包括两条面高度差、________、________、________、________、裂纹长度、完整面、颜色等。

7. 规格尺寸为 240 mm×115 mm×90 mm、强度等级为 MU25、密度等级 1 200 级的烧结多孔砖，其标记为：________ GB 13544—2011。

8. 常用的复合墙板的组成结构包括________、________和________。

9. 墙用砌块按产品主规格尺寸可分为________、________；按用途可分为________和________；按有无孔洞可分为________和________。

10. 常用的墙用板材有________、________、________和植物纤维类板材。

三、选择题

1. 多孔砖的孔洞率为(　　)。

A. ≥28%　　B. ≥25%　　C. ≥40%　　D. ≥30%

2. 空心砖的孔洞率为(　　)。

A. ≥28%　　B. >25%　　C. ≥40%　　D. ≤30%

3. 蒸压灰砂实心砖使用部位的温度要求是(　　)。

A. 长期受热 300 ℃以上的部位不得使用

B. 长期受热 200 ℃以上的部位不得使用

C. 长期受热 250 ℃以上的部位不得使用

D. 长期受热 50 ℃以上的部位不得使用

4. 下列关于蒸压实心灰砂砖描述不正确的是(　　)。

A. 可长期在水流冲刷环境中使用

B. 可抵抗 15 次以上的冻融循环

C. 耐水性良好

D. 有酸性介质侵蚀的建筑部位不得使用

5. 烧结普通砖强度评定时，一组试样的数量为(　　)块。

A. 10　　B. 15　　C. 20　　D. 5

6. 用粉煤灰砖砌筑建筑物时，应适当增设圈梁及采取其他措施，其目的主要是(　　)。

A. 加固　　B. 拉结

C. 避免或减少收缩裂缝　　D. 支撑

7. 烧结普通砖在砌筑前一定要浇水润湿，其主要目的是(　　)。

A. 把砖冲洗干净　　B. 保证砌筑的砂浆稠度

C. 保证砂浆能与砖牢固胶结　　D. 保证砂浆的和易性

8. 我国风化区根据(　　)指标划分。

A. 温度　　B. 湿度　　C. 风化指数　　D. 泛霜程度

9. 普通混凝土小型空心砌块的主规格尺寸为(　　)。

A. 190 mm×190 mm×190 mm　　B. 390 mm×190 mm×190 mm

C. 240 mm×115 mm×53 mm　　D. 240 mm×115 mm×90 mm

10. 下列关于普通纸面石膏板的厚度描述不正确的是(　　)mm。

A. 9　　B. 12　　C. 15　　D. 6

11. 石膏空心板的耐火极限可达(　　)h。

A. 1～2.25　　B. 0.5　　C. 2.5　　D. 3.5

12. 有保温要求的非承重墙体，应优先选用(　　)。

A. 红砖　　B. 轻骨料混凝土密实砌块

C. 烧结空心砖　　D. 普通混凝土大板

四、问答题

1. 什么是红砖、青砖？如何鉴别欠火砖和过火砖？
2. 烧结普通砖的泛霜和石灰爆裂对砌筑工程有何影响？
3. 试说明烧结普通砖耐久性的应用。
4. 目前所用的墙体材料有哪几类？为什么要进行墙体材料改革？

模块6　建筑钢材

内容概述

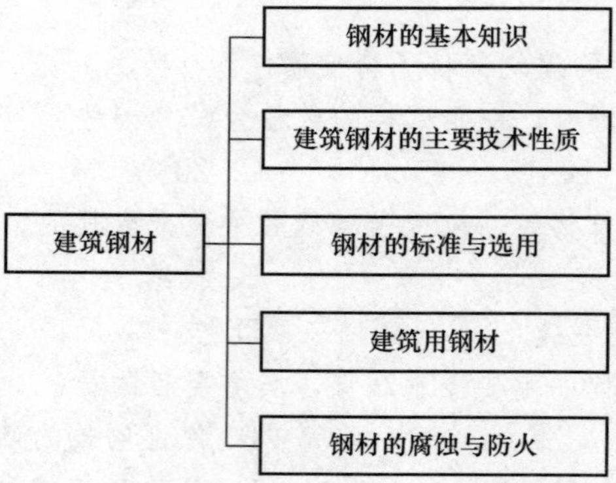

知识目标

1. 掌握钢材的力学性能、工艺性能及影响因素；
2. 了解建筑钢材的标准；
3. 掌握钢结构用钢和混凝土结构用钢的技术性质和应用；
4. 准确选用建筑钢材。

技能目标

1. 能够掌握冷拉时效处理、塑性和韧性性能检测；
2. 能够正确合理选用钢结构和混凝土结构用钢筋的品种；
3. 能够正确识别各类型钢。

建筑钢材是重要的建筑材料。工程中大量使用的钢材主要有两种，一种是钢筋混凝土用钢，包括各种钢筋、钢丝和钢绞线；另一种是钢结构用钢，包括各种型钢、钢板、钢管等。由于钢材在工厂生产中有较严格的工艺控制，因此质量通常能够得到保证。

著名钢结构建筑

建筑钢材具有一系列优良的性能。它有较高的强度，有良好的塑性和韧性，能承受冲击和振动荷载；可以焊接或铆接，易于加工和装配，所以，被广泛地应用于建筑工程中。但钢材也存在易锈蚀及耐火性差的缺点。

6.1 钢材的基本知识

6.1.1 钢材的冶炼

钢是用生铁冶炼而成的。炼钢的过程就是将生铁进行精炼，减少生铁中碳、硫、磷等杂质的含量，以显著改善其技术性能，提高质量。理论上，凡是含碳量在2%以下，含硫、磷等杂质较少的铁碳合金都可称为钢。

根据炼钢设备的不同，建筑钢材的冶炼方法可分为转炉法、平炉法和电炉法三种。目前，氧气转炉法是主要的冶炼方法，如图6-1、图6-2所示。而平炉法基本被淘汰。

图6-1　氧气转炉法

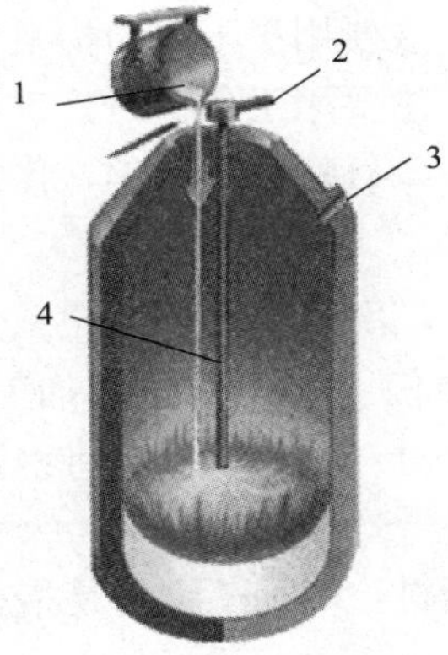

图6-2　转炉结构图

1—铁水；2—氧气；3—出钢口；4—氧气喷枪

6.1.2 钢材的分类

1. 按化学成分分类

(1)碳素钢。碳素钢的化学成分主要是铁，含碳量为0.02%～2.06%。碳素钢按含碳量又可分为低碳钢(含碳量小于0.25%)、中碳钢(含碳量为0.25%～0.60%)、高碳钢(含碳量大于0.60%)。

(2)合金钢。合金钢是指在炼钢过程中，加入一种或多种能改善钢材性能的合金元素而制得的钢种。按合金元素总含量的不同，合金钢可分为低合金钢(合金元素总含量小于5%)、中合金钢(合金元素总含量为5%～10%)、高合金钢(合金元素总含量大于10%)。

2. 按冶炼时脱氧程度分类

炼钢的过程就是将熔融的生铁进行氧化，必不可免地生成部分氧化铁，并残留在钢水中，降低了钢的质量，所以，在铸锭过程中应加入适量的还原剂，进行脱氧处理。按脱氧程度不同，钢材可分为沸腾钢、镇静钢、特殊镇静钢。

(1)沸腾钢：脱氧不充分的钢，代号“F”。脱氧后钢液中还有残留的氧化亚铁，氧化亚铁和碳继续作用放出一氧化碳气体，因此，钢液在钢锭模内呈沸腾状态，故称为沸腾钢。沸腾钢的优点是钢锭无缩孔，轧成的钢材表面加工性能好；其缺点是化学成分不均匀，易偏析，钢的致密程度较差，故其抗蚀性较差，但成品率较高，成本较低，所以广泛用于一般建筑工程。

(2) 镇静钢：脱氧充分的钢，代号“Z”。镇静钢采用锰铁、硅铁和铝进行脱氧，脱氧较完全，钢的质量好，具有较好的耐蚀性、可焊性及塑性，脆性和时效敏感性较小。钢锭缩孔大，成品率低，成本高。镇静钢多用于承受冲击荷载及其他重要结构和焊接结构。

(3)特殊镇静钢：脱氧彻底的钢，代号“TZ”。特殊镇静钢是脱氧最充分、最彻底的钢，故其质量最好，但成本也最高，一般用于特别重要的工程。

3. 按品质杂质含量分类

按钢中有害杂质硫(S)和磷(P)的含量，钢材可分为普通钢、优质钢、高级优质钢三种。

(1)普通钢：含硫量≤0.055%；含磷量≤0.045% 。

(2)优质钢：含硫量≤0.035%；含磷量≤0.035%。

(3)高级优质钢：含硫量≤0.025%，含磷量≤0.025%。

4. 按用途分类

钢材按用途不同可分为结构钢、工具钢、特殊钢三种。

(1)结构钢：主要用于工程结构及机械零件的钢，一般为低、中碳钢。

(2)工具钢：主要用于各种刀具、量具及模具的钢，一般为高碳钢。

(3)特殊钢：具有特殊的物理、化学及机械性能的钢，如不锈钢、耐热钢、耐酸钢、耐磨钢、磁性钢等。

5. 按压力加工方法分类

钢材按压力加工方法可分为热加工钢材和冷加工钢材。

(1)热加工钢材：热加工是指将钢锭加热至一定温度，使钢锭呈塑性状态进行的压力加工，如热轧。

(2)冷加工钢材：冷加工钢材是指在常温下进行加工，如冷轧、冷拉、冷拔、冷扭等。

6.2 建筑钢材的主要技术性质

建筑钢材的技术性质主要包括力学性能、工艺性能和化学性能。力学性能主要包括抗拉性能、冲击韧性、耐疲劳性和硬度；工艺性能主要是指钢材在各种加工过程中表现出来的性能，包括冷弯性能和焊接性能；化学性能主要是指钢材的各种化学组成元素对钢材性能的影响。

6.2.1 力学性能

1. 抗拉性能

在外力作用下，材料抵抗变形和断裂的能力称为强度。测定钢材强度的主要方法是拉伸试验，钢材受拉时，在产生应力的同时，相应地产

案例分析(一)

生应变。应力和应变的关系反映出钢材的主要力学特征。将低碳钢制成规定的试件，放在材料试验机上进行拉伸，可以得到如图 6-3 的应力—应变关系曲线。从该图中可以看出，低碳钢从拉伸到断裂，经历了弹性阶段($O \rightarrow A$)、屈服阶段($A \rightarrow B$)、强化阶段($B \rightarrow C$)和颈缩阶段($C \rightarrow D$)四个阶段。

案例分析(二)

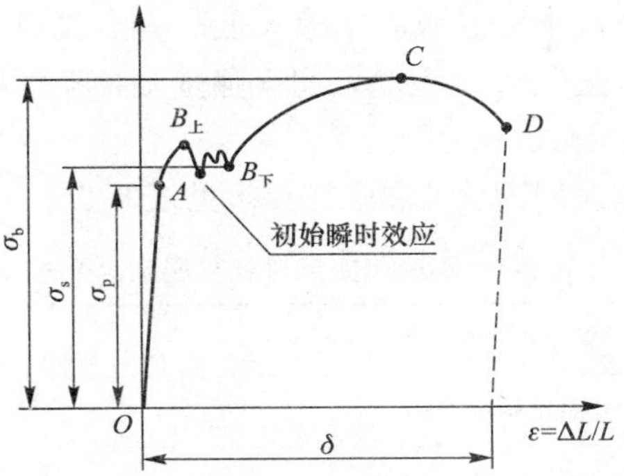

图 6-3　低碳钢拉伸的应力—应变关系曲线

(1)弹性阶段(OA 段)。钢材受力初期(OA 段)，随着荷载的增加，应力与应变成比例地增长，如卸掉荷载，试件将恢复原状，这种性质称为弹性。应力与应变之比为常数，称为弹性模量，即 $E=\sigma/\varepsilon$。这个阶段的最大应力(A 点对应值)称为比例极限 σ_p。

弹性模量反映了材料受力时抵抗弹性变形的能力，即材料的刚度。其是钢材在静荷载作用下计算结构变形的一个重要指标。

(2)屈服阶段(AB 段)。在 AB 曲线范围内，应力与应变不成比例变化。应力超过 σ_p后开始产生塑性变形。应力到达 $B_{上}$ 之后，变形急剧增长，应力则在不大的范围内波动，直到 B 点为止。$B_{上}$ 点是屈服上限，当应力到达 $B_{上}$ 点时，抵抗外力能力下降，发生“屈服”现象；$B_{下}$ 点是屈服下限，也称为屈服点(即屈服强度)，用 σ_s 表示，是屈服阶段应力波动的最低值，它表示钢材在工作状态允许达到的应力值，即在 σ_s 之前，钢材不会发生较大的塑性变形。因此，在设计中一般以屈服点作为强度取值的依据。

中、高碳钢没有明显的屈服点，通常以残余变形为 0.2%的应力 $\sigma_{0.2}$ 作为屈服强度，用 $\sigma_{0.2}$ 表示，如图 6-4 所示。

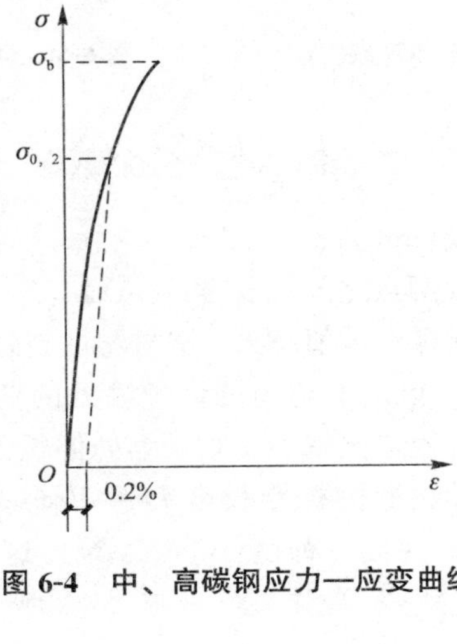

图 6-4　中、高碳钢应力—应变曲线

(3)强化阶段(BC段)。过B点后，抵抗塑性变形的能力又重新提高，变形发展速度比较快，随着应力的提高而增加。对应于最高点C的应力，称为抗拉强度，用σ_b表示。抗拉强度是钢材拉伸时所能承受的最大应力值。

抗拉强度不能直接利用，但屈服点和抗拉强度的比值(即屈强比)却能反映钢材的安全可靠程度和利用率。屈强比(σ_b/σ_s)越小，钢材在受力超过屈服点时的可靠性越大，结构越安全。但如果屈强比过小，则钢材有效利用率太低，会造成浪费。常用低碳钢的屈强比为0.58～0.63，合金钢为0.65～0.75。因此，屈服强度和抗拉强度是钢材力学性能的主要检验指标。

在建筑工程中，不同用途用钢及其屈强比要求见表6-1。

表6-1 不同用途钢材及其屈强比要求

钢材的用途	要求的屈强比
建筑结构用钢	0.60～0.75
普通碳素结构钢	0.58～0.63
低合金结构钢	0.65～0.75
有抗震要求的框架结构钢纵向受力钢筋	不应超过0.8

(4)颈缩阶段(CD段)。过C点，材料抵抗变形的能力明显降低。在CD范围内，应变迅速增加，应力反而下降，变形不再均匀。钢材被拉长，并在变形最大处发生“颈缩”，如图6-5所示，直至断裂。将拉断后的试件于断裂处拼合起来(图6-6)，测得其断裂后标距长度为L_1，标距的伸长值(L_1-L_0)与原始标距L_0之比，称为伸长率δ，计算见式(6-1)。

图6-5 钢材拉伸断裂

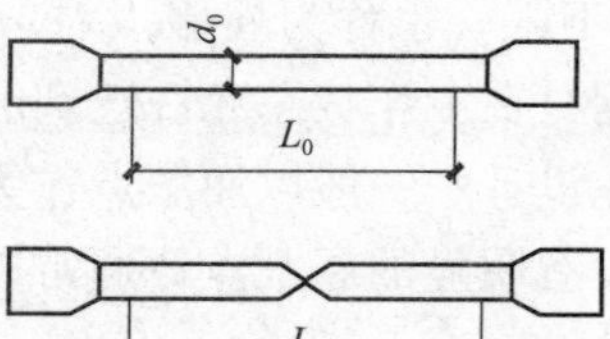

图6-6 钢材拉伸颈缩

$$\delta=\frac{L_1-L_0}{L_0}\times 100\% \tag{6-1}$$

式中 L_0——试件原始标距长度(mm)；

L_1——试件拉断后原标距两点之间的长度(mm)。

伸长率是衡量钢材塑性的指标，数值越大，钢材塑性越好。

塑性变形在试件标距内的分布是不均匀的，颈缩处的变形最大，距离颈缩部位越远，其变形越小。所以，原标距与直径之比越小，则颈缩处伸长值在整个伸长值中的比重越大，计算出来的δ就越小。标准拉伸试验的标距长度$L_0=10d_0$或$L_0=5d_0$(d_0是试件原直径)，其伸长率相应地被记为δ_{10}或δ_5。对同一种钢材，$\delta_5>\delta_{10}$，这是因为钢材中各段在拉伸的过程中伸长量是不均匀的，颈缩处的伸长率较大，因此，当原始标距 L_0 与直径 d_0 之比越大，则颈缩处伸长值在整个伸长值中的比值越小，计算得到的伸长率越小。某些钢材的伸长率是采用定标距试件测定的，如标距 $L_0=100$ mm 或 200 mm，则伸长率用 δ_{100} 或 δ_{200} 来表示。

普通碳素钢 Q235A 的伸长率 δ_5 可达 26%以上，在钢材中是塑性相当好的材料。工程中常将常温下静载伸长率大于 5%的材料称为塑性材料，金属材料中低碳钢是典型的塑性材料。

伸长率反映钢材塑性的大小，在钢材中具有重要的意义，是评定钢材质量的重要指标。伸长率较大的钢材，钢质较软，强度较低，但塑性好，加工性能好，应力重分布能力强，结构安全性大，但塑性过大对实际使用有影响。塑性过小，钢材质硬脆，受到突然超荷载作用时，构件易断裂。

断面收缩率按式(6-2) 计算：

$$\varphi=\frac{A_0-A_1}{A_0}\times 100\ \% \tag{6-2}$$

式中　φ——断面收缩率；

A_0——试件原始截面面积(mm^2)；

A_1——试件拉断后颈缩处的最小截面面积(mm^2)。

伸长率和断面收缩率都表示钢材断裂前塑性变形的能力。伸长率越大或断面收缩率越大，说明钢材塑性越大。钢材塑性大，不仅便于进行各种加工，而且能保证钢材在建筑上的安全使用。

2. 冲击韧性

冲击韧性是指钢材抵抗冲击荷载的能力。钢材的冲击韧性用标准试件(中部加工有 V 形或U 形缺口)在摆锤式冲击试验机上进行冲击弯曲试验确定，如图 6-7 所示。

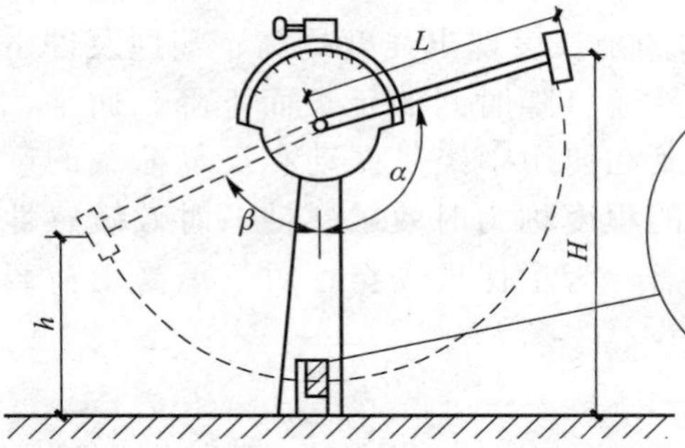

图 6-7　钢材冲击试验

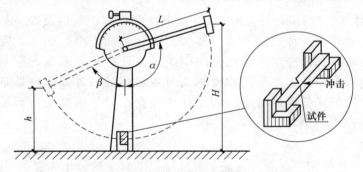

以试件折断时缺口底部处单位面积上所消耗的功，作为冲击韧性指标，用冲击韧性值 α_k(J/cm^2)表示，按式(6-3)计算。

$$\alpha_k=\frac{mg(H-h)}{A} \tag{6-3}$$

式中　α_k——冲击韧性值(J/cm^2)；

m——摆锤质量(kg)；

g——重力加速度，数值为 9.81 m/s^2；

H，h——摆锤冲击前后的高度(m)；

A——试件缺口处截面面积(cm^2)。

α_k越大，表示冲断试件消耗的能量越大，钢材冲击韧性越好，脆性破坏的危险性越小。

影响钢材冲击韧性的主要因素有化学成分、焊接质量、环境温度、钢材的时效等。

(1)钢材的化学成分。钢材中硫、磷、碳、氧等含量高，同时，又存在非金属夹杂物等都会降低钢材的冲击韧性。

(2)钢材的焊接质量。钢材焊接形成的微裂纹会降低钢材的冲击韧性。

(3)环境温度。常温下，随着温度的下降，冲击韧性平缓降低，钢件破坏断口呈韧性断裂状。当温度降到某一温度时，冲击韧性突然发生大幅度下降，钢材呈脆性断裂。这种性质称为冷脆性。此时的温度(范围)称为脆性临界温度(范围)，如图 6-8 所示。脆性临界温度(范围)越低，钢材的冲击韧性越好。因此，在严寒地区使用的结构，应当选用脆性转变温度低于使用温度的钢材。

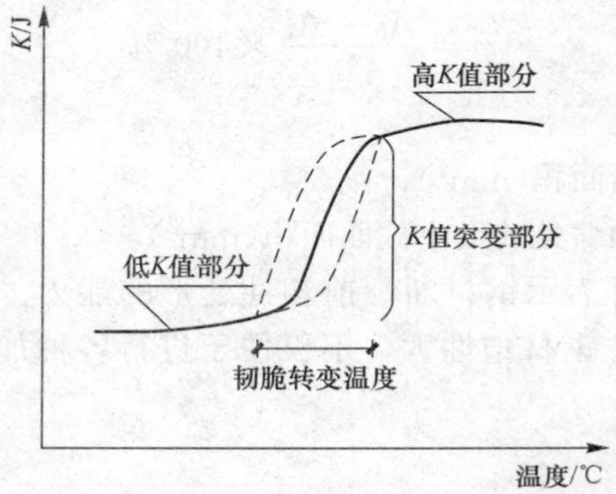

图 6-8　冲击吸收能量—温度曲线示意

(4)钢材的时效。钢材随时间的延长表现出强度提高、塑性及冲击韧性降低的现象称为时效。因时效作用，冲击韧性还将随时间的延长而下降。通常，完成时效的过程可达数十年，但钢材如经冷加工或在使用中经受振动和反复荷载的影响，时效可迅速发展。因时效导致钢材性能改变的程度称为时效敏感性。时效敏感性越大的钢材，经过时效后冲击韧性的降低就越显著。为了保证安全，对于承受动荷载的重要结构，应当选用时效敏感性小的钢材。

3. 耐疲劳性

钢材受交变荷载作用，在应力远低于其抗拉强度时突然发生脆断的现象，称为疲劳破坏。钢材疲劳破坏的指标即疲劳强度，或称疲劳极限。疲劳强度是试件在交变应力作用下，不发生破坏的最大主应力值。一般认为，钢材的疲劳破坏是由拉应力引起的，抗拉强度高，其疲劳极限也较高；交变应力值越大，断裂时所需的循环次数越少。

案例分析

4. 硬度

硬度表示钢材表面局部体积内抵抗另一更硬物体压入产生塑性变形的能力。一般硬度高时，耐磨性能好，但脆性也大。钢材硬度的表示方法有布氏硬度、洛氏硬度和维氏硬度。建筑钢材的硬度常用布氏硬度表示，以布氏硬度值(HB)衡量。如图 6-9 所示，试验时，用直径为D(mm)的硬钢球，在一定荷载P作用下压入钢材表面，并持续一定时间后卸荷，量

出压痕直径 d(mm)，计算每单位压痕球面积所承受的荷载值，即布氏硬度值(HB)。HB 是以 10 MPa 计的数字表示，如 HB=150，即表示 HB 值为 1 500 MPa。

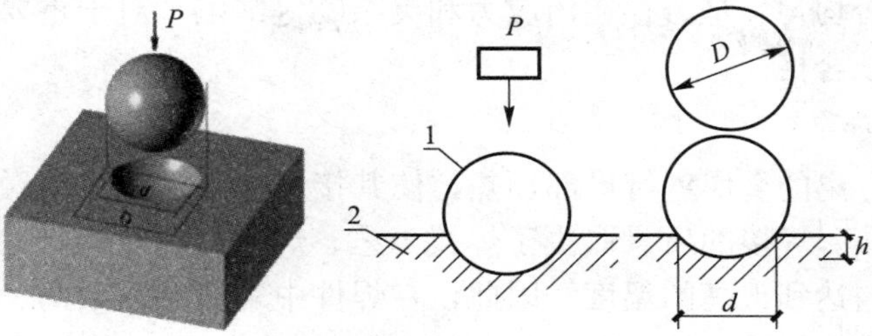

图 6-9 钢材的布氏硬度试验

1—淬火钢球；2—试件；P—施加于钢球上的荷载；d—压痕直径；h—压痕深度；D—钢球直径

6.2.2 工艺性能

1. 冷弯性能

冷弯性能是指钢材在常温下承受弯曲变形的能力。冷弯性能是通过检验钢材试件按规定的弯曲程度弯曲后，弯曲处外面及侧面有无裂纹、起层和断裂等情况进行评定的，若弯曲后，有上述的一种现象出现，即可判定为冷弯性能不合格。冷弯性能合格是指钢材在规定的弯曲角度(90°、180°)、弯心直径 d 与试件厚度 a(或直径)条件下承受冷弯试验后，试件弯曲的外拱面和两侧面不发生裂缝、断裂或起层等现象。弯曲角度越大，弯心直径对试件厚度(或直径)的比值 d/a 越小，表示钢材的冷弯性能越好，如图 6-10 所示。

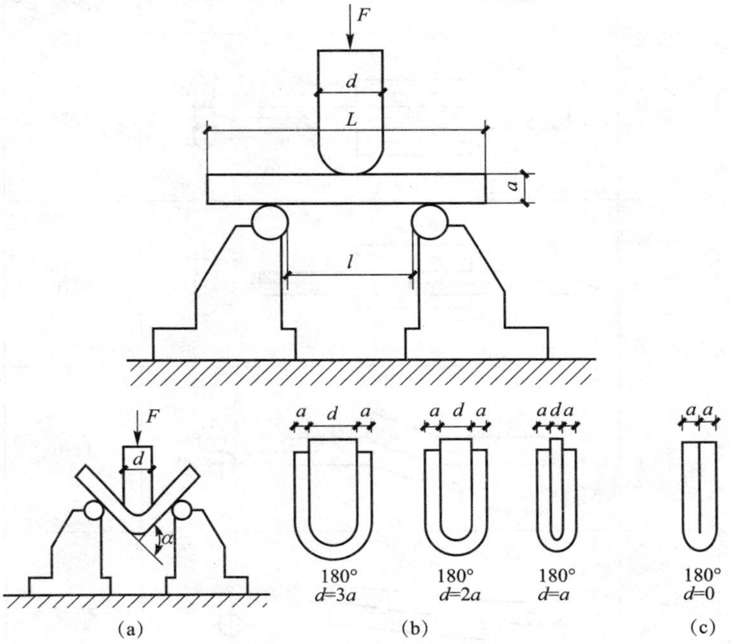

图 6-10 钢材冷弯试验

(a)弯曲规定的 α 角；(b)绕弯心弯到两面；(c)弯到两面接触重合

钢材的冷弯性能和伸长率均是检验钢材塑性变形能力的指标。伸长率是在试件轴向均匀变形条件下测定的，冷弯性能则是在更严格条件下对钢材局部变形能力的检验，它能揭示钢材内部结构是否均匀、是否存在内应力和夹杂物等缺陷。对于重要结构和弯曲成形的钢材，冷弯性能必须合格。

2. 焊接性能

焊接是将两个分离的金属进行局部加热，使其接缝部分迅速呈熔融或半熔融状态而牢固地连接起来的方法。焊接的质量取决于焊接工艺、焊接材料及钢材的可焊性。钢材焊接时，在很短的时间内达到很高的温度，因此，在焊件中常产生复杂的、不均匀的反应和变化，存在剧烈的膨胀和收缩，易产生变形、裂缝等缺陷。

影响钢材焊接的主要因素有钢材的化学成分、冶炼质量、冷加工、焊接工艺等。其中，化学成分对钢材的焊接性能影响最大，钢的含碳量高，会增加焊接接头的硬脆性，含碳量小于 0.25%的碳素钢具有良好的可焊性；加入合金元素(如硅、锰、钒、钛等)，也将增大焊接处的硬脆性，降低可焊性；硫、磷等有害杂质含量越高，钢材的可焊性越差，特别是硫能使焊接产生热裂纹及硬性。

建筑施工中常用钢材焊接方法见表 6-2。

表 6-2 建筑施工中常用钢材焊接方法

焊接方法		主要使用部位	接头示意图和尺寸说明	常用检测项目	试样大致尺寸/cm
闪光对焊		梁	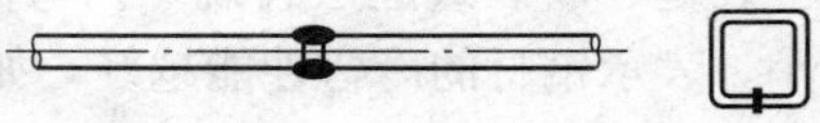	拉伸 冷弯	50～70
电弧焊	双面帮条焊	梁		拉伸	50～70
	单面帮条焊	梁		拉伸	50～70
	双面搭接焊	梁	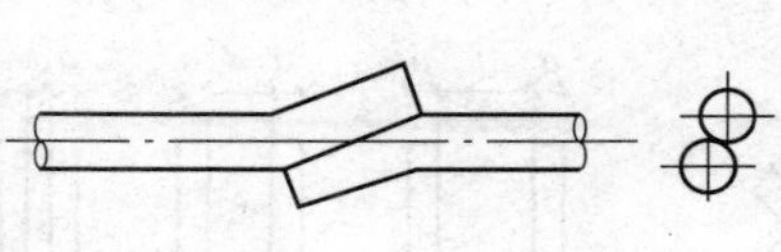	拉伸	50～70
	单面搭接焊	梁	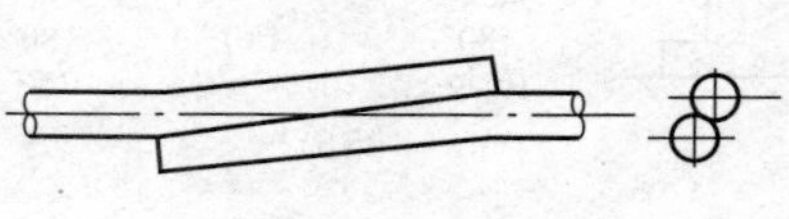	拉伸	50～70

续表

焊接方法	主要使用部位	接头示意图和尺寸说明	常用检测项目	试样大致尺寸/cm
电渣压力焊	柱		拉伸	50～70
气压焊	梁 板 柱	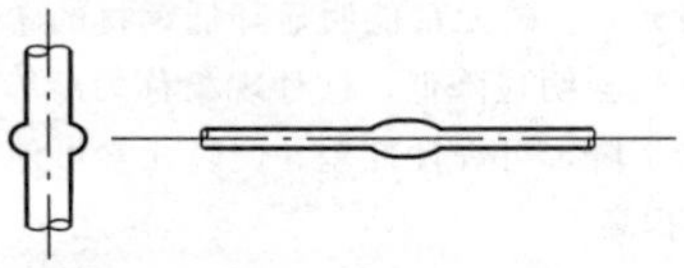	拉伸	50～70

6.2.3 化学性能

钢材的化学性能主要是指钢材的化学成分对钢材性能的影响。钢材中除基本元素铁和碳外，常有硅、锰、硫、磷、氢、氧、氮、铝、钛、钒等元素，它们含量虽少，但对钢材的性能有很大影响。

案例分析

这些化学元素可分为两大类，一类是为了改善优化钢材的性能，人为地加入钢材中的合金元素，称为有益元素，包括硅(Si)、锰(Mn)、钛(Ti)、钒(V)；另一类是指炼钢时由于原料和燃料的引入导致钢材的性能劣化的元素，称为有害元素，主要包括硫(S)、磷(P)、氧(O)、氮(N)。

各化学成分对钢材性能的影响见表 6-3。

表 6-3 各化学成分对钢材性能的影响

类别	元素	对钢材性能的影响	含量范围
主要元素	碳(C)	碳是钢材中的重要元素，当含碳量低于 0.8%时，随含碳量的增加，钢材的硬度和强度提高，塑性、韧性降低。但当含碳量大于 0.8%时，由于钢材变脆，强度反而下降。另外，随着含碳量增加，钢材的可焊性、冷脆性和时效敏感性增大	低碳钢碳含量＜0.20% 低合金钢碳含量＜0.50%
有益元素	硅(Si)	硅是作为脱氧剂加入的，是钢中的主要合金元素，含量常在 1%以内。可提高强度，对塑性和韧性影响不大。但含硅量超过 1%时，冷脆性增加，可焊性变差	碳素钢硅含量＜0.30% 低合金钢硅含量＜1.8%
	锰(Mn)	锰元素加入是为了脱氧去硫，也是钢中主要的合金元素之一。可以消除钢的热脆性，改善热加工性能。锰含量为 0.8%～1%时，能明显提高钢材的强度及硬度，且塑性、韧性几乎不降低。其含量大于 1%时，在提高钢材强度的同时，塑性、韧性也会降低，可焊性变差	低合金钢锰含量 1.0%～2.0%
	钛(Ti)	钛是强脱氧剂，是微量合金元素。随着钛含量的增加，能显著提高钢材的强度，改善韧性、可焊性，塑性稍降低	
	钒(V)	钒是弱脱氧剂，是微量合金元素。随着钒含量的增加，能显著提高钢材的强度	

续表

类别	元素	对钢材性能的影响	含量范围
有害元素	硫(S)	硫元素是钢中的有害元素之一，在钢的热加工过程中易引起钢的脆裂，这种现象称为热脆性。硫元素也会使钢的冲击韧性、疲劳强度、可焊性及耐蚀性降低，甚至微量的硫元素，对钢材也是有害的，因此要严格控制钢中硫元素的含量	一般硫含量<0.045%
	磷(P)	磷元素是钢中的有害元素。磷元素能明显降低钢材的塑性和韧性，特别是低温下的冲击韧性会明显降低，这种现象称为冷脆性。另外，磷还能使钢的冷弯性能下降，可焊性变差。但磷元素可使钢的强度、硬度、耐磨性、耐蚀性提高	一般磷含量<0.045%
	氧(O)	氧元素、氮元素也是钢中的有害元素，它们能使钢的塑性、韧性、冷弯性能及可焊性降低	一般氧含量<0.03%
	氮(N)		一般氮含量<0.008%

6.2.4 钢材的强化

1. 钢材的冷加工及时效

(1)钢材的冷加工。将钢材在常温下进行冷加工(如冷拉、冷拔或冷轧)，使其产生塑性变形，从而提高屈服强度和硬度，降低塑性和韧性的过程，称为钢材的冷加工。

测试题

冷加工的主要目的是提高屈服强度，节约钢材，但冷加工往往导致塑性、韧性及弹性模量的降低。工程中常用的冷加工形式有冷拉、冷拔和冷轧。其中以冷拉和冷拔应用最为广泛。

1)冷拉：以超过钢筋屈服强度的应力拉伸钢筋，使之伸长，然后缓慢卸去荷载，而当再度加载时，其屈服极限将有所提高，而其塑性变形能力有所降低的冷加工强化方式。钢筋经冷拉后，其屈服强度可提高20%～30%，节约钢10%～20%。

2)冷拔：将低碳钢丝从孔径略小于被拔钢丝直径的硬质拔丝模中强行拔出，使断面减小、长度伸长的工艺过程。冷拔后的钢筋，表面光洁度高，屈服强度可提高40%～60%。

3)冷轧：将低碳钢丝通过轧机，在钢丝表面轧制出呈一定规律分布的轧痕，形成断面形状规则的钢筋的工艺过程。冷轧后的钢筋可以提高其强度及与混凝土的黏结力。

(2)时效。钢材随时间的延长，强度、硬度进一步提高，而塑性、韧性下降的现象称为时效。钢材的时效处理有自然时效和人工时效两种。

钢材经冷加工后，在常温下存放15～20 d，其屈服强度、抗拉强度及硬度会进一步提高，而塑性、韧性继续降低，这种现象称为自然时效。钢材加热至100 ℃～200 ℃，保持2 h左右，其屈服强度、抗拉强度及硬度会进一步提高，而塑性及韧性继续降低，这种现象称为人工时效。通常对强度较低的钢筋宜采用自然时效，对强度较高的钢筋则应采用人工时效。建筑工程中对大量使用的钢筋，往往同时采用冷加工和时效，以提高钢材强度，节省钢材。

钢材经冷加工及时效处理后，其应力—应变关系变化的规律，可明显地在应力—应变图上得到反映，如图6-11所示。图中，*OABCD*为未经冷拉和时效试件的应力—应变曲线。

当试件冷拉至超过屈服强度的任意一点 K，卸去荷载，此时，由于试件已产生塑性变形，则曲线沿 KO' 下降，KO' 大致与 AO 平行。如立即再拉伸，则应力—应变曲线将成为 $O'KCD$（虚线）曲线，屈服强度由 B 点提高到 K 点。但如在 K 点卸荷后进行时效处理，然后再拉伸，则应力—应变曲线将成为$O'K_1C_1D_1$曲线，这表明冷拉时效后，钢材提高了屈服强度和抗拉强度，但塑性和韧性却相应降低。

因时效而导致钢材性能改变的程度称为时效敏感性。对时效敏感性大的钢材，经时效后，其冲击韧性、塑性会降低，所以，对于承受振动、冲击荷载作用的重要钢结构，应选用时效敏感性小的钢材。

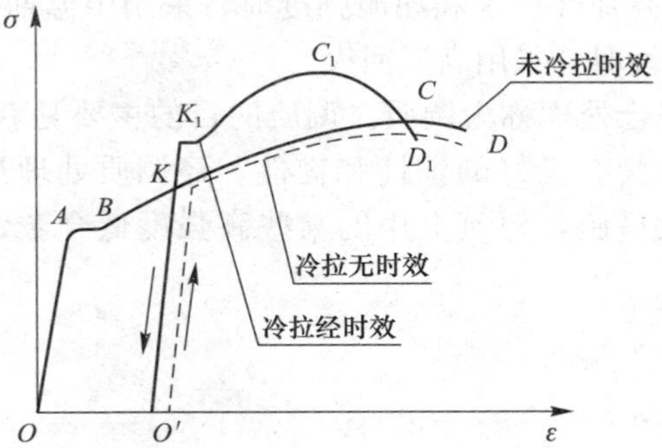

图 6-11　钢筋冷拉时效后应力—应变的变化

2. 钢材的热处理

热处理是指将钢材在固态范围内按一定的温度条件，进行加热、保温和冷却处理，使钢材内部的组织结构发生改变，得到所需要的性能的一种工艺。热处理有退火、正火、淬火、回火四种基本形式，如图 6-12 所示。

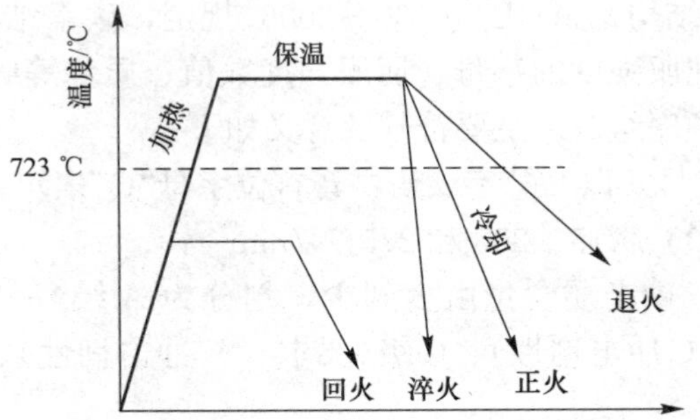

图 6-12　热处理工艺示意

(1)退火。退火是将钢加热到上临界温度(相变温度)以上 30 ℃～50 ℃，保温一定时间，然后极缓慢地冷却(随炉冷却)，以获得接近平衡状态组织的一种热处理工艺。退火可降低钢的硬度，提高塑性和韧性，并能消除冷、热加工或热处理所形成的缺陷和内应力。

(2)正火。正火是将钢加热到上临界温度以上 30 ℃～50 ℃，保温一定时间，然后在空气中冷却的一种热处理工艺。正火主要用于提高钢的塑性和韧性，以获得强度、塑性和韧性三者之间的良好配合。

(3)淬火。淬火是将钢加热到上临界温度以上 30 ℃～50 ℃，保持一定时间，然后将它放到适当的介质(水或油)中进行急速冷却的一种热处理工艺。淬火能显著提高钢的硬度和耐磨性，但塑性和韧性却显著降低，且有很大的内应力，脆性很高。可在淬火后进行回火处理，以消除部分脆性。

(4)回火。回火是将钢加热到下临界温度某一适当的温度，保持一定时间，然后在空气中冷却的一种热处理工艺。根据加热温度的高低，可分为低温(150 ℃～250 ℃)、中温(350 ℃～500 ℃)和高温(500 ℃～650 ℃)三种回火制度。回火主要是为了消除淬火后钢体的内应力和脆性，可根据不同要求选择加热温度。一般来说，要求保持高强度和高硬度时，采用低温回火；要求保持高弹性极限和屈服强度时，采用中温回火；要求既有一定强度和硬度，又有适量塑性和韧性时，采用高温回火。

淬火和高温回火的联合处理称为调质。调质的目的主要是获得良好的综合技术性质，使钢材既有较高的强度，又有良好的塑性和韧性。经调质处理过的钢称为调质钢，它是目前用来强化钢材的有效措施，建筑上用的某些高强度低合金钢及某些热处理钢筋等都是经过调质处理得到的。

6.3 钢材的标准与选用

工程中所用钢筋、型钢的钢种主要是碳素结构钢、低合金高强度结构钢等。

6.3.1 碳素结构钢的标准与选用

1. 牌号及其表示方法

根据国家标准《碳素结构钢》(GB/T 700—2006)规定，碳素结构钢的牌号表示按顺序由代表屈服强度的字母、屈服强度数值、质量等级符号、脱氧程度符号四部分按顺序组成。主要符号及意义如下：

测试题

Q——钢材屈服点代号，以“屈”字汉语拼音首位字母“Q”表示；

屈服强度数值——195、215、235 和 275(N/mm^2)；

质量等级——按硫、磷杂质含量由多到少，划分为 A 级(不要求冲击韧性)、B 级(要求20 ℃冲击韧性)、C 级(要求 0 ℃冲击韧性)、D 级(要求－20 ℃冲击韧性)；

脱氧程度——F(沸腾钢)、Z(镇静钢)、TZ(特殊镇静钢)。Z 和 TZ 可以省略。

例如，Q235AF，表示屈服点为 235 MPa 的 A 级沸腾钢。

随着牌号的增大，其含碳量增加，强度提高，塑性和韧性降低，冷弯性能逐渐变差。同一钢号内，质量等级越高，钢材的质量越好，如 Q235BF 优于 Q235AF。

2. 技术要求

碳素结构钢的主要技术要求包括化学成分和力学性能。

(1)化学成分。化学成分应符合表 6-4 的规定。不同牌号、不同质量等级的碳素结构钢均规定了相应的脱氧方法。

表 6-4　碳素结构钢的牌号及化学成分

牌号	统一数字代号[a]	等级	厚度(或直径)/mm	脱氧方法	化学成分(质量分数)/%				≤
					C	Si	Mn	S	P
Q195	U11952	—	—	F、Z	0.12	0.30	0.50	0.040	0.035
Q215	U12152	A	—	F、Z	0.15	0.35	1.20	0.500	0.045
	U12155	B						0.045	
Q235	U12352	A	—	F、Z	0.22	0.35	1.40	0.050	0.045
	U12355	B			0.20[b]			0.045	
	U12358	C		Z	0.17			0.040	0.040
	U12359	D		TZ				0.035	0.035
Q275	U12752	A	—	F、Z	0.24	0.35	1.50	0.050	0.045
	U12755	B	≤40	Z	0.21			0.045	0.045
			>40		0.22				
	U12758	C	—	Z	0.20			0.040	0.040
	U12759	D		TZ				0.035	0.035

[a] 表中为镇静钢、特殊镇静钢牌号的统一数字，沸腾钢牌号的统一数字代号如下：
Q195F——U11950，Q215AF——U12150，Q215BF——U12153，Q235AF——U12350，Q235BF——U12353，Q275AF——U12750。

[b] 经需方同意，Q235B 的含碳量可不大于 0.22% 。

(2)力学性能。拉伸和冲击试验数据应符合表 6-5 的规定；冷弯试验应符合表 6-6 的规定。

表 6-5　碳素结构钢的力学性能

牌号	等级	屈服强度[a] R_{eH}/(N·mm⁻²) ≤ 厚度(或直径)/mm						抗拉强度[b] R_m/(N·mm⁻²)	断后伸长率 A/% ≤ 厚度(或直径)/mm					冲击试验(V 形缺口)	
		≤16	>16~40	>40~60	>60~100	>100~150	>150~200		≤40	>40~60	>60~100	>100~150	>150~200	温度/℃	冲击吸收功(纵向)/J ≥
Q195	—	195	185	—	—	—	—	315~430	33	—	—	—	—	—	—
Q215	A	215	205	195	185	175	165	335~450	31	30	29	27	26	—	—
	B													+20	27
Q235	A	235	225	215	215	195	185	370~500	26	25	24	22	21	—	—
	B													+20	27[c]
	C													0	
	D													−20	

续表

牌号	等级	屈服强度[a] R_{eH}/($N\cdot mm^{-2}$) ≥						抗拉强度[b] R_m/($N\cdot mm^{-2}$)	断后伸长率 A/% ≥					冲击试验(V形缺口)	
		厚度(或直径)/mm							厚度(或直径)/mm					温度/℃	冲击吸收功(纵向)/J ≥
		≤16	>16~40	>40~60	>60~100	>100~150	>150~200		≤40	>40~60	>60~100	>100~150	>150~200		
Q275	A	275	265	255	245	225	215	410~540	22	21	20	18	17	—	—
	B													20	27
	C													0	
	D													−20	

[a] Q195 的屈服强度值仅供参考，不作交货条件。

[b] 厚度大于 100 mm 的钢材，抗拉强度下限允许降低 20 N/mm^2。宽带钢(包括剪切钢板)抗拉强度上限不作交货条件。

[c] 厚度小于 25 mm 的 Q235B 级钢材如供方能保证冲击吸收功值合格，经需方同意，可不作检验。

表 6-6　碳素结构钢的冷弯性能

牌号	试样方向	冷弯试验 180 ℃　$B=2a$[a]	
		钢材厚度(或直径)[b]/mm	
		≤60	>60~100
		弯心直径 d	
Q195	纵	0	—
	横	0.5a	
Q215	纵	0.5a	1.5a
	横	a	2a
Q235	纵	a	2a
	横	1.5a	2.5a
Q275	纵	1.5a	2.5a
	横	2a	3a

[a] B 为试样宽度，a 为试样厚度(或直径)。

[b] 钢材厚度(或直径)大于 100 mm 时，弯曲试验由双方协商确定。

碳素结构钢随着牌号增大，其含碳量和含锰量增加，强度和硬度提高，但塑性和韧性降低，冷弯性能变差。

3. 碳素结构钢的性能及应用

选用碳素结构钢，应该根据工程的使用条件及对钢材性能的要求，并且要熟悉被选用钢材的质量、性能和相应的标准，才能合理选用。

(1)Q195 号钢强度较低，塑性、韧性、加工性能与焊接性能较好，常用于轧制薄板和盘条。

(2)Q215 号钢的用途与 Q195 钢基本相同，但由于其强度稍高，还可大量用作管坯、螺栓等。

(3)Q215 号钢经冷加工后可代替 Q235 号钢使用。

(4)Q235 号钢，其含碳量为 0.14%～0.22%，属低碳钢，具有较高的强度，良好的塑性、韧性及可焊性，综合性能好，能满足一般钢结构和钢筋混凝土用钢的要求，且成本较低，在建筑工程中得到广泛应用。钢结构中主要使用 Q235 号钢轧制成的各种型钢、钢板，普通混凝土中使用最多的 HPB300 级钢筋也是由 Q235 号钢热轧而成的。

(5)Q275 号钢，强度虽然比 Q235 号钢高，但其塑性、韧性较差，可焊性也差，不易焊接和冷弯加工，不宜用于建筑结构，主要用于机械零件和工具等。

6.3.2 低合金高强度结构钢的标准与选用

在碳素结构钢的基础上，添加少量的一种或几种合金元素(合金元素总量＜5%)的结构用钢称为低合金高强度结构钢。合金元素主要有锰、硅、钒、钛、铌、铬、镍及稀土元素。

1. 牌号表示方法

根据国家标准《低合金高强度结构钢》(GB/T 1591—2018)规定，钢的牌号由代表屈服强度"屈"字的汉语拼音首字母 Q、规定的最小上屈服强度数值、交货状态代号、质量等级符号四个部分组成。由 B 到 F，抗冲击韧性，尤其是低温下的冲击韧性逐渐增强，韧性逐级提高，质量等级逐级提高。

注 1：交货状态为热轧时，交货状态代号 AR 或 WAR 可省略；交货状态为正火或正火轧制状态时，交货状态代号均用 N 表示。

注 2：Q+规定的最小上屈服强度数值+交货状态代号，简称为"钢级"。

主要符号及其意义如下：

Q——钢的屈服强度的"屈"字汉语拼音的首字母。

最小上屈服强度数值——355、390、420、460、500、550、620、690，单位为兆帕(MPa)。

交货状态代号——热轧、正火或正火轧制。

质量等级符号——B、C、D、E、F。

当需方要求钢板具有厚度方向性能时，则在上述规定的牌号后加上代表厚度方向(Z向)性能级别的符号，如 Q355NDZ15。

由于低合金高强度结构钢均为镇静钢，故表示钢材牌号是省略了表示脱氧程度的符号 Z。例如，Q355NDZ15 表示屈服强度为 355 MPa、交货状态为正火或正火轧制、厚度为 15 mm的D 级镇静钢。

拓展内容

热轧：钢材未经任何特殊轧制或热处理的状态。

正火：钢材加热到高于相变点温度以上的一个合适的温度，然后在空气中冷却至低于某相变点温度的热处理工艺。

正火轧制：最终变形是在一定温度范围内的轧制过程中进行，使钢材达到一种正火后的状态，以便即使正火后也可达到规定的力学性能数值的轧制工艺。

低合金钢高强度结构钢可分为热轧钢(Q355、Q390、Q420、Q460)、正火及正火轧制钢(Q355N、Q390N、Q420N、Q460N)及热机械轧制钢(Q355M、Q390M、Q420M、Q460M、Q500M、Q550M、Q620M、Q690M)三类。

2. 化学成分与力学性能

(1)化学成分。热轧钢的牌号及化学成分应符合表6-7的规定。正火、正火轧制钢的牌号及化学成分应符合表6-8的规定。

(2)力学性能。热轧钢的拉伸性能和伸长率应分别符合表6-9和表6-10的规定;正火、正火轧制钢的拉伸性能和伸长率应符合表6-11的规定。

3. 特性及应用

(1)特性:低合金高强度结构钢中加入了少量的合金元素,可以提高钢材的屈服强度、抗拉强度、耐磨性、耐腐蚀性及耐低温性等。尤其近年来研究采用的铌、钒、钛及稀土金属微合金化技术,不仅大大提高了钢材的强度,还明显改善了其物理性能,降低了成本,是一种综合性较为理想的建筑钢材。

(2)应用:低合金高强度结构钢常用Q355和Q390,与碳素结构钢相比,低合金高强度结构钢的强度更高,在相同使用条件下,可节约钢材20%~30%,对减轻结构自重较为有利。其主要用于轧制各种型钢、钢板、钢管及钢筋,广泛应用于钢结构和钢筋混凝土结构中,特别适用于各种重型结构、高层结构、大跨结构及桥梁工程。

【案例引入】 工程概况:某厂的钢结构屋架是用中碳钢焊接而成的,在使用一段时间后出现了屋架坍塌事故,请分析事故原因。

解析:事故原因是钢材品种选用不当。中碳钢的塑性和韧性比低碳钢差;且其焊接性能较差,焊接时钢材局部温度高,形成了热影响区,其塑性及韧性下降较多,较易产生裂纹。建筑上常用的主要钢种是普通碳素钢中的低碳钢和合金钢中的低合金高强度结构钢。

表6-7 热轧钢的牌号及化学成分

牌号		化学成分(质量分数)/%													
钢级	质量等级	C[a]		Si	Mn	P[c]	S[c]	Nb[d]	V[e]	Ti[e]	Cr	Ni	Mo	N[f]	B
		以下公称厚度或直径/mm		不大于											
		≤40[b]	>40												
		不大于													
Q335	B	0.24		0.55	1.60	0.035	0.035	—	—	—	0.30	0.30	—	0.012	—
	C	0.20	0.22			0.030	0.030								
	D	0.20	0.22			0.025	0.025							—	
Q390	B	0.20		0.55	1.70	0.035	0.035	0.05	0.13	0.05	0.30	0.30	0.10	0.015	—
	C					0.030	0.030								
	D					0.025	0.025								

续表

牌号		化学成分(质量分数)/%												
Q420[g]	B	0.20	0.55	1.70	0.035	0.035	0.05	0.13	0.05	0.30	0.80	0.20	0.015	—
	C				0.030	0.030								
Q460[g]	C	0.20	0.50	1.80	0.030	0.030	0.05	0.13	0.05	0.30	0.80	0.20	0.015	0.004

[a] 公称厚度大于 100 mm 的型钢，碳含量可由供需双方协商确定。

[b] 公称厚度大于 30 mm 的钢材，碳含量不大于 0.22%。

[c] 对于型钢和棒材，其磷和硫含量上限值可提高 0.005%。

[d] Q390 、Q420 最高可到 0.07% ，Q460 最高可到 0.11%。

[e] 最高可到 0.20%。

[f] 如果钢中酸溶铝 Als 含量不小于 0.015%或全铝 Alt 含量不小于 0.020%，或添加了其他固氮合金元素，氮元素含量不作限制，固氮元素应在质量证明书中注明。

[g] 仅适用于型钢和棒材。

表 6-8　正火、正火轧制钢的牌号及化学成分

牌号		化学成分(质量分数)/%													
钢级	质量等级	C ≤	Si ≤	Mn	P[a] ≤	S[a] ≤	Nb	V	Ti[c]	Cr ≤	Ni ≤	Cu ≤	Mo ≤	N ≤	Als[d] ≥
Q355N	B	0.20	0.50	0.90～1.65	0.035	0.035	0.005～0.05	0.01～0.12	0.006～0.06	0.30	0.50	0.40	0.10	0.015	0.015
	C				0.030	0.030									
	D				0.030	0.025									
	E	0.18			0.025	0.020									
	F	0.16			0.020	0.010									
Q390N	B	0.20	0.50	0.90～1.70	0.035	0.035	0.01～0.05	0.01～0.20	0.006～0.06	0.30	0.50	0.40	0.10	0.015	0.015
	C				0.030	0.030									
	D				0.030	0.025									
	E				0.025	0.020									
Q420N	B	0.20	0.60	1.00～1.70	0.035	0.035	0.01～0.05	0.01～0.20	0.006～0.06	0.30	0.80	0.40	0.10	0.015	0.015
	C				0.030	0.030									
	D				0.030	0.025								0.025	
	E				0.025	0.020									
Q460N[b]	C	0.20	0.60	1.00～1.70	0.030	0.030	0.01～0.05	0.01～0.20	0.006～0.06	0.30	0.80	0.40	0.10	0.015	0.015
	D				0.030	0.025								0.025	
	E				0.025	0.020									

注：钢中应至少含有铝、铌、钒、钛等细化晶粒元素中一种，单独或组合加入时，应保证其中至少一种合金元素含量不小于表中规定含量的下限。

[a] 对于型钢和棒材，磷和硫含量上限值可提高 0.005%。

[b] V+Nb+Ti≤0.22% ，Mo+Cr≤0.30%。

[c] 最高可到 0.20%。

[d] 可用全铝 Alt 替代，此时全铝最小含量为 0.020%。当钢中添加了铌、钒、钛等细化晶粒元素且含量不小于表中规定含量的下限时，铝含量下限值不限。

表 6-9　热轧钢的拉伸性能

牌号		上屈服强度[a]/MPa								≥	抗拉强度/MPa			
钢级	质量等级	公称厚度或直径/mm												
		≤16	>16～40	>40～63	>63～80	>80～100	>100～150	>150～200	>200～250	>250～400	≤100	>100～150	>150～250	>250～400
Q355	B、C	355	345	335	325	315	295	285	275	—	470～630	450～600	450～600	—
	D									265[b]				450～600[b]
Q390	B、C、D	390	380	360	340	340	320	—	—	—	490～650	470～620	—	—
Q420[c]	B、C	420	410	390	370	370	350	—	—	—	520～680	500～650	—	—
Q460[c]	C	460	450	430	410	410	390	—	—	—	550～720	530～700	—	—

[a] 当屈服不明显时，可用规定塑性延伸强度代替上屈服强度。

[b] 只适用于质量等级为D的钢板。

[c] 只适用于型钢和棒材。

表 6-10　热轧钢的伸长率

牌号		断后伸长率 A/%						≥
钢级	质量等级	公称厚度或直径/mm						
		试样方向	≤40	>40～63	>63～100	>100～150	>150～250	>250～400
Q355	B、C、D	纵向	22	21	20	18	17	17[a]
		横向	20	19	18	18	17	17[a]
Q390	B、C、D	纵向	21	20	20	19	—	—
		横向	20	19	19	18	—	—
Q420[b]	B、C	纵向	20	19	19	19	—	—
Q460[b]	C	纵向	18	17	17	17	—	—

[a] 只适用于质量等级为D的钢板。

[b] 只适用于型钢和棒材。

表 6-11　正火轧制钢的拉伸性能

牌号		上屈服强度[a]/MPa							≥	抗拉强度/MPa			断后伸长率 A/%					≥
钢级	质量等级	公称厚度或直径/mm																
		≤16	>16～40	>40～63	>63～80	>80～100	>100～150	>150～200	>200～250	≤100	>100～200	>200～250	≤16	>16～40	>40～63	>63～80	>80～200	>200～250
Q355N	B、C、D、E、F	355	345	335	325	315	295	285	275	470～630	450～600	450～600	22	22	22	21	21	21
Q390N	B、C、D、E	390	380	360	340	340	320	310	300	490～650	470～620	470～620	20	20	20	19	19	19

续表

牌号		上屈服强度[a]/MPa ≥								抗拉强度/MPa			断后伸长率 A/% ≥					
Q420N	B、C、D、E	420	400	390	370	360	340	330	320	520～680	500～650	500～650	19	19	19	18	18	18
Q460N	C、D、E	460	440	430	410	400	380	370	370	540～720	530～710	510～690	17	17	17	17	17	16

注：正火状态包含正火加回火状态。

[a] 当屈服不明显时，可用规定塑性延伸强度代替上屈服强度。

6.4　建筑用钢材

建筑工程用钢材主要包括钢筋混凝土用钢和钢结构用钢两大类。

6.4.1　钢筋混凝土用钢

钢筋混凝土结构用的钢筋和钢丝，主要是由碳素结构钢和低合金结构钢轧制而成的。一般将直径为 3～5 mm 的称为钢丝；直径为 6～12 mm 的称为钢筋；直径大于 12 mm 的称为粗筋。其主要品种有热轧钢筋、冷拉钢筋、冷拔低碳钢丝、冷轧带肋钢筋、热处理钢筋、预应力混凝土用钢丝和钢绞线。

1. 热轧钢筋

用加热钢坯轧制成的条形成品钢筋，称为热轧钢筋。其是建筑工程中用量最大的钢材品种之一，主要用于钢筋混凝土和预应力混凝土结构的配筋。混凝土用热轧钢筋要求有较高的强度，有一定的塑性和韧性，可焊性好。

热轧钢筋按其轧制外形可分为热轧光圆钢筋、热轧带肋钢筋。

(1)热轧光圆钢筋。热轧光圆钢筋经热轧成形并自然冷却，横截面为圆形，表面光滑。

1)热轧光圆钢筋牌号及表示。根据国家标准《钢筋混凝土用钢 第 1 部分：热轧光圆钢筋》(GB/T 1499.1—2017)规定，热轧光圆钢筋的屈服强度特征值为 300 级，钢筋牌号的构成及意义见表 6-12。

表 6-12　热轧光圆钢筋牌号的构成及意义

产品名称	牌号	牌号构成	英文字母含义
热轧光圆钢筋	HPB300	由 HPB＋屈服强度特征值构成	HPB 为热轧光圆钢筋(Hot rolled Plain Bars)的英文缩写

2)热轧光圆钢筋公称直径。热轧光圆钢筋的直径范围为 6～22 mm，推荐的公称直径为 6 mm、8 mm、10 mm、12 mm、16 mm、20 mm，公称横截面面积与理论质量见表 6-13。

表 6-13 热轧光圆钢筋的横截面面积与理论质量

公称直径/mm	公称横截面面积/mm²	理论质量/(kg·m⁻¹)
6	28.27	0.222
8	50.27	0.395
10	78.54	0.617
12	113.1	0.888
14	153.9	1.21
16	201.1	1.58
18	254.5	2.00
20	314.2	2.47
22	380.1	2.98
注：表中理论质量按密度为 7.85 g/cm³ 计算。		

3)热轧光圆钢筋技术要求。热轧光圆钢筋的化学成分应符合表 6-14 的规定，力学性能及工艺性能应符合表 6-15 的规定。

表 6-14 热轧光圆钢筋牌号及化学成分

牌号	化学成分(质量分数)/% ≤				
	C	Si	Mn	P	S
HPB300	0.25	0.55	1.50	0.045	0.045

表 6-15 热轧光圆钢筋力学性能和工艺性能

牌号	下屈服强度/MPa	抗拉强度/MPa	断后伸长率/%	最大力总延伸率/%	冷弯试验 180°
	不小于				
HPB300	300	420	25	10.0	$d=a$
注：d 为弯心直径，a 为钢筋公称直径。					

(2)热轧带肋钢筋。热轧带肋钢筋又称为螺纹钢，是用低合金高强度结构钢轧制而成的，横截面为圆形，且表面通常带有两道纵肋和沿长度方向均匀分布的横肋。按肋纹的形状可分为月牙肋和等高肋(图 6-13)。月牙肋的纵横肋不相交，而等高肋的纵横肋相交。

月牙肋钢筋的特点是生产简便、强度高、应力集中、敏感性小、疲劳性能好等，但其与混凝土的黏结锚固性能略低于等高肋钢筋。

1)牌号。根据国家标准《钢筋混凝土用钢　第 2 部分：热轧带肋钢筋》(GB/T 1499.2—2018)规定，钢筋按屈服强度特征值分别为 400 级、500 级、600 级。钢筋牌号的构成及意义见表 6-16。

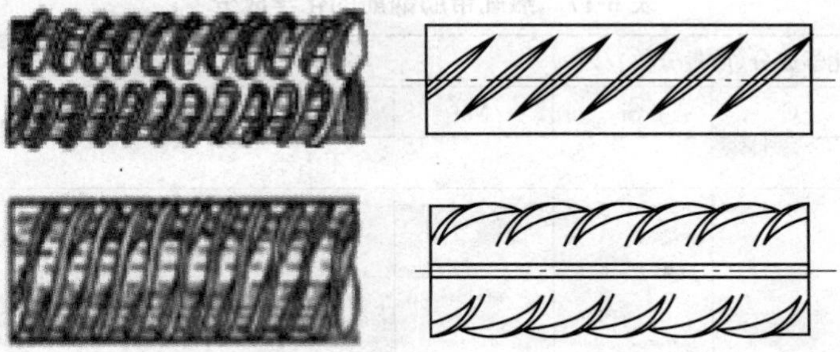

(a) (b)

图 6-13　热轧带肋钢筋的几何形状

(a)等高肋；(b)月牙肋

表 6-16　热轧带肋钢筋的构成及意义

产品名称	牌号	牌号构成	英文字母含义
普通热轧钢筋	HRB400	由 HRB＋屈服强度特征值构成	HRB 为热轧带肋钢筋（Hot rolled Ribbed Bars）的英文缩写 E 为地震的英文(Earthquake)首位字母
	HRB500		
	HRB600		
	HRB400E	由 HRB＋屈服强度特征值＋E 构成	
	HRB500E		
细晶粒热轧钢筋	HRBF400	由 HRBF＋屈服强度特征值构成	HRBF 为热轧带肋钢筋的英文缩写后加细的英文(Fine)首位字母； E 为地震的英文(Earthquake)首位字母
	HRBF500		
	HRBF400E	由 HRBF＋屈服强度特征值＋E 构成	
	HRBF500E		

2)热轧带肋钢筋公称直径。热轧带肋钢筋的直径范围为 6～50 mm。

拓展内容

普通热轧钢筋：按热轧状态交货的热轧钢筋。

细晶粒热轧钢筋：在热轧过程中，通过控轧和控冷工艺形成的钢筋。

3)技术性质。

①热轧带肋钢筋的化学成分应符合表 6-17 的规定。

②热轧带肋钢筋的力学性能和弯曲性能应符合表 6-18 的规定。

热轧带肋钢筋应进行弯曲试验，按表 6-18 规定的弯曲压头直径弯曲 180°后，钢筋受弯曲部位表面不得产生裂纹。对牌号带 E 的钢筋还应该进行反向弯曲性能试验，经方向弯曲试验后，钢筋受弯曲表面的部位不得产生裂纹。

表 6-17　热轧带肋钢筋的化学成分

牌号	化学成分(质量分数)/%　≤					碳当量/%
	C	Si	Mn	P	S	
	不大于					
HRB400 HRBF400 HRB400E HRBF400E	0.25	0.80	1.60	0.045	0.045	0.54
HRB500 HRBF500 HRB500E HRBF500E						0.55
HRB600	0.28					0.58

表 6-18　热轧带肋钢筋的力学性能和弯曲性能

牌号	下屈服强度/MPa	抗拉强度/MPa	断后伸长率%	最大力总延伸率%	公称直径/mm	弯曲压头直径/mm
	不小于					
HRB400 HRBF400	400	540	16	7.35	6～25 28～40 >40～50	$4d$ $5d$ $6d$
HRB400E HRBF400E			—	9.0		
HRB500 HRBF500	500	630	15	7.5	6～25 28～40 >40～50	$6d$ $7d$ $8d$
HRB500E HRBF500E			—	9.0		
HRB600	600	730	14	7.5	6～25 28～40 >40～50	$6d$ $7d$ $8d$

2. 预应力混凝土用钢

预应力混凝土用钢主要包括热处理钢筋、钢丝和钢绞线。

(1)热处理钢筋。用热轧带肋钢筋经淬火和回火调质处理后的钢筋称为预应力混凝土用热处理钢筋。按外形不同，热处理钢筋可分为有纵肋(公称直径为 8.2 mm 和 10 mm)和无纵肋(公称直径为 6 mm 和 8.2 mm)两种，但都有横肋。

拓展内容

纵肋——平行于钢筋轴线的均匀连续肋。

横肋——与钢筋轴线不平行的其他肋。

预应力混凝土用热处理钢筋强度高、韧性好。可代替高强度钢丝使用，配筋根数少，节约钢材，锚固性好，不易打滑，预应力值稳定。产品一般为 17～20 m 长的弹性盘卷，开盘后自行伸直，使用时按要求切断，不能用电焊切断，也不能焊接，以免引起强度下降或脆断。施工方便，价格便宜，已开始应用于普通预应力钢筋混凝土中，如预应力混凝土轨枕。也可用于预应力梁、板结构等。

(2)预应力混凝土用钢丝。预应力混凝土用钢丝是指将优质碳素结构钢盘条经高温淬火、酸洗、冷拔加工制成的高强度钢丝。按现行国家标准《预应力混凝土用钢丝》(GB/T 5223—2014)的规定，预应力钢丝按加工状态可分为冷拉钢丝(代号 WCD)和低松弛钢丝(代号 WLR)。按外形可分为光圆钢丝(代号 P)、螺旋肋钢丝(代号 H)和刻痕钢丝(代号 I)。

拓展内容

冷拉钢丝——盘条通过拔丝等减径工艺经冷加工而形成的产品，以盘卷供货的钢丝。

低松弛钢丝——钢丝在塑性变形下进行的短时热处理得到的钢丝。

松弛——在恒定长度下应力随时间而减小的现象。

螺旋肋钢丝——钢丝表面沿着长度方向上具有连续、规则的螺旋肋条。

刻痕钢丝——钢丝表面沿着长度方向上具有规则间隔的压痕。

预应力钢丝的产品标记包括预应力钢丝、公称直径、抗拉强度等级、加工状态代号、外形代号和标准编号。示例：直径为 4.00 mm，抗拉强度为 1 670 MPa 的冷拉光圆钢丝，其标记为预应力钢丝 4.00-1 670-WCD-P-GB/T 5223—2014。

预应力混凝土用钢丝的优点是抗拉强度高、韧性好、无须焊接、使用方便。在构件中采用预应力钢丝可以节省钢材、减少构件截面。预应混凝土用钢丝主要用于后张法的预应力钢筋混凝土结构，特别是用作桥梁、起重机梁、大跨度屋架、管桩等预应力钢筋混凝土构件。

(3)预应力混凝土用钢绞线。预应力混凝土用钢绞线是以数根优质碳素结构钢钢丝经绞捻和消除内应力的热处理后制成的。按现行国家标准《预应力混凝土用钢绞线》(GB/T 5224—2014)的规定，预应力钢绞线按结构分为 8 类，代号分别如下。

用 2 根钢丝捻制的钢绞线 1×2

用 3 根钢丝捻制的钢绞线 1×3

用 3 根刻痕钢丝捻制的钢绞线 1×3Ⅰ

用 7 根钢丝捻制的标准型钢绞线 1×7

用 6 根刻痕钢丝和 1 根光圆中心钢丝捻制的钢绞线 1×7Ⅰ

用 7 根钢丝捻制又经模拔的钢绞线(1×7)C

用 19 根钢丝捻制的 1+9+9 西鲁式钢绞线 1×19S

用 19 根钢丝捻制的 1+6+6/6 瓦林吞式钢绞线 1×19W

其中，使用最多的是用 7 根圆形断面钢丝捻成的钢绞线。

按国家标准的规定，钢绞线的标记形式包括钢材名称、结构代号、公称直径、强度等级、标准编号五部分的内容。

例如，公称直径为 15.20 mm、强度级别为 1 860 MPa 的 7 根钢丝捻制的标准型钢绞线可标记为：预应力钢绞线 1×7-15.20-1 860-GB/T 5224—2014；

公称直径为 21.8 mm、强度级别为 1 860 MPa 的 19 根钢丝捻制的西鲁式钢绞线标记为：预应力钢绞(1×19)S-21.80-1 860-GB/T 5244—2014。

预应力钢绞线的特点是强度高、松弛性能好。展开时较挺直、无接头、质量稳定。施工简便，使用时可根据要求的长度切断。预应力钢绞线主要适用于大荷载、大跨度、曲线配筋的预应力钢筋混凝土结构。

3. 冷轧带肋钢筋

热轧圆盘条经冷轧后，在其表面带有沿长度方向均匀分布的三面或两面横肋的钢筋称为冷轧带肋钢筋。钢筋冷轧后允许进行低温回火处理。

根据国家标准《冷轧带肋钢筋》(GB/T 13788—2017)规定，冷轧带肋钢筋按延性高低可分为冷轧带肋钢筋(代号为 CRB)和高延性冷轧带肋钢筋(代号为 CRB＋抗拉强度特征值＋H)[其中：C、R、B、H 分别为冷轧(Cold rolled)、带肋(Ribbed)、钢筋(Bar)、高延性(High elongation)四个词的英文首字母]两类。冷轧带肋钢筋共分为六个牌号，分别为 CRB550、CRB650、CRB800、CRB600H、CRB680H、CRB800H。其中 CRB550、CRB600H 为普通钢筋混凝土用钢；CRB650、CRB800、CRB800H 为预应力混凝土用钢；CRB680H 既可作为普通钢筋混凝土用钢，也可作为预应力混凝土用钢。

与冷拔低碳钢丝相比，冷轧带肋钢筋具有强度高、塑性好，与混凝土黏结牢固，节约钢材，质量稳定等特点，并克服了冷拉、冷拔钢筋握裹力低的缺点，且具有与冷拉、冷拔相近的强度。所以，其在中、小型预应力混凝土结构构件和普通混凝土结构构件中得到了越来越广泛的应用。

4. 混凝土用钢纤维

混凝土用钢纤维是指用钢材料经一定工艺制成的、能随机地分布于混凝土或砂浆中短而细的纤维。根据标准《混凝土用钢纤维》(YB/T 151—2017)规定，按钢纤维的生产工艺可分为Ⅰ类钢丝冷拉型、Ⅱ类钢板剪切型、Ⅲ类钢锭铣削型、Ⅳ类钢丝削刮型、Ⅴ类熔抽型；按钢纤维的形状及表面可分为平直型和异型；按成型方式可分为黏结成排型和单根散装型；按钢纤维的抗拉强度(R_m)等级可分为 400 级($400 \leqslant R_m < 700$ MPa)、700 级($700 \leqslant R_m < 1\,000$ MPa)、1 000 级($1\,000 \leqslant R_m < 1\,300$ MPa)、1 300 级($1\,300 \leqslant R_m < 1\,700$ MPa)、1 700 级($R_m \geqslant 1\,700$ MPa)。

混凝土用钢纤维是一种新型的建筑材料。在混凝土中掺入一定量的钢纤维，可以有效提高钢筋混凝土的抗拉强度，从而提高混凝土的抗裂防渗能力。

6.4.2 钢结构用钢

钢结构用钢主要是热轧成型的钢板和型钢等。薄壁轻型钢结构中主要采用薄壁型钢、圆钢和小角钢。钢材所用的母材主要是普通碳素结构钢及低合金高强度结构钢。

1. 热轧型钢

钢结构常用的热轧型钢有工字钢、H形钢、T形钢、槽钢、等边角钢、不等边角钢等。热轧型钢具有强度较好，塑性、可焊性较好的优点，成本较低，适合建筑工程使用。

2. 冷弯薄壁型钢

冷弯薄壁型钢是用薄钢板经模压或弯曲而制成的。其主要有角钢、槽钢、方形、矩形等截面形式，壁厚一般为 1.5～5 mm，用于轻型结构。目前，已形成标准的有冷弯开口型钢、结构用冷弯空心型钢等。薄壁型钢能充分利用钢材的强度，节约钢材，在我国已广泛使用。

3. 钢板

钢板是用轧制方法生产的、宽厚比很大的矩形板状钢材。按轧制方法不同可分为热轧钢板和冷轧钢板两类。热轧钢板按厚度又可分为厚板(厚度大于 4 mm)和薄板(厚度为

0.35～4 mm)两种；冷轧钢板只有薄板(厚度为0.2～4 mm)。一般厚板可用于型钢的连接，组成钢结构承力构件；薄板可用作屋面或墙面等的围护结构，或作为涂层钢板及薄壁型钢的原材料。

4. 钢管

钢管按有无缝可分为两大类，一类是无缝钢管，无缝钢管为中空截面、周边没有接缝的长条钢材；另一类是焊缝钢管，焊缝钢管是用钢板或钢带经过卷曲成型后焊接制成的钢管。按照钢管的形状可分为方形钢管、矩形钢管、八角形钢管、六角形钢管、五角形钢管等异形钢管。钢管主要用在网架结构、脚手架、机械支架中。

6.5 钢材的腐蚀与防火

6.5.1 钢材的腐蚀

钢材表面与周围环境接触，在一定条件下，可发生相互作用而被腐蚀，又称为锈蚀。腐蚀不仅造成钢材的受力截面减小，表面不平整导致应力集中，降低钢材的承载能力；还会使其疲劳强度大为降低，尤其是显著降低钢材的冲击韧性，使钢材脆断。混凝土中的钢筋腐蚀产生体积膨胀，使混凝土顺筋开裂。因此，为了确保钢材在工作过程中不被腐蚀，必须采取防腐蚀措施。

1. 钢材腐蚀的原因

根据钢材表面与周围介质的不同作用，一般可将腐蚀分为以下两种：

(1)化学腐蚀。化学腐蚀是指钢材直接与周围介质(如氧气、二氧化碳、二氧化硫、水等)发生化学反应，生成疏松的氧化物，而产生的锈蚀。在常温下，钢材表面形成一薄层钝化能力很弱的氧化保护膜，它疏松、易破裂，有害介质可以进一步渗入而继续发生反应，造成锈蚀。在干燥环境下，锈蚀进展缓慢。但在温度或湿度较高的环境条件下，这种锈蚀进展会加快。

(2)电化学腐蚀。电化学腐蚀是指钢材与电解质溶液相接触而产生电流，形成原电池作用而发生的腐蚀。钢材中含有铁素体、渗碳体、非金属夹杂物，这些成分的电极电位不同，也就是活泼性不同，有电解质存在时，很容易形成原电池的两个极。当钢材与潮湿介质空气、水、土壤接触时，表面会覆盖一层水膜，水中溶有来自空气中的各种离子，这样便形成了电解质。

电化学腐蚀是钢材最主要的化学形式，且危害最大。钢材锈蚀时，伴随着疏松的铁锈生成，钢材的体积会增大，最严重的可达原体积的6倍，若是钢筋混凝土中的钢筋锈蚀，则最终导致钢筋混凝土膨胀开裂引起破坏。

2. 钢材腐蚀的防护

防止钢材腐蚀的主要方法有以下三种：

(1)合金化法。在碳素钢中加入能提高抗腐蚀能力的合金元素，如镍、铬、钛、铜等制成不同的合金钢，可以显著提高抗腐蚀的能力。

(2)保护膜法。保护膜法是利用保护膜使钢材与周围介质隔离，从而避免或减缓外界腐蚀性介质对钢材的破坏作用。一种方法是在钢材表面用电镀或喷镀的方法覆盖其他耐蚀金属，以提高其抗锈能力，如镀锌、镀锡、镀铬、镀银等；另一种方法是在钢材表面涂防锈油漆或塑料涂层，使之与周围介质隔离，防止钢材锈蚀。油漆防锈是建筑上常用的一种方法，是在钢材的表面将铁锈清除干净后涂上涂料，使之与空气隔绝，它简单易行，但不耐久，要经常维修。油漆防锈的效果主要取决于防锈漆的质量。

(3)混凝土中钢筋的防锈，正常的混凝土为碱性环境，其 pH 值约为 12，这时在钢材表面能形成碱性氧化物，称为钝化膜，对钢筋起一定的保护作用。混凝土碳化后，由于碱度降低会失去对钢筋的保护作用。另外，混凝土中氯离子达到一定浓度，也会严重破坏表面的钝化膜。所以，要防止钢筋锈蚀，应保证混凝土的密实度及钢筋混凝土保护层厚度。在二氧化碳浓度高的工业区采用硅酸盐水泥或普通硅酸盐水泥，限制含氯盐外加剂掺量，并使用混凝土用钢筋防锈剂(如亚硝酸钠)。预应力混凝土应禁止使用含氯盐的骨料和外加剂。对于加气混凝土等，可以用在钢筋表面涂环氧树脂或镀锌等方法来防锈。

在实际工程中，应根据具体情况采用上述一种或几种方法进行综合保护，这样可获得更好的钢材防腐效果。

6.5.2 钢材的防火

钢材是不燃性材料，但并不说明钢材能抵抗火灾。耐火试验与火灾案例调查表明，以失去支持能力为标准，无保护层时钢柱和屋架的耐火极限只有 0.25 h，而裸露钢梁的耐火极限仅为 0.15 h。温度在 200 ℃以内，可以认为钢材的性能基本不变；当温度超过 300 ℃以后，钢材的弹性模量、屈服点和极限强度均开始显著降低；达到 600 ℃时，弹性模量、屈服点和极限强度均接近于零，已失去承载力。所以，没有防火保护层的钢结构是不耐火的。必须对钢结构采取有效的保护措施，阻隔温度，提高钢结构耐火极限。

钢材防火的防护措施主要有外包层防火法、防火涂料法、充水法(水套)和屏蔽法。

(1)外包层防火法。在钢结构外表添加外包层，可以现浇成型，也可以采用喷涂法。现浇成型的实体混凝土外包层通常用钢丝网或钢筋来加强，以限制收缩裂缝，并保证外壳的强度。喷涂法可以在施工现场对钢结构表面涂抹砂泵以形成保护层，砂泵可以是石灰水泥或是石膏砂浆，也可以掺入珍珠岩或石棉。同时，外包层也可以用珍珠岩、石棉、石膏或石棉水泥、轻混凝土做成预制板，采用胶粘剂、钉子、螺栓固定在钢结构上。

(2)防火涂料法。在钢结构上喷涂防火涂料以提高其耐火极限。防火涂料按受热时的变化可分为膨胀型(薄型)和非膨胀型(厚型)两种。膨胀型防火涂料的涂层厚度一般为 2～7 mm，附着力较强，有一定的装饰效果。由于其内含膨胀组分，遇火后会膨胀增厚 5～10 倍，形成多孔结构，因而可以起到良好的隔热防火作用，根据准备层厚度可使构件的耐火极限达到 0.5～1.5 h。非膨胀型防火涂料的涂层厚度一般为 8～50 mm，呈粒状面，密度小、强度低，喷涂后需再用装饰面层隔护，耐火极限可达 0.5～3.0 h。为使防火涂料牢固地包裹钢构件，可在涂层内埋设钢丝网，并使钢丝网与钢构件表面的净距保持在 6 mm 左右。

(3)充水法(水套)。空心型钢结构内充水是抵御火灾最有效的防护措施。这种方法能使钢结构在火灾中保持较低的温度，水在钢结构内循环，吸收材料本身受热的热量。受热的水经冷却后可以进行再循环，或由管道引入凉水来取代受热的水。

(4)屏蔽法。钢结构设置在耐火材料组成的墙体或顶棚内，或将构件包藏在两片墙之间的空隙里，只要增加少许耐火材料或不增加即能达到防火的目的。这是一种最为经济的防火方法。

职业能力训练

一、名词解释

1. 屈强比；2. 时效；3. 伸长率；4. 冲击韧性；5. 冷弯性能；6. 冷加工；7. 时效敏感性；8. 热处理。

二、填空题

1. 按脱氧程度不同，钢材可分为________、________及特殊镇静钢。

2. 钢的品种较多，按化学成分可分为________和________。

3. 低碳钢从受力至拉断，全过程可划分为________、________、________、________四个阶段。

4. 钢材在交变荷载反复作用下，在最大应力远低于抗拉强度时而发生的突然破坏称为________。

5. 钢筋冷弯试验规定弯曲角度为________或________。

6. 钢材的冷弯性能用________及________与________或直径的比值来表示。

7. 冷弯性能不合格的钢筋，表示其________性较差。

8. 钢材抗拉性能的强度指标为________和________。

9. 衡量钢材塑性的指标有________、________、________。

10. 锰可以使钢材的强度提高，同时还具有________的作用，降低热脆性。

11. 钢材的“三冷”操作通常是指________、________和________。

12. 碳素钢按含碳量的多少可分为________、________和________。建筑上多采用________。

13. 碳素结构钢的四个牌号可分为________、________、________、________。

14. 热轧钢筋按轧制外形可分为________钢筋和________钢筋。

15. 热轧光圆钢筋的牌号有________；热轧带肋钢筋的牌号分别为________、________、________、________、________、________、________、________、________。

16. 钢筋经冷加工及时效处理后，塑性和韧性________。

17. 低合金高强度结构钢与碳素结构钢相比，其强度较高，耐低温性________。

18. 冷拉并时效处理钢材的目的是________和________。

19. Q235AF 表示________；Q390NDZ 表示________；HRBF500 表示________。

20. 牌号为 Q235BF 的钢，其性能________于牌号为 Q235AF 的钢。

21. 钢材热处理工艺有________、________、________、________等形式。

三、选择题

1. 结构设计时，碳素钢以(　　)作为设计计算取值的依据。

A. 弹性极限　　B. 屈服强度　　C. 抗拉强度　　D. 弹性模量

2. 钢材拉断后的断后伸长率用于表示钢材的(　　)。

A. 塑性　　B. 弹性　　C. 强度　　D. 冷弯性能

3. 使钢材产生热脆性的有害元素主要是(　　)。

A. 碳　　B. 硫　　C. 磷　　D. 硅

4. 使钢材产生冷脆倾向的有害元素主要是(　　)。

A. 碳　　B. 硫　　C. 氧　　D. 磷

5. 钢材的屈强比越小，则其(　　)。

A. 塑性越小　　B. 抗冲击性越低

C. 屈服强度越高　　D. 利用率越低，安全性越高

6. 对于同一种钢材，伸长率δ_5与δ_{10}的关系为(　　)。

A. $\delta_5<\delta_{10}$　　B. $\delta_5>\delta_{10}$　　C. $\delta_5=\delta_{10}$　　D. 无规律

7. 反映钢材在均匀变形下的塑性指标为(　　)。

A. 伸长率　　B. 延伸率　　C. 冷弯　　D. 冷扭

8. 同一种钢种，质量最优的是(　　)。

A. 沸腾钢　　B. 镇静钢　　C. 半镇静钢　　D. 特殊镇静钢

9. 评价钢材可靠性能的一个参数是(　　)。

A. 屈强比　　B. 屈服比　　C. 弹性比　　D. 抗拉比

10. 疲劳破坏属于(　　)。

A. 脆性断裂　　B. 塑性断裂　　C. 韧性断裂　　D. 弹性断裂

11. 既能揭示钢材内部组织缺陷又能反映钢材在静载下的塑性的试验是(　　)。

A. 拉伸试验　　B. 冷弯试验　　C. 冲击韧性试验　　D. 压缩试验

12. 普通钢筋混凝土结构用钢的主要品种为(　　)。

A. 热轧钢筋　　B. 热处理钢筋　　C. 钢丝　　D. 钢绞线

13. 下列钢筋牌号，属于光圆钢筋的是(　　)。

A. HPB300　　B. HRB400　　C. HRB500　　D. HRB600

14. 下列钢种中，主要用于轧制各种型钢、钢板、钢管及钢筋，广泛用于钢结构和钢筋混凝土结构中的是(　　)。

A. 优质碳素结构钢　　B. 低合金高强度结构钢

C. 碳素结构钢　　D. 特殊性能钢

15. 下列不属于碳素结构钢牌号的是(　　)。

A. Q215　　B. Q235　　C. Q260　　D. Q275

16. 钢材随钢号(也称牌号)增大，其塑性和冲击韧性(　　)。

A. 降低　　B. 提高　　C. 不变　　D. 无规律性

17. 不锈钢中常加的元素为(　　)。

A. 铜　　B. 铬　　C. 铁　　D. 锰

四、问答题

1. 钢材的屈强比在工程中有何实际意义?
2. 什么是钢材的冷弯性能？怎样判定钢材冷弯性能合格?
3. 为什么 Q235 号碳素结构钢能在建筑工程中得到广泛应用?

模块 7　防水材料

内容概述

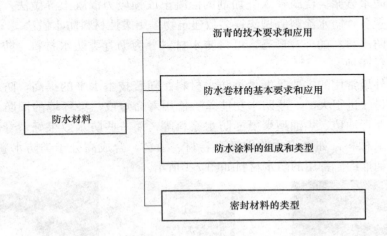

- 防水材料
  - 沥青的技术要求和应用
  - 防水卷材的基本要求和应用
  - 防水涂料的组成和类型
  - 密封材料的类型

知识目标

1. 掌握沥青的种类、组成、技术要求和应用；
2. 了解各种防水卷材的技术要求、主要种类和应用；
3. 了解各种防水涂料的技术要求、主要种类和应用；
4. 了解各种建筑密封材料的技术要求、主要种类和应用。

技能目标

能够根据工程实际情况，选择合适的防水材料。

7.1　防水材料概述

防水材料是建筑工程不可缺少的主要建筑材料之一，它在建筑物中起防止雨水、地下水和其他水分渗透的作用。防水材料同时也应用于其他工程中，如公路桥梁、水利工程等。

建筑工程防水技术按其构造做法可分为两大类，即构造自身防水和采用不同材料的防水层防水。其中，采用不同材料的防水层做法，又可分为刚性材料防水和柔性材料防水。前者采用涂抹防水砂浆、浇筑掺入外加剂的混凝土或预应力混凝土等做法；后者采用铺设防水卷材，涂敷各种防水涂料等做法；多数建筑物采用柔性材料防水做法。

根据建筑防水材料的外观形态，可将防水材料分为沥青类防水材料、防水卷材、防水涂料、密封材料四种。

目前国内外最常用的主要是沥青类防水材料。随着技术水平的提高，防水材料的品种日益丰富，质量改进很大。一些防水功能差、使用寿命短或污染环境的旧防水材料逐渐被淘汰，如纸胎沥青油毡、焦油型聚氨酯防水涂料等；而一些防水效果好，寿命长且不污染环境的新型防水材料，如高聚物改性沥青卷材、涂料，合成高分子类防水卷材、涂料等，不断出现并得到推广。常用的防水材料如图 7-1 所示。

图 7-1　常用的防水材料

7.2　沥青

沥青是一种憎水性的有机胶凝材料。其是由一些极其复杂的高分子碳氢化合物及其非金属(氧、氮、硫等)衍生物所组成的混合物，在常温下呈黑色或黑褐色的固体、半固体或液体状态。沥青几乎完全不溶于水，具有良好的不透水性，能与混凝土、砂浆、砖、石料、木材、金属等材料牢固地黏结在一起；具有一定的塑性，能适应基材的变形；具有良好的抗腐蚀能力，能抵抗一般酸、碱、盐等的腐蚀；具有良好的电绝缘性。因此，沥青材料及其制品，被广泛应用于建筑工程的防水、防潮、防渗、防腐及道路工程。一般用于建筑工程中的沥青有石油沥青、煤沥青和改性沥青。

7.2.1 石油沥青

石油沥青是石油原油经蒸馏提炼出各种轻质油(如汽油、柴油等)及润滑油以后的残留物，再经加工而得的产品，如图 7-2 所示。

图 7-2　石油沥青

1. 石油沥青的组分

石油沥青的化学成分很复杂，很难将其中的化合物逐个分离出来，且化学组成与技术性质之间没有直接的联系。因此，为便于研究，通常将其中的化合物按化学成分和物理性质进行分类，将成分和性质比较接近的划分为一组，划分后这些组称为组分。其组分性状见表 7-1。

表 7-1　石油沥青的各组分性状

性状	外观特性	平均分子量	碳氢比(原子比)	物化特性
油分	淡黄色透明液体	200～700	0.5～0.7	溶于大部分有机溶剂，具有光学活性，常发现有荧光
树脂	红褐色黏稠半固体	800～3 000	0.7～0.8	温度敏感性高，熔点低于 100 ℃
沥青质	深褐色固体颗粒	1 000～5 000	0.8～1.0	加热不熔化而碳化

(1)油分。油分赋予沥青以流动性，油分越多，沥青的流动性就越大。油分含量的多少将直接影响沥青的柔软性、抗裂性及施工难度。在一定条件下，油分可以转化为树脂甚至沥青质。其含量为 45%～60%。

(2)树脂。树脂可分为中性树脂和酸性树脂。中性树脂使沥青具有一定塑性、可流动性和黏结性，其含量增加，沥青的黏结力和延伸性也随之增加。沥青树脂中含有少量的酸性树脂，它是沥青中活性最大的部分，能改善沥青对矿质材料的浸润性，特别是提高了与碳酸盐类岩石的黏附性，增加了沥青的可乳化性。其含量为 15%～30%。

(3)沥青质。沥青质是由地下原油演变或加工得到的硬而脆的、无定形固体物质，它决定着沥青的热稳定性和黏结性。沥青质的含量越多，沥青的软化点越高，也就越脆、越硬。即沥青质含量增加时，沥青的黏度和黏结力增加，硬度和温度稳定性提高。其含量为 5%～30%。

另外，石油沥青中常常含有一定的石蜡，会降低沥青的黏结性、塑性和耐热性，同时增加沥青的温度敏感性(即降低温度稳定性)，所以，石蜡是石油沥青的有害成分。

2. 石油沥青的组成结构

沥青的性质不仅取决于沥青的化学组分，而且取决于沥青的胶体结构。根据石油沥青中各组分的化学组成和相对含量的不同，石油沥青可分为三种胶体结构，即溶胶型结构、溶胶—凝胶型结构、凝胶型结构。

(1)溶胶型结构。沥青中沥青质的分子量较低，并且含量较少，具有一定数量的胶质，它们形成的胶团能够完全胶溶且分散在芳香分和饱和分的介质中。此时，胶团相距较远，它们之间的吸引力很小，甚至没有吸引力，胶团可在分散介质黏度许可范围内自由运动，这种胶体结构的沥青，称为溶胶型沥青，如图 7-3(a)所示。溶胶型沥青的特点是流动性和塑性较好，开裂后自行愈合能力较强，低温时变形能力较强，但温度稳定性差，温度过高会发生流淌。

(2)溶胶—凝胶型结构。沥青中沥青质含量适当，并有较多数量芳香度较高的胶质，这样，它们形成的胶团数量较多，胶体中胶团浓度增加，胶团之间的距离相对靠近，它们之间具有一定的吸引力。这是一种介乎溶胶与凝胶之间的结构，称为溶胶—凝胶型沥青，如图 7-3(b)所示。溶胶—凝胶型沥青的特点是高温时具有较低的感温性，低温时又具有较强的变形能力。修筑现代高等级沥青路面用的沥青，都属于这类胶体结构的沥青。通常，环烷基稠油的直馏沥青或半氧化沥青，以及按要求重新调和的调和沥青等，均属于这类胶体结构。

(3)凝胶型结构。沥青中沥青质含量高，并有相当数量芳香度较高的胶质形成胶团，这样，胶体中胶团浓度很大，它们之间的吸引力增强，胶团之间的距离很近，形成空间网络结构。此时，液态的芳香分与饱和分在胶团的网络中成为分散相，连续的胶团成为分散介质。这种胶体结构的沥青，称为凝胶型沥青，如图 7-3(c)所示。凝胶型沥青的特点是弹性和黏性较高，温度敏感性较小，流动性和塑性较差，开裂后自行愈合能力较差。在工程性能上，高温稳定性较好，但低温变形能力较差。通常，深度氧化的沥青多属于凝胶型沥青。

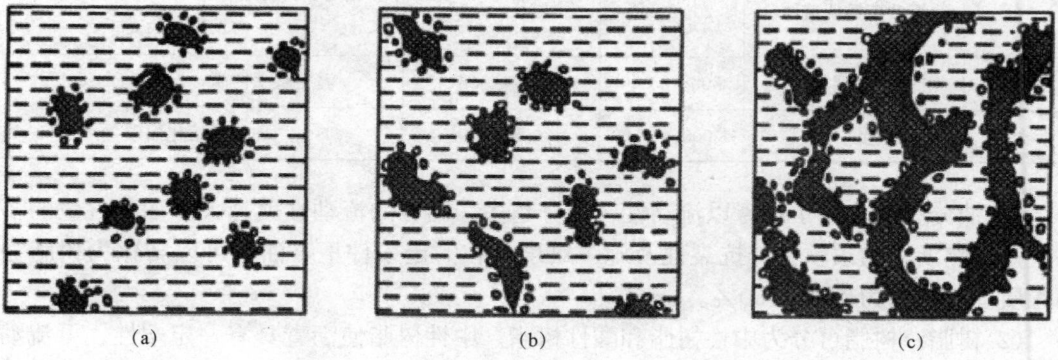

图 7-3　石油沥青的组成结构

(a)溶胶型结构；(b)溶胶—凝胶型结构；(c)凝胶型结构

3. 石油沥青的技术性质

(1)黏滞性。沥青的黏滞性(即黏性)是指石油沥青内部阻碍其相对流动的一种特性，它反映石油沥青在外力作用下抵抗变形的能力。黏滞性受温度影响较大，在一定温度范围内，温度升高，黏度降低；反之，温度降低，则黏度增大。沥青黏度的测定方法可分为两类，一类为绝对黏度法；另一类为相对黏度法，也称条件黏度法。工程上常采用相对黏度指标来表示。测定沥青相对黏度的主要方法，用针入度仪和标准黏度计进行测定。

1)针入度。针入度试验是国际上用来测定黏稠(固体、半固体)沥青稠度的一种方法(图 7-4)。该法是沥青材料在规定温度(25 ℃)条件下，以规定质量的标准针(100 g)经过规定时间(5 s)贯入沥青试样的深度(以 1/10 mm 为单位计)。试验条件以 $P_{T,m,t}$ 表示。其中 P 为针入度，T 为试验温度，m 为标准针的质量(包括连杆及砝码的质量)，t 为贯入时间。常用的试验条件为 $P_{25\ ℃,100\ g,5\ s}$ 。按照上述方法测定的针入度值越小，表示石油沥青的黏度越大，塑性越好。针入度一般为 5°～200°，是划分沥青牌号的主要依据。

2)标准黏度。标准黏度主要用来测定液体石油沥青、煤沥青和乳化沥青等的黏度，常采用标准黏度计(图 7-5)测定，它表征了液体沥青在流动时的内部阻力。试验方法是液体状态的沥青材料，在标准黏度计中，在规定的温度(20 ℃、25 ℃、30 ℃、60 ℃)条件下，通过规定的流孔直径(3 mm，4 mm，5 mm 和 10 mm)，流出 50 mL 体积所需的时间，试验条件以 $C_{T,d}$ 表示，其中 C 为黏度，T 为试验温度，d 为流孔直径。试验温度和流孔直径，根据液体状态沥青的黏度选择。

图 7-4　针入度试验

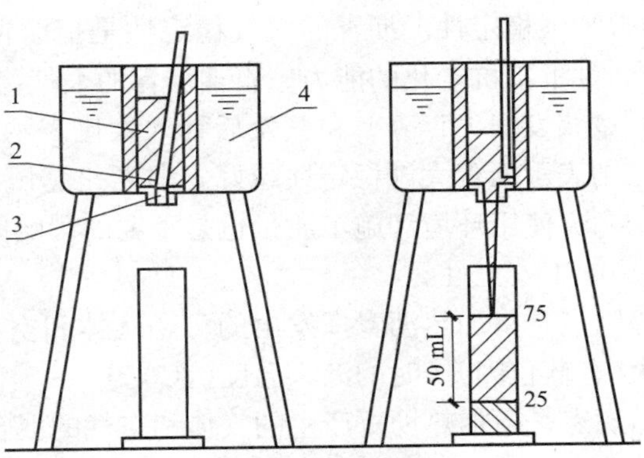

图 7-5　标准黏度计测定液体沥青示意

1—沥青试样；2—活动球塞；3—流孔；4—水

(2)塑性。塑性是指石油沥青在外力作用下产生变形而不破坏，除去外力后，仍能保持变形后的形状的性质。塑性反映沥青开裂后的自愈能力及受到机械应力作用后变形而不破坏的能力。石油沥青的塑性用延度表示，以 cm 为单位。延度越大，表明沥青的塑性越大。

延度的测定方法是将沥青试样制作成“8”字形标准试件(最小断面为 1 cm^2)，在规定的拉伸速度(以 5 cm/min)和规定的温度(25 ℃)下拉断时伸长的长度(以 cm 计)即延度。沥青的延度采用延度仪来测量，如图 7-6 所示。

(3)温度稳定性。温度稳定性是指石油沥青的黏滞性和塑性随温度升降而变化的性能，一般用软化点指标衡量。软化点是指沥青由固态转变为具有一定流动性膏体的温度，可采用环球法测定，如图 7-7 所示。其是将沥青试样装入规定尺寸(直径约为 16 mm，高度约为 6 mm)的铜环内，试样上放置一标准钢球(直径为 9.53 mm，质量为 3.5 g)，浸入水中或甘油中，以规定的升温速度(每分钟 5 ℃)加热，使沥青软化下垂。当沥青下垂量达 25.4 mm 时的温度(℃)，即沥青软化点。软化点越高，表明沥青的耐热性越好，即温度稳定性越好。

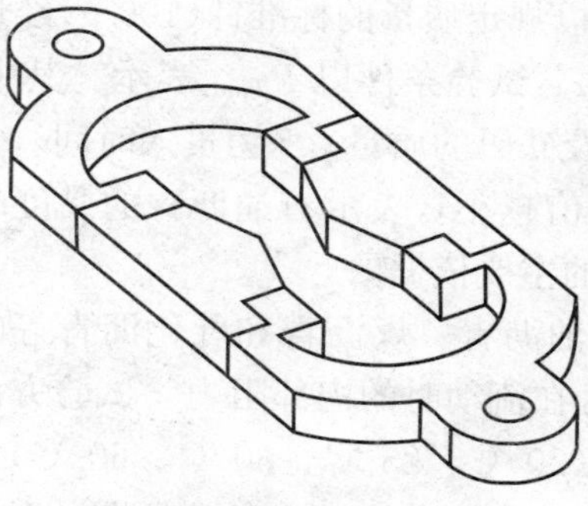

图 7-6　延度仪模具

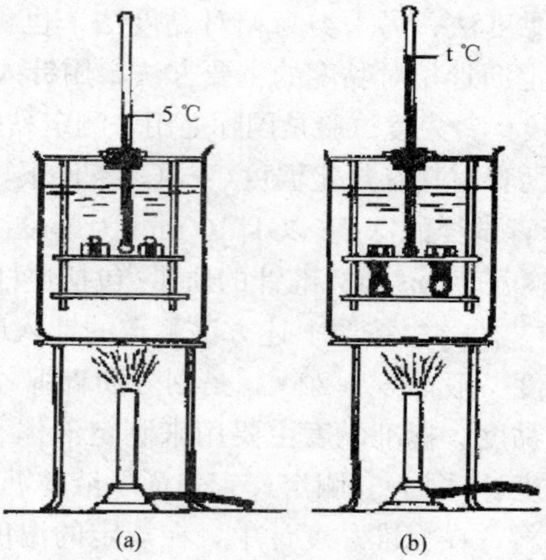

图 7-7　软化点试验

(a)初始状态；(b)试验状态

(4)大气稳定性。沥青的大气稳定性是指沥青在使用环境(主要是热、阳光、空气、水分等)条件下抵抗老化的能力。石油沥青的大气稳定性以沥青试样在 160 ℃下加热蒸发 5 h 后的质量蒸发损失百分率和蒸发后针入度比表示。蒸发损失百分率越小，蒸发后针入度比越大，则表示沥青大气稳定性越好，即老化越慢。沥青大气稳定性的优劣主要取决于其组成和结构，使用环境和施工质量也是重要的影响因素。

(5)施工安全性。

1)闪点是指加热沥青挥发出的可燃气体和空气的混合物在规定条件下与火焰接触，初次闪火(有蓝色闪光)时的沥青温度(℃)。

2)燃点是指加热沥青产生的气体和空气的混合物与火焰接触能持续燃烧 5 s 以上，此时沥青的温度(℃)。燃点温度比闪点温度约高 10 ℃。沥青质含量越高，闪点和燃点相差越大。液体沥青由于油分较多，闪点和燃点相差很小。

闪点和燃点的高低表明沥青引起火灾或爆炸的可能性大小，它关系到运输、储存和加热使用等方面的安全。

(6)防水性。石油沥青是憎水性材料，几乎完全不溶于水，它本身的构造致密，与矿物材料表面有很好的黏结力，能紧密黏附于矿物材料表面，形成致密膜层。同时，它还有一定的塑性，能适应材料或构件的变形，所以，石油沥青具有良好的防水性。

(7)溶解度。溶解度是指石油沥青在三氯乙烯、四氯化碳或苯中溶解的百分率，以表示石油沥青中有效物质的含量，即纯净程度。那些不溶解的物质会降低沥青的性能(如黏性等)，应将不溶物视为有害物质(如沥青碳或似碳物)而加以限制。

以上七种性质是石油沥青的主要性质，是全面评价土木工程中常用石油沥青品质的依据。沥青的针入度、软化点和延度是划分沥青标号的主要依据，称为沥青的三大指标。

4. 石油沥青的技术标准、选用及掺配

(1)石油沥青的技术标准。建筑石油沥青按针入度划分牌号，每一牌号的沥青还应保证相应的延度、软化点、溶解度、蒸发损失、蒸发后针入度比和闪点等。根据《建筑石油沥青》(GB/T 494—2010)规定，建筑石油沥青的技术要求见表 7-2。

表 7-2　建筑石油沥青的技术要求

项目		质量指标			试验方法
		10 号	30 号	40 号	
针入度(25 ℃，100 g，5 s)/(1/10 mm)		10～25	26～35	36～50	《沥青针入度测定法》(GB/T 4509—2010)
针入度(46 ℃，100 g，5 s)/(1/10 mm)		报告①	报告①	报告①	
针入度(0 ℃，200 g，5 s)/(1/10 mm)不小于		3	6	6	
延度(25 ℃，5 cm/min)/cm	不小于	1.5	2.5	3.5	《沥青针入度测定法》(GB/T 4509—2010)
软化点(环球法)/ ℃	不低于	95	75	60	《沥青软化点测定法环球法》(GB/T 4507—2014)
溶解度(三氯乙烯)/%	不小于	99			《标准电容箱》(GB/T 11149—1989)
蒸发后质量变化(163 ℃，5 h)/%	不大于	1			《石油沥青蒸发损失测定法》(GB/T 11964—2008)
蒸发后 25 ℃针入度比②/%	不小于	65			《沥青针入度测定法》(GB/T 4509—2010)
闪点(开口杯法)/ ℃	不低于	260			《石油产品闪点与燃点测定法(开口杯法)》(GB 267—1988)

①报告应为实测值。
②测定蒸发损失后样品的 25 ℃针入度与原 25 ℃针入度之比乘以 100 后，所得的百分比，称为蒸发后针入度比。

由表 7-2 可知，牌号越大，沥青越软，随着沥青的牌号增加，沥青的黏性减小，塑性增大，温度稳定性变差。

(2)石油沥青的选用。选用石油沥青材料时，应根据工程性质(房屋、道路、防腐)及当地气候条件、所处工程部位(屋面、地下)来选用不同品种和牌号的沥青。

建筑石油沥青黏性较大，耐热性较好，但塑性较小，主要用于制造油毡、油纸、防水涂料和沥青胶等防水材料。它们绝大部分用于屋面及地下防水、沟槽防水、防腐及管道防腐等工程。对于屋面防水工程，主要应考虑沥青的高温稳定性，选用软化点较高的沥青，如 10 号沥青或 10 号与 30 号的混合沥青。屋面防水工程应注意防止过分软化，为避免夏季流淌，屋面用沥青材料的软化点还应比当地气温下屋面可能达到的最高温度高 25 ℃～30 ℃。但软化点也不宜过高，否则冬季低温易发生硬脆甚至开裂。对一些不易受温度影响的部位，可选用牌号较大的沥青。例如，地下室防水工程主要应考虑沥青的耐老化性，选软化点较低的沥青，如 40 号沥青。

(3)沥青的掺配。某一种牌号沥青的特性往往不能满足工程技术要求，因此，需用不同牌号沥青进行掺配。在进行掺配时，为了不使掺配后的沥青胶体结构破坏，应选用表面张力相近和化学性质相似的沥青。试验证明，同产源的沥青容易保证掺配后的沥青胶体结构的均匀性。所谓同产源，是指同属石油沥青，或同属煤沥青(或焦油沥青)。

案例分析

两种沥青掺配的比例可用下式估算：

$$Q_1 = \frac{T_2 - T}{T_2 - T_1} \times 100\% \tag{7-1}$$

$$Q_2 = 100\% - Q_1 \tag{7-2}$$

式中 Q_1 ——较软沥青用量(%)；

Q_2 ——较硬沥青用量(%)；

T ——掺配后的沥青软化点(℃)；

T_1 ——较软沥青软化点(℃)；

T_2 ——较硬沥青软化点(℃)。

【案例引入】 某工程需要用软化点为 80 ℃的石油沥青，现有 10 号和 40 号两种石油沥青，应如何掺配才能满足工程需要？

测试题

解析： 由表 7-2 可知，10 号石油沥青的软化点为 95 ℃，40 号石油沥青的软化点为 60 ℃。估算掺配量：

$$40号石油沥青的掺量(\%) = \frac{95-80}{95-60} \times 100\% \approx 42.9\%$$

$$10号石油沥青的掺量(\%) = 100\% - 42.9\% = 57.1\%$$

根据估算的掺配比例和其邻近的比例(±5%～±10%)进行试配(混合熬制均匀)，测定掺配后沥青的软化点，然后绘制“掺配比—软化点”曲线，即可从曲线上确定所要求的掺配比例。同样，可采用针入度指标按上述方法进行估算及试配。

7.2.2 煤沥青

煤沥青是烟煤炼焦炭或制煤气时，将干馏挥发物中冷凝得到的煤焦油继续蒸馏出轻油、中油、重油后所剩的残渣，称为煤沥青，如图 7-8 所示。煤沥青又可分为软煤沥青和硬煤沥青两种。软煤沥青中含有较多的油分，呈黏稠状或半固体状；硬煤沥青是蒸馏出全部油分后的固体残渣，质硬脆，性能不稳定。建筑上采用的煤沥青多为黏稠或半固体的软煤沥青。

图 7-8 煤沥青

1. 煤沥青的技术特性

煤沥青是芳香族碳氢化合物及氧、硫和氮的衍生物的混合物。煤沥青的主要化学组分为油分、树脂、游离碳等。与石油沥青相比，煤沥青主要有以下技术特性：

(1)煤沥青因含可溶性树脂多，由固体变为液体的温度范围较窄，受热易软化，受冷易脆裂，故其温度稳定性差。

(2)煤沥青中不饱和碳氢化合物含量较多，易老化变质，故大气稳定性差。

(3)煤沥青因含有较多的游离碳，使用时易变形、开裂，塑性差。

(4)煤沥青中含有的酸、碱物质均为表面活性物质，所以能与矿物表面很好地黏结。

(5)煤沥青因含酚、蒽等有毒物质，防腐蚀能力较强，故适用于木材的防腐处理。但因酚易溶于水，故防水性不如石油沥青。

煤沥青与石油沥青的外观和颜色大体相同，但两种沥青不能随意掺和使用，使用时必须通过简易的鉴别方法加以区分，防止混淆用错。可参考表 7-3 所示的简易方法进行鉴别。

表 7-3　石油沥青与煤沥青的鉴别方法

鉴别方法	石油沥青	煤沥青
密度法	密度约为 1.0 g/cm^3	密度大于 1.10 g/cm^3
锤击法	声哑、有弹性、韧性较好	声脆、韧性差
燃烧法	烟无色，无刺激性臭味	烟呈黄色，有刺激性臭味
溶液比色法	用 30～50 倍汽油或煤油溶解后，将溶液滴于滤纸上，斑点呈棕色	溶解方法同石油沥青，斑点分内外两圈，内黑外棕

2. 煤沥青的应用

煤沥青具有很好的防腐能力、良好的黏结能力，因此可用于木材防腐，路面铺设，配制防腐涂料、胶粘剂、防水涂料、油膏及制作油毡等。

7.2.3　改性沥青

建筑上使用的沥青要求具有一定的物理性质和黏附性，即低温下有弹性和塑性，高温下有足够的强度和稳定性，加工和使用条件下有抗老化能力；与各种矿物和结构表面有较强的黏附力，具有对构件变形的适应性和耐疲劳性。通常，石油加工厂制备的沥青不能满足这些要求。因此，需要对石油沥青进行改性。改性沥青指掺加橡胶、树脂、高分子聚合物、天然沥青、磨细的橡胶粉，或者其他材料等外掺剂或改性剂制成的沥青结合料，可使沥青的性能得以改善，如图 7-9 所示。改性沥青一般可分为以下四种。

图 7-9　改性沥青

1. 矿质填充料改性沥青

矿质填充料改性沥青又称沥青玛瑞脂，是在沥青中掺入适量粉状或纤维状矿质填充料，经均匀混合而制成的。其与沥青相比，具有较好的黏性、耐热性和柔韧性，主要用于粘贴卷材、嵌缝、接头、补漏及做防水层的底层。

2. 橡胶改性沥青

橡胶是沥青的重要改性材料，它和沥青有较好的混溶性，并能使沥青具备橡胶的很多优点，如高温变形小、低温柔性好。由于橡胶的品种不同，掺入的方去也有所不同，因而各种橡胶沥青的性能也有差异。常用的品种有氯丁橡胶沥青、丁基橡胶沥青、再生橡胶沥青。

3. 树脂改性沥青

用树脂对石油沥青进行改性，可以使沥青的耐寒性、耐热性、黏结性和不透气性提高，如石油沥青加入聚乙烯树脂改性后可制成冷粘贴防水卷材等。常用的品种有环氧树脂改性沥青、聚乙烯树脂改性沥青、古马隆树脂改性沥青、聚丙烯树脂改性沥青等。

4. 橡胶和树脂共混改性沥青

橡胶和树脂同时用于改善石油沥青的性质，能使石油沥青同时具有橡胶和树脂的特性。且树脂比橡胶便宜，橡胶和树脂又有较好的混溶性，故效果较好。

拓展内容

沥青混合料

(1)沥青混合料的特点。沥青混合料是现代高等级道路使用的主要路面材料，它具有以下四个特点：

1)沥青混合料是一种黏弹塑性材料，具有良好的力学性质，有一定的高温稳定性和低温柔韧性，铺筑的路面平整、无接缝，减振吸声，使行车舒适。

2)路面平整而具有一定的粗糙度，且无强烈反光，有利于行车安全。

3)施工方便，不需养护，能及时开放通车。

4)便于分期修建和再生利用。

(2)沥青混合料的类型。主要介绍沥青混合料的两种分类形式：

1)按矿料粒径划分：

①砂粒式沥青混合料。最大骨料粒径等于或小于4.75 mm的沥青混合料。

②细粒式沥青混合料。最大骨料粒径为9.5 mm或13.2 mm的沥青混合料。

③中粒式沥青混合料。最大骨料粒径为16 mm或19 mm的沥青混合料。

④粗粒式沥青混合料。最大骨料粒径为26.5 mm或31.5 mm的沥青混合料。

⑤特粗式沥青碎石混合料。最大骨料粒径等于或大于37.5 mm的沥青碎石混合料。

2)按结合料温度划分：

①热拌热铺沥青混合料(HMA)。沥青与矿料在热态下拌和、热态下铺筑施工成型。

②常温沥青混合料。采用乳化沥青或稀释沥青与矿料在常温状态下拌和、铺筑。

③温拌沥青混合料(WMA)。采用沥青、温拌剂和矿料在中等温度条件下拌和、铺筑。

(3)沥青混合料的组成结构。通常沥青混合料按其组成结构可分为以下三类：

1)悬浮—密实结构。当采用连续型密级配矿质混合料与沥青组成的沥青混合料时，矿质材料由大到小形成连续型密实混合料，但因较大颗粒都被小一档颗粒挤开，因此，大颗粒以悬浮状态处于较小颗粒之中。此种结构虽然密实度很大，但各级骨料均被次级骨料所隔开，不能直接形成骨架，而悬浮于次级骨料和沥青胶浆之间，其组成结构如图7-10(a)所示。这种结构的特点是黏聚力较高，内摩阻力较小，混合料的耐久性较好，稳定性较差。

2)骨架—空隙结构。当采用连续开级配矿质混合料与沥青组成的沥青混合料时，较大粒径石料彼此紧密连接，而较小粒径石料的数量较少，不足以充分填充空隙，形成骨架空隙结构，沥青碎石混合料多属此类型，其组成结构如图7-10(b)所示。这种结构的特点是黏聚力较低，内摩阻力较大，稳定性较好，但耐久性较差。

3)密实—骨架结构。当采用间断型密级配矿质混合料与沥青组成的沥青混合料时，是综合以上两种方式组成的结构。既有一定量的粗骨料形成骨架，又根据粗骨料空隙的数量加入适量细骨料，使其填满骨架空隙，形成较高密实度的结构，间断级配即按此原理构成，其组成结构如图 7-10(c)所示。这种结构的特点是黏聚力与内摩阻力均较高，稳定性好，耐久性好，但施工和易性差。

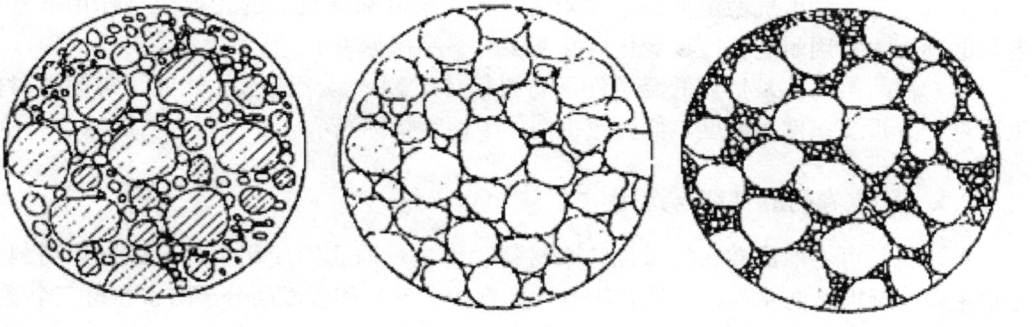

图 7-10　沥青混合料结构组成示意

(a)悬浮—密实结构；(b)骨架—空隙结构；(c)密实—骨架结构

7.3　防水卷材

SBS 弹性体改性沥青防水卷材施工

7.3.1　防水卷材的基本要求

防水卷材是防水材料的重要品种之一，广泛应用于屋面、地下和构筑物等的防水中，如图 7-11 所示。

图 7-11　防水卷材

要满足防水工程的要求，卷材均应具备以下性能：

1)防水性。防水性是指在水的作用下卷材的性能基本不变，在压力水作用下不透水的性能。常用不透水性、抗渗透性能指标表示。

2)机械力学性。机械力学性是指在一定荷载、应力或一定变形的条件下卷材不断裂的性能。常用拉力、拉伸强度和断裂伸长率等指标表示。

3)温度稳定性。温度稳定性是指在高温下卷材不流淌、不滑动、不起泡，在低温下不脆裂的性能。常用耐热度、耐热性、脆性温度等指标表示。

4)大气稳定性。大气稳定性是指在阳光、热、水分和臭氧等的长期综合作用下卷材抵抗老化的性能。常用耐老化性，老化后性能保持率等指标表示。

5)柔韧性。柔韧性是指在低温条件下卷材保持柔韧，易于施工的性能。柔韧性对保证施工质量十分重要。常用柔度、低温弯折性、柔性等指标表示。

7.3.2 防水卷材的性能与选用

防水卷材是可卷曲成卷状的柔性防水材料。它是目前我国使用量最大的防水材料。防水卷材主要包括沥青防水卷材、聚合物改性沥青防水卷材和合成高分子防水卷材三个系列。

1. 沥青防水卷材

沥青防水卷材是以沥青为主要浸涂材料制成的卷材，如图 7-12 所示。其可分为有胎沥青防水卷材和无胎沥青防水卷材两类。有胎沥青防水卷材是以原纸、纤维毡、纤维布等一种或数种复合为胎基，浸涂石油沥青，并用隔离材料覆盖其表面而制成的防水卷材；无胎沥青防水卷材是以橡胶或树脂、沥青、各种配合剂和填料为原料，经热融混合后成型而制成的防水卷材。

图 7-12　沥青防水卷材

2. 聚合物改性沥青防水卷材

聚合物改性沥青防水卷材是以聚合物改性沥青为涂盖层，纤维织物、纤维毡为胎体而制成的防水卷材。其克服了沥青防水卷材的温度稳定性差、延伸率小的不足，具有高温不流淌、低温不脆裂、拉伸强度高、延伸率较大等优异性能。此类防水卷材一般单层铺设，也可复层使用，根据不同卷材可采用热熔法、冷粘法、自粘法施工。

(1)SBS 改性沥青防水卷材。SBS 改性沥青防水卷材属弹性体沥青防水卷材，是用沥青或热塑性弹性体(如苯乙烯－丁二烯－苯乙烯嵌段共聚物，SBS)改性沥青浸渍胎基，两面涂以弹性体沥青涂盖层而制成的防水卷材，如图 7-13 所示。该类卷材使用玻纤毡和聚酯毡两种胎体，广泛应用于各类防水、防潮工程，尤其适用于寒冷地区和结构变形频繁的建筑物的防水。

(a) (b) (c)

图 7-13 SBS 改性沥青防水卷材

(a)黄砂面；(b)铝箔面；(c)片岩

根据国家标准《弹性体改性沥青防水卷材》(GB 18242—2008)的规定，弹性体改性沥青防水卷材的技术要求如下：

1)SBS、APP 防水卷材单位面积质量、面积及厚度应符合表 7-4 的规定。

表 7-4 SBS、APP 防水卷材单位面积质量、面积及厚度

序号	规格(公称厚度)/mm		3			4			5		
1	上表面材料		PE	S	M	PE	S	M	PE	S	M
2	下表面材料		PE	PE、S		PE	PE、S		PE	PE、S	
3	面积/(m^2·卷$^{-1}$)	公称面积	10、15			10、7.5			7.5		
		偏差	±0.10			±0.10			±0.10		
4	单位面积质量/(kg·m^{-2})	≥	3.3	3.5	4.0	4.3	4.5	5.0	5.3	5.5	6.0
5	厚度/mm	平均值 ≥	3.0			4.0			5.0		
		最小单值	2.7			3.7			4.7		

2)SBS 防水卷材外观要求应符合表 7-5 的规定。

表 7-5 SBS 防水卷材外观要求

序号	项目	外观要求
1	卷材规整度	成卷卷材应卷紧卷齐，端面里进外出不得超过 10 mm
2	卷材展形	成卷卷材在 4 ℃～50 ℃任一产品温度下展开，在距卷芯 1 000 mm 长度外不应有 10 mm 以上的裂纹或黏结
3	胎基	胎基应浸透，不应有未被浸渍处
4	卷材表面	卷材表面应平整，不允许有孔洞、缺边和裂口、疙瘩，矿物粒料粒度应均匀一致并紧密地黏附于卷材表面
5	卷材接头	每卷卷材接头处不应超过一个，较短的一段长度不应少于 1 000 mm，接头应剪切整齐，并加长 150 mm

3)SBS 防水卷材材料性能指标应符合表 7-6 的规定。

表 7-6　SBS 防水卷材材料性能指标

序号	项目		指标				
			I		H		
			PY	G	PY	G	PYG
1	可溶物含量/(g·m⁻²)　≥	3 mm	2 100				—
		4 mm	2 900				—
		5 mm	3 500				
		试验现象	—	胎基不燃	—	胎基不燃	—
2	耐热性	℃	90		105		
		≤/mm	2				
		试验现象	无流淌、滴落				
3	低温柔性/℃		−20		−25		
			无裂缝				
4	不透水性，30 min/MPa		0.3	0.2	0.3		
5	拉力	最大峰拉力/(N·50 mm⁻¹)　≥	500	350	800	500	900
		次高峰拉力/(N·50 mm⁻¹)　≥	—	—	—	—	800
		试验现象	拉伸过程中，试件中部无沥青涂盖层开裂或与胎基分离现象				
6	延伸率	最大峰时延伸率/%　≥	30	—	40	—	—
		第二峰时延伸率/%　≥	—		—		15
7	浸水后质量增加/%　≤	PE、S	1.0				
		M	2.0				
8	热老化	拉力保持率/%　≥	90				
		延伸率保持率/%　≥	80				
		低温柔性/℃	−15		−20		
			无裂缝				
		尺寸变化率/%　≤	0.7	—	0.7	—	0.3
		质量损失/%　≤	1.0				
9	渗油性	张数　≤	2				
10	接缝剥离强度/(N·mm⁻¹)　≥		1.5				
11	钉杆撕裂强度①/N　≥		—				300
12	矿物粒料黏附性②/g　≤		2.0				
13	卷材下表面沥青涂盖层厚③/mm　≥		1.0				
14	人工气候加速老化	外观	无滑动、流淌、滴落				
		拉力保持率/%　≥	80				
		低温柔性/℃	−15		−20		
			无裂缝				

①仅适用于单层机械固定施工方式的卷材。

②仅适用于矿物粒料表面的卷材。

③仅适用于热熔施工的卷材。

(2)APP改性沥青防水卷材。APP改性沥青防水卷材属塑性体沥青防水卷材，是用沥青或热塑性塑料(如无规聚丙烯、APP)改性沥青浸渍胎基，两面涂以塑性体沥青涂盖层而制成的防水卷材，如图7-14所示。该类卷材也使用玻纤毡和聚酯毡两种胎体，广泛应用于各类防水、防潮工程，尤其适用于高温或有强烈太阳辐射地区的建筑物防水。

图7-14　APP改性沥青防水卷材

根据国家标准《塑性体改性沥青防水卷材》(GB 18243—2008)的规定，塑性体改性沥青防水卷材的技术要求如下：

1)APP防水卷材单位面积质量、面积及厚度应符合表7-4的规定。

2)APP改性沥青防水卷材外观要求应符合表7-7的规定。

表7-7　APP改性沥青防水卷材外观要求

序号	项目	外观要求
1	卷材规整度	成卷卷材应卷紧卷齐，端面里进外出不得超过10 mm
2	卷材展开	成卷卷材在4 ℃～60 ℃任一产品温度下展开，在距卷芯1 000 mm长度外不应有10 mm以上的裂纹或黏结
3	胎基	胎基应浸透，不应有未被浸渍处
4	卷材表面	卷材表面应平整，不允许有孔洞、缺边和裂口、疙瘩，矿物粒料粒度应均匀一致并紧密地黏附于卷材表面
5	卷材接头	每卷卷材接头处不应超过一个，较短的一段长度不应少于1 000 mm，接头应剪切整齐，并加长150 mm

3. 合成高分子防水卷材

合成高分子防水卷材是以合成橡胶、合成树脂或两者的共混体为基料，加入适量的助剂和填充材料等，经混炼、压延或挤出等工序加工而制成的防水卷材，如图7-15所示。

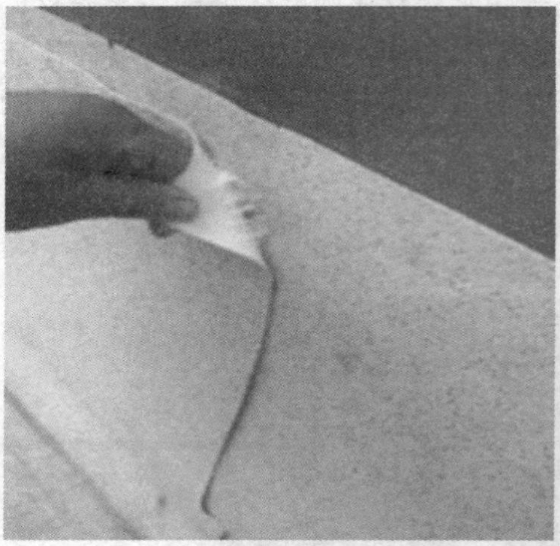

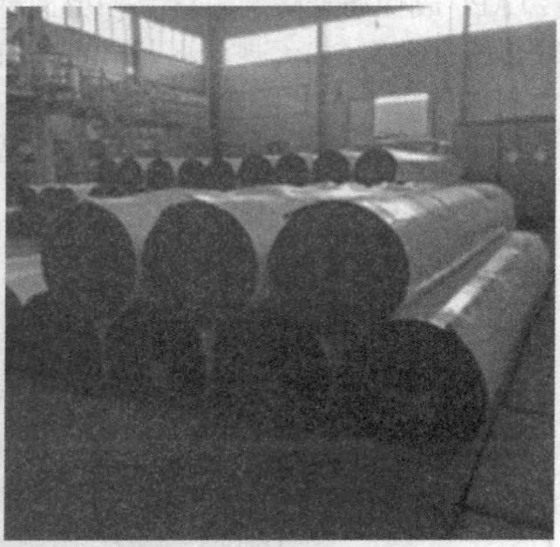

图 7-15　合成高分子防水卷材

合成高分子防水卷材具有拉伸强度和抗撕裂强度高，断裂伸长率大，良好的低温柔性和耐热性、耐腐蚀性、耐老化性等一系列优异的性能，是新型高档防水卷材。常见的有三元乙丙橡胶防水卷材、聚氯乙烯防水卷材、氯化聚乙烯防水卷材和氯化聚乙烯—橡胶共混防水卷材。

(1)三元乙丙(EPDM)橡胶防水卷材。三元乙丙橡胶防水卷材是以三元乙丙橡胶为主体，掺入适量的硫化剂、促进剂、软化剂和补强剂等制成的高弹性防水卷材，如图 7-16 所示。

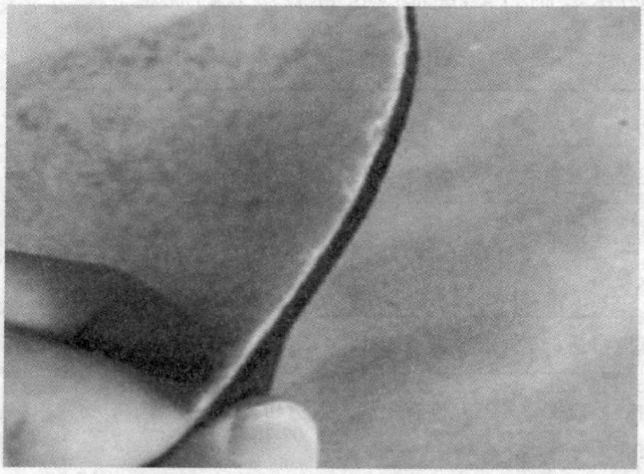

图 7-16　三元乙丙橡胶防水卷材

(2)聚氯乙烯(PVC)防水卷材。聚氯乙烯防水卷材是以聚氯乙烯为主要原料，掺加填充料及适量的改性剂、增塑剂、抗氧化剂和紫外线吸收剂等经加工制成的，如图 7-17 所示。其变形能力强，断裂延伸率大，对基层变形的适应性较强，低温柔性、耐热性、耐腐蚀性、耐老化性等均较好。其适用于各类建筑的屋面防水和水池、堤坝等防水抗渗工程。

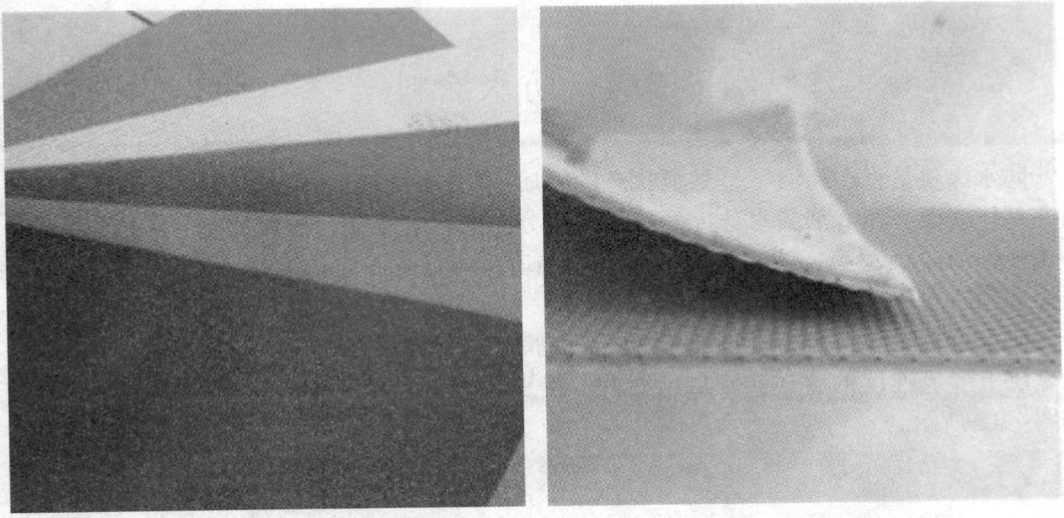

图 7-17　聚氯乙烯防水卷材

根据国家标准《聚氯乙烯(PVC)防水卷材》(GB 12952—2011)的规定，聚氯乙烯防水卷材的技术要求如下：

1)聚氯乙烯(PVC)防水卷材长度、宽度不小于规定值的 99.5%，厚度不应小于 1.20 mm，厚度允许偏差和最小单值见表 7-8。

表 7-8　聚氯乙烯(PVC)防水卷材厚度允许偏差和最小单值

厚度	允许偏差/%	最小单值/mm
1.20	−5，+10	1.05
1.50		1.35
1.80		1.65
2.00		1.85

2)聚氯乙烯(PVC)防水卷材外观要求见表 7-9。

表 7-9　聚氯乙烯(PVC)防水卷材外观要求

序号	项目	外观要求
1	卷材接头	卷材的接头不应多于一处，其中较短的一段长度不应少于 1.5 m，接头应剪切整齐，并加长 150 mm
2	卷材表面	卷材表面应平整，边缘整齐，无裂纹、孔洞、黏结、气泡和疤痕

(3)氯化聚乙烯—橡胶共混防水卷材。氯化聚乙烯—橡胶共混防水卷材是以氯化聚乙烯树脂和合成橡胶为主体，掺入适量的硫化剂、促进剂、稳定剂等经加工制成的。这种卷材具有氯化聚乙烯特有的高强度和优异的耐候性，同时还表现出橡胶的高弹性、高延伸率及良好的耐低温性能。它的物理性能接近三元乙丙橡胶防水卷材。氯化聚乙烯—橡胶共混防水卷材适用于各类建筑的屋面、地下、水池及冰库的防水工程，尤其适用于寒冷地区或变形较大的防水工程及单层外露防水工程。

7.4 防水涂料

防水涂料是将在高温下呈黏稠状态的物质(高分子材料、沥青等)涂布在基体表面，经溶剂或水分挥发，或各组分间的化学变化，形成具有一定弹性的连续薄膜，使基层表面与水隔绝，并能抵抗一定的水压力，从而起到防水和防潮的作用。

防水涂料施工

防水涂料能形成无接缝的防水涂层，涂膜层的整体性好，并能在复杂基层上形成连续的整体防水层。因此，特别适用于形状复杂的屋面，如图 7-18 所示。

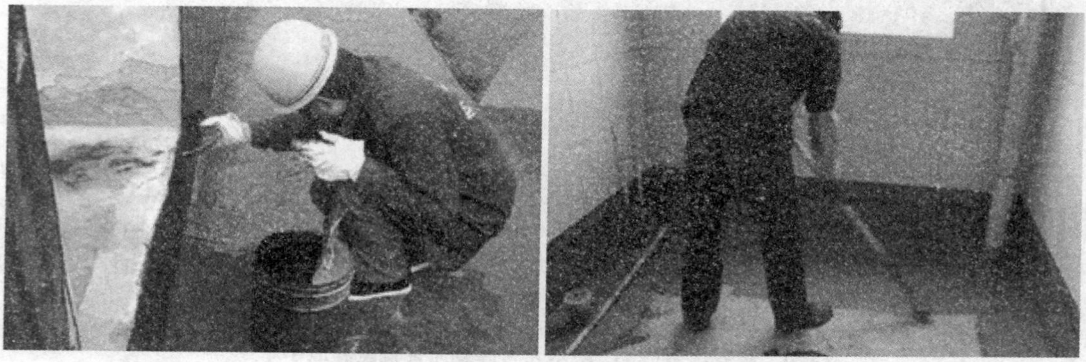

图 7-18 防水涂料的应用

7.4.1 防水涂料的组成、类型及特点

1. 防水涂料的组成

防水涂料通常由基料、填料、分散介质和助剂等组成。

(1)基料。基料又称主要成膜物质，在固化过程中起成膜和黏结填料的作用。在土木工程中常用于防水涂料的基料有沥青、改性沥青、合成树脂或合成橡胶等。

(2)填料。填料主要起增加涂膜厚度、减少收缩和提高其稳定性等作用，而且还可降低成本，因此也称为次要成膜物质。常用的填料有滑石粉和碳酸钙粉等。

(3)分散介质。分散介质主要起溶解或稀释基料的作用(因此也被称为稀释剂)。其可使涂料呈现流动性以便于施工。施工后，大部分分散介质蒸发或挥发，仅一小部分分散介质被基层吸收。

(4)助剂。助剂起到改善涂料或涂膜性能的作用，有乳化剂、增塑剂、增稠剂等。

2. 防水涂料的类型

防水涂料根据组分的不同，可分为单组分防水涂料和双组分防水涂料两类；按分散介质的不同类型可分为溶剂型、水乳型和反应型三种；按成膜物质的主要成分可分为沥青类、高聚物改性沥青类和合成高分子类。沥青基涂料由于其性能低劣、施工要求高，在屋面的防水工程中已经属于被淘汰产品。

3. 防水涂料的特点

(1)在常温下呈液态，能在复杂表面处形成完整的防水膜。

(2)涂膜防水层质量轻，特别适用于轻型薄壳屋面的防水。

(3)防水涂料施工属于冷施工，可刷涂、喷涂，操作简便、施工速度快、环境污染小，可减轻劳动强度。

(4)温度适应性强，防水涂层在−30～80 ℃条件下均可使用。

(5)涂膜防水层可通过加贴增强材料来提高抗拉强度。

(6)容易修补，发生渗漏时可在原防水涂层的基础上修补。

7.4.2 常用的防水涂料

1. 高聚物改性沥青防水涂料

高聚物改性沥青防水涂料是以沥青为基料，用合成高分子聚合物进行改性制成的水乳型或溶剂型防水涂料。其品种有氯丁橡胶改性沥青涂料、丁基橡胶改性沥青涂料、丁苯橡胶改性沥青涂料、SBS改性沥青涂料和APP改性沥青涂料等。

改性沥青防水涂料的原材料来源广泛、性能适中、价格低廉，是适合我国国情的防水材料之一，一般为水乳型、溶剂型和热熔型三种类型的防水涂料。

2. 合成高分子防水涂料

合成高分子防水涂料是以合成橡胶或合成树脂为主要成膜物质配制而成的水乳型或溶剂型防水涂料。根据成膜机理，可分为反应固化型、挥发固化型和聚合物水泥防水涂料三类。

由于合成高分子材料具有优异的性能，因此以它为原料制成的合成高分子防水涂料具有较高的强度和延伸率、优良的柔韧性、耐高低温性、耐久性和防水能力。常用的品种有丙烯酸防水涂料、聚醋酸乙烯酯(EVA)防水涂料、聚氨酯防水涂料、沥青聚氨酯防水涂料、硅橡胶防水涂料、聚合物水泥防水涂料等。

3. 聚合物水泥涂料

聚合物水泥涂料是由有机聚合物和无机粉料复合而成的双组分防水涂料。其既具有有机材料弹性高，又具有无机材料耐久性好的优点，能在表面潮湿的基层上施工，使用时将两组分搅拌成均匀的膏状体，刮涂后可形成高弹性、高强度的防水涂膜。涂膜的耐候性、耐久性好，耐高温(达140 ℃)，能与水泥类基面牢固黏结；也可以配制成各种色彩的无毒、无害、无污染、结构紧密、性能优良的弹性复合体，是适合现代社会发展需要的绿色防水材料。

7.5 密封材料

密封材料是能承受位移并具有气密性和水密性，嵌入接缝中的定形和非定形材料。非定形密封材料(密封膏)又称密封胶(剂)，是黏稠状的密封材料，有溶剂型、乳液型和化学反应型等类型。定形密封材料是按密封工程部位的要求制成的带、条、垫片等形状的密封材料。密封材料按性能，可分为弹性密封材料和塑性密封材料；按使用时的组分，可分为单组分密封材料和多组分密封材料；按组成材料，可分为改性沥青密封材料和合成高分子密封材料。

建筑密封材料主要应用在板缝、接头、裂隙、屋面等部位，是起防水密封作用的材料，如图 7-19 所示。这种材料应该具有良好的黏结性、抗下垂性、水密性、气密性，易于施工；还要求具有良好的弹塑性，能长期经受被粘构件的伸缩和振动，在接缝发生变化时不断裂、剥落，并要有良好的耐老化性能；不受热及紫外线的影响，长期保持密封所需要的黏结性和内聚力等。

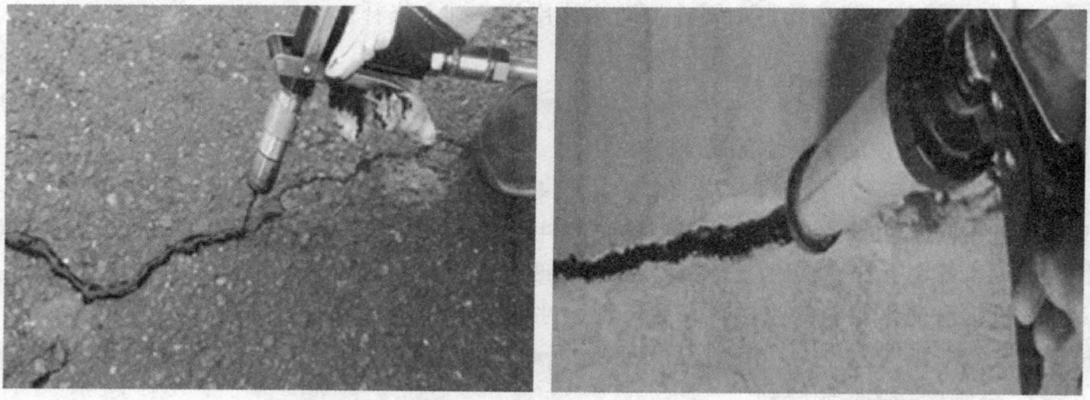

图 7-19　密封材料的应用

7.5.1　非定形密封材料

常用的非定形密封材料有沥青嵌缝油膏、聚氯乙烯接缝膏和塑料油膏、丙烯酸酯密封膏、聚氨酯密封膏、聚硫密封膏和硅酮密封膏等。

1. 沥青嵌缝油膏

沥青嵌缝油膏是以石油沥青为基料，加入改性材料（废橡胶粉和硫化鱼油等）、稀释剂（松焦油、松节油和机油等）及填充料（石棉绒和滑石粉等）混合制成的密封膏。沥青嵌缝油膏主要作为屋面、墙面、沟槽的嵌缝密封材料。

2. 聚氯乙烯接缝膏和塑料油膏

聚氯乙烯接缝膏是以煤焦油和聚氯乙烯（PVC）树脂粉为基料，按一定比例加入增塑剂（邻苯二甲酸二丁酯、邻苯二甲酸二辛酯）、稳定剂（三盐基硫酸铝、硬脂酸钙）及填充料（滑石粉、石英粉）等，在 140 ℃温度下塑化而成的膏状密封材料，简称 PVC 接缝膏。塑料油膏是用废旧聚氯乙烯塑料代替聚氯乙烯树脂粉，其他原料和生产方法同聚氯乙烯接缝膏。塑料油膏成本较低，PVC 接缝膏和塑料油膏有良好的黏结性、防水性、弹塑性、耐热性、耐寒性、耐腐蚀性和抗老化性能。这种密封材料适用于各种屋面、水渠、管道等接缝的密封，用于工业厂房自防水屋面嵌缝、大型墙板嵌缝等的效果也较好，还可在表面涂布作为防水层。

3. 丙烯酸酯密封膏

丙烯酸酯密封膏是在丙烯酸酯乳液中掺入表面活性剂、增塑剂、分散剂、填料等配制而成的，通常为水乳型。其具有良好的黏结性能、弹性和低温柔性，无溶剂污染，无毒，具有优异的耐候性。其适用于屋面、墙板、门、窗嵌缝。

4. 聚氨酯密封膏

聚氨酯密封膏一般用双组分配制，使用时，将甲、乙两组分按比例混合，经固化反应成弹性体。聚氨酯密封膏的弹性、黏结性及耐候性特别好，与混凝土的黏结性也很好。所以，聚氨酯密封材料可用于屋面、墙面的水平或垂直接缝，尤其适用于水池、公路及机场跑道的补缝、接缝，也可用于玻璃、金属材料的嵌缝。

5. 聚硫密封膏

聚硫密封膏是以液态硫橡胶为主剂和金属过氧化物等硫化剂反应，在常温下形成的弹性体密封膏。聚硫密封膏有优异的耐油性、耐低温性(使用温度为－40 ℃～90 ℃)和抗撕裂性，断裂伸长率高，属于高档密封膏，使用寿命达 30 年以上。聚硫密封膏适用于金属幕墙、预制混凝土、玻璃框、窗框四周、游泳池、贮水槽、地坪及构筑物接缝的防水处理及黏结。

6. 硅酮密封膏

硅酮密封膏是以聚硅氧烷为主要成分的单组分或双组分室温固化型的建筑密封材料。目前大多为单组分系统，它以硅氧烷聚合物为主体，加入硫化剂、硫化促进剂及增强填料组成。硅酮密封膏具有优异的耐热性、耐寒性和良好的耐候性，与各种材料都有较好的黏结性能，耐拉伸－压缩疲劳性强，耐水性好。

7.5.2 定形密封材料

定形密封材料包括密封条带和止水带。定形密封材料按密封机理的不同，可分为遇水非膨胀型和遇水膨胀型两类。

密封条带是指加工成条状或带状具有特定形状的一类建筑密封材料。其同密封垫、止水带等同为常用的定形密封材料。常用的有铝合金门窗橡胶密封条、丁腈橡胶－PVC 门窗密封条、自黏性橡胶、遇水自膨胀橡胶等。

1. 铝合金门窗橡胶密封条

铝合金门窗橡胶密封条是以氯丁橡胶、顺丁橡胶和天然橡胶为基料制成的橡胶密封条。产品的规格多样(目前有 50 多个规格)，尺寸准确均匀，强度高，耐老化性能好，广泛用于高层建筑、豪华宾馆、商店及民用建筑门窗、柜台等。

2. 丁腈橡胶—PVC 门窗密封条

丁腈橡胶—PVC 门窗密封条是以丁腈橡胶和聚氯乙烯树脂为基料，通过一次挤出成型工艺生产的新型建筑密封材料，具有较高的强度和弹性、适当的硬度和优良的耐老化性能。丁腈橡胶—PVC 门窗密封条广泛用于建筑物门窗、商店橱窗、地柜和铝型材的密封。

3. 自黏性橡胶

自黏性橡胶是由特种合成橡胶加工而成的，具有良好的柔韧性，在一定压力下能填充到各种裂缝及空洞中，延伸性能良好，能适应较大范围的沉降错位，具有良好的耐化学腐蚀性和极优良的耐老化性能。它能与一般橡胶制成复合体，单独作腻子用于接缝的嵌缝密封；也可与橡胶复合制成嵌缝条，用于接缝的防水；还可用作橡胶密封条的辅助黏结嵌缝材料。自黏性橡胶广泛用于给水排水、公路、铁路、水利和地下工程等土木工程。

4. 遇水自膨胀橡胶

遇水自膨胀橡胶由水溶性聚醚预聚体加入氯丁橡胶混炼而成，是一种既具有橡胶的性能，又能遇水膨胀的新型密封材料。其具有优良的弹性和延伸性，在较宽的温度范围内均有优良的防水密封性能，耐水性、耐化学腐蚀性和耐老化性良好，可根据需要加工成不同形状的密封条、密封圈、止水带等，也能与其他橡胶复合制成复合防水材料。遇水自膨胀橡胶用于各种基础工程、地下设施、隧道、地铁、水电和给水排水工程中的变形缝、施工缝的防水。

5. 橡胶止水带

橡胶止水带以天然橡胶或合成橡胶为主要原料，掺入各种助剂及填料加工制成。其具有良好的弹性、耐磨性及抗撕裂性能，适应变形能力强，防水性能好，一般用于地下工程、小型水坝、贮水池、地下通道等工程的变形缝的隔离防水，也用于水库、输水洞等结构的闸门密封止水，但不宜用于温度过高、受强烈氧化作用或受油类等有机溶剂侵蚀的环境中。

6. 塑料止水带

塑料止水带目前多为软质聚氯乙烯塑料止水带，以聚氯乙烯树脂、增塑剂、稳定剂等为原材料加工制成。塑料止水带的优点是原料来源丰富，价格低廉，耐久性好，可用于地下室、隧道、涵洞、溢洪道、沟渠等水工构筑物的变形缝的防水。

职业能力训练

一、名词解释

1. 沥青；2. 聚合物改性沥青防水卷材；3. 合成高分子防水卷材；4. 防水涂料；5. 密封材料。

二、填空题

1. 依据沥青中各组分含量的不同，石油沥青可以有________、________、________三种胶体状态。

2. 煤沥青又可分为________和________两种。

3. 常用的改性沥青主要有________、________、________和________四种。

4. 目前防水卷材的主要品种为________、________和________三大类。

5. 防水涂料通常由________、________、________和________等组成。

6. 防水涂料按分散介质的不同类型可分为________、________和________三种；按成膜物质的主要成分可分为________、________和________。

三、选择题

1. 当沥青中油分含量多时，沥青的(　　)。

A. 温度稳定性差　B. 延伸度降低　C. 针入度降低　D. 大气稳定性差

2. (　　)是指加热沥青产生的气体和空气的混合物，与火焰接触能持续燃烧 5 s 以上时沥青的温度。

A. 闪点　B. 燃点　C. 熔点　D. 沸点

3. (多选)石油沥青中常含有一定量的固体石蜡，它会降低沥青的(　　)。

A. 黏结性　B. 塑性　C. 温度稳定性　D. 耐热性

4. (多选)选用石油沥青材料时，应根据(　　)来选用不同品种和牌号的沥青。

A. 工程性质　B. 当地气候条件　C. 施工进度　D. 所处工程部位

5.（多选）石油沥青与煤沥青的简易鉴别方法有（　　）。

A. 密度法　　B. 锤击法　　C. 燃烧法　　D. 溶液比色法

6. 矿质填充料改性沥青的填充料加入量一般为（　　），具体由试验决定。

A. 10%～30%　　B. 20%～40%　　C. 30%～40%　　D. 40%～50%

7. 石油沥青中沥青质含量较少，油分和树脂含量较多时，所形成的胶体结构类型是（　　）。

A. 溶胶型　　B. 溶—凝胶型　　C. 凝胶型　　D. 非胶体结构类型

8.（多选）聚合物改性沥青防水卷材克服了传统沥青防水卷材温度稳定性差、延伸率小的不足，具有（　　）等优异性能。

A. 高温不流淌　　B. 低温不脆裂　　C. 拉伸强度高　　D. 延伸率较大

9.（多选）合成高分子防水卷材与沥青防水卷材相比具有（　　）等优点。

A. 寿命长　　B. 强度高　　C. 冷施工　　D. 耐高温

四、问答题

1. 什么是防水材料？
2. 石油沥青的组分包括哪些？各组分的性能是什么？
3. 简述石油沥青的组成结构。
4. 简述防水涂料的特点。
5. 常用的防水涂料有哪些？

模块8　建筑装饰材料

内容概述

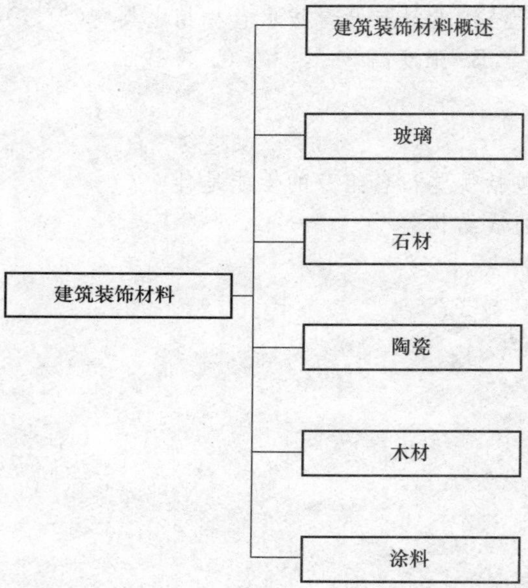

知识目标

1. 掌握玻璃的主要技术性能；
2. 熟悉石材、陶瓷的品种、性能与应用范围；
3. 熟悉木材的物理力学性能；
4. 了解涂料的组成及特性。

技能目标

1. 能够根据工程实际情况选择玻璃和陶瓷的品种；
2. 能够掌握木材的防腐措施。

8.1 建筑装饰材料概述

建筑工程中，将主要起到装饰和装修作用的材料称为建筑装饰材料。建筑装饰材料的应用范围很广，主要用于建筑物内外墙面、地面、吊灯、屋面、室内环境等的装饰、装修等。

8.1.1 建筑装饰材料的基本性质

1. 装饰性质

色彩是建筑的重要视觉要素，给人以不同的感觉。光泽可以改善室内的环境，花纹图案、质感使建筑具有不同的装饰效果。除色彩、光泽、花纹图案外，材料还要具有耐污性、耐擦性。

2. 物理性质

建筑装饰材料在承受各种介质及各种物理作用时，必须具有抵抗各种作用的能力。建筑装饰材料的物理性质包括密度、表观密度、孔隙率、吸水性、耐水性、抗冻性、导热性、耐火性、吸声性等。

3. 力学性质

建筑装饰材料的力学性质包括强度、硬度、耐磨性、弹性、塑性、脆性和韧性等。

8.1.2 建筑装饰材料的分类

1. 按化学组成分类

建筑装饰材料按化学组成，可分为有机装饰材料、无机装饰材料和复合装饰材料。

建筑装饰材料

2. 按材质分类

建筑装饰材料按材质，可分为石材类、陶瓷类、玻璃类、木质类、金属类等。

3. 按材料使用部位分类

建筑装饰材料按材料使用部位，可分为内墙装饰材料、外墙装饰材料、地面装饰材料、吊顶与屋面装饰材料等。

8.1.3 建筑装饰材料的作用

1. 装饰作用

建筑装饰材料体现了建筑外墙、内墙、地面和屋顶的质感、线条和色彩。

2. 保护作用

建筑装饰材料对建筑物表面进行装饰，不仅能起到良好的装饰作用，而且能有效地提高建筑物的耐久性，降低维修费用。

3. 改善建筑的功能作用

建筑装饰材料除具有装饰和保护作用外，还应具有保温、隔热和吸声等功能。例如，木地板、地毯等材料能起到保温、隔声、隔热的作用，改善室内的生活环境，使人感到温暖、舒适。

8.1.4 建筑装饰材料的选用

1. 满足使用功能

在选用装饰材料时，首先应满足与环境相适应的使用功能。对于外墙应选用耐大气侵蚀、不易褪色、不易沾污、不泛霜的材料；地面应选用耐磨性、耐水性好，不易沾污的材料；厨房和卫生间应选用耐水性、抗渗性好，不发霉、易于擦洗的材料。

2. 满足装饰效果

装饰材料的色彩、光泽、质感和花纹图案等性能都影响装饰效果，特别是装饰材料的色彩对装饰效果的影响非常明显。因此，在选用装饰材料时要合理应用色彩，给人以舒适的感觉。

3. 材料的耐久性和安全性、环保性

不同功能的建筑及不同的装修档次，所采用的装饰材料耐久性要求也不同。在选用建筑装饰材料时，要妥善处理装饰效果和使用安全的矛盾，要优先选用环保型材料和不燃或难燃等安全型材料，尽量避免选用在使用过程中易发生火灾等事故的材料，材料不会散发有害气体和产生有害辐射，不会发生霉变、锈蚀等。

4. 便于施工

在选用装饰材料时，应尽量做到构造简单、施工方便。

8.2 玻璃

8.2.1 建筑玻璃的主要性质

1. 密度

玻璃属于致密材料，内部几乎没有孔隙，其密度与化学组成密切相关。不同的玻璃密度相差较大，普通玻璃的密度为 2.5～2.6 g/cm^3。

2. 光学性能

光学性能是玻璃最重要的物理性质，因此，玻璃被广泛用于建筑采光和装饰，也用于光学仪器和日用器皿等。由于玻璃光学性能的差异，必须在建筑中选用不同性能的玻璃以满足实际需求。例如，用于遮光和隔热的热反射玻璃，要求反射率高；而用于隔热、防眩作用的吸热玻璃，要求既能吸收大量的红外线辐射能，又能保持良好的进光性。

3. 热工性质

玻璃的热工性质主要是指其导热性和热稳定性等主要指标。

(1)导热性。玻璃是热的不良导体，常温时大体上与陶瓷制品相当，而远远低于各种金属材料，但随着温度的升高，玻璃的导热性增大。玻璃的性能除与温度有关外，还与玻璃的化学组成、密度和颜色等影响有关。

(2)热稳定性。玻璃经受剧烈的温度变化而不破坏的性能称为玻璃的热稳定性。玻璃的热稳定性用热膨胀系数来表示。玻璃的热膨胀系数越小，热稳定性越高。玻璃的热稳定性与玻璃的化学组成、体积及玻璃的表面缺陷等因素有关。

4. 力学性质

玻璃的力学性质包括抗压强度、抗拉强度、抗弯强度、弹性模量和硬度等。玻璃的力学性质与其化学组成、制品形状、表面性质和加工方法等有关。除此之外，如果玻璃中含有未熔杂物、结石或具有细微裂纹，这些缺陷都会造成玻璃应力集中现象，从而使玻璃的强度有所降低。

在建筑工程中，玻璃的力学性质的主要指标为抗拉强度和脆性指标。玻璃的抗拉强度较小，为 30～60 MPa。在冲击力的作用下，玻璃极易破碎，是典型的脆性材料。普通玻璃的脆性指标为 1 300～1 500，脆性指标越大，说明脆性越大。

另外，常温下的玻璃虽具有较好的弹性，普通玻璃的弹性模量为 $(6\sim7.5)\times10^4$ MPa，约为钢材的 1/3，但随着温度的升高，弹性模量下降，直至出现塑性变形。玻璃具有较高的硬度，一般玻璃的莫氏硬度为 4～7，接近长石的硬度。

5. 化学稳定性

建筑玻璃具有较好的化学稳定性，通常情况下，能对酸、碱、盐及化学试剂或气体等有很好的抵抗能力，能抵抗氢氟酸以外的各种酸类的侵蚀。

8.2.2 建筑玻璃的品种

1. 平板玻璃

平板玻璃是指未经其他加工的平板玻璃制品，也称为白片玻璃或镜片玻璃。其是玻璃中生产量最大、使用最多的一种，也是玻璃深加工的基础材料。平板玻璃具有一定的强度，但质地较脆，主要用于装配门窗、采光(透光率为 85%～90%)、围护、保温和隔声等。

平板玻璃按生产方法不同，可分为普通平板玻璃和浮法玻璃。其中，浮法玻璃工艺是现代最先进的平板玻璃生产方法，它具有产量高、质量好、品种多、生产效率高和经济效益好等优点，其技术发展得非常迅速。我国大型玻璃生产线几乎全部采用浮法工艺。

(1)平板玻璃的分类和规格。按照国家标准《平板玻璃》(GB 11614—2009)规定，可将平板玻璃分为无色透明平板玻璃和本体着色平板玻璃。按外观质量可分为合格品、一等品和优等品。按公称厚度可分为2 mm、3 mm、4 mm、5 mm、6 mm、8 mm、10 mm、12 mm、15 mm、19 mm、22 mm、25 mm。

(2)平板玻璃的尺寸偏差。按照国家标准《平板玻璃》(GB 11614—2009)规定，平板玻璃应切裁成矩形，其长度和宽度的尺寸偏差应不超过表 8-1 的规定。

表 8-1　平板玻璃的尺寸偏差　　mm

公称厚度	尺寸允许偏差	
	尺寸≤3 000	尺寸＞3 000
2～6	±2	±3
8～10	+2，−3	+3，−4
12～15	±3	±4
19～25	±5	±5

(3)平板玻璃的外观质量。按照国家标准《平板玻璃》(GB 11614—2009)的规定，平板玻璃的尺寸偏差外观质量要求应符合表 8-2 的规定。

表 8-2　平板玻璃的尺寸偏差外观质量要求

缺陷种类	质量要求		
点状缺陷	尺寸(L)/mm	允许个数限度	
	$0.5 \leqslant L \leqslant 1.0$	$2 \times S$	
	$1.0 < L \leqslant 2.0$	$1 \times S$	
	$2.0 < L \leqslant 3.0$	$0.5 \times S$	
	$L > 3.0$	0	
点状缺陷密集度	尺寸≥0.5 mm 的点状缺陷最小间距不小于 300 mm；直径 100 mm 以内尺寸≥0.3 mm 的点缺陷不超过 3 个		
线道	不允许		
裂纹	不允许		
划伤	允许范围	允许条数限度	
	宽≤0.5 mm，长≤60 mm	$3 \times S$	
光学变形	公称厚度	无色透明平板玻璃	本色找色平板玻璃
	2 mm	≥40°	≥40°
	3 mm	≥45°	≥40°
	≥4 mm	≥50°	≥45°
断面缺陷	公称厚度不超过 8 mm 时，不超过玻璃板的厚度；8 mm 以上时，不超过 8 mm		

注：S 是以 m^2 为单位的玻璃板面积数值，按《数值修约规则与极限数值的表示和判断》(GB/T 8170—2008)修约，保留小数点后两位。点状缺陷的允许个数限度及划伤的允许条数限度为各系数与 S 相乘所得的数值，按《数值修约规则与极限数值的表示和判断》(GB/T 8170—2008)修约至整数。

(4)平板玻璃的光学特征。透光率是衡量玻璃透光能力的重要指标，在光线透过玻璃时，玻璃表面发生光线的折射、玻璃内部对光线产生吸收，从而使透过光线的强度降低。平板玻璃透光度高、易切割。它可作为钢化玻璃、夹层玻璃、镀膜玻璃、中空玻璃等深加工玻璃的原片。

2. 装饰玻璃

(1)彩色玻璃。彩色玻璃又称有色玻璃，按透明程度可分为透明、半透明和不透明三种。其是在玻璃原料中加入一定的起着色作用的金属氧化物。

半透明彩色玻璃又称乳浊玻璃，在玻璃原料中加入乳浊剂，可以制成饰面砖和饰面板。

不透明彩色玻璃又称饰面玻璃，比较常见的主要是釉面玻璃，它是将已切割裁好的一定尺寸的玻璃表面涂敷一层彩色易熔性色釉，再经焙烧、退火或钢化等热处理工序，使色釉与玻璃表面牢固地黏结在一起，制成玻璃，具有美丽的图案。

(2)花纹玻璃。花纹玻璃是将玻璃按一定的图案和花纹，对其表面进行雕刻、印刻或部分喷砂而制成的一种装饰玻璃。花纹玻璃一般可分为压花玻璃、喷花玻璃和刻花玻璃等几种。

(3)磨砂玻璃。磨砂玻璃又称毛玻璃，采用硅砂、金刚砂和刚玉粉等作为研磨材料，加水研磨玻璃表面制成的(图 8-1)，而喷砂玻璃是压缩空气把细沙喷到玻璃表面制成的。

图 8-1　磨砂玻璃

磨砂玻璃的特点是表面粗糙、透光而不透视，可使透过它的光线产生漫反射，使室内光线柔和。磨砂玻璃广泛应用于办公室、住宅、会议室等的门、窗及卫生间、浴室等部位。

(4)镜面玻璃。镜面玻璃又称涂层玻璃或镀膜玻璃，其是在玻璃表面镀一层金属及金属氧化物或有机物薄膜，用来控制玻璃的透光率，提高玻璃对光线的控制能力。镜面玻璃的涂层色彩丰富，在镀镜之前还可对玻璃基材雕刻、磨砂和彩绘等进行加工，提高玻璃的装饰性。

镜面玻璃的特点是反射能力强，且反射的物象不失真，并可调节室内的明亮程度，使光线柔和舒适。同时，其还具有一定的节能效果。

常用的镜面玻璃一般可分为明镜、墨镜、彩绘和雕刻镜。

(5)玻璃马赛克。玻璃马赛克又称玻璃纸皮砖，是一种小规格的彩色饰面玻璃，如图 8-2 所示。其是以玻璃为基础材料并含有未熔化的微小晶体(主要是石英砂)的乳浊制品，其内部含有大量的玻璃相、少量的结晶相和部分气泡的非均匀质结构。每一单小块玻璃马赛克的规格一般为 20～60 mm 见方、厚度为 4～6 mm，四周侧面呈斜面，正面光滑，一面光滑，另一面带有槽纹，以利于铺贴和砂浆的黏结。

图 8-2 玻璃马赛克

玻璃马赛克具有样式多、美观；性能稳定，耐久性好；施工方便、价格合理等性能特点。玻璃马赛克主要用于建筑物外墙饰面的保护和装饰，还可以利用其小巧、颜色丰富的特点镶嵌出各种文化艺术图案和壁画等，也可以在浴室、厨房等部位装饰使用。

(6)空心玻璃砖。空心玻璃砖是由两个凹型玻璃砖坯(如同玻璃烟灰缸)熔接而成的玻璃制品。周边密封，空腔内有干燥空气并存在微负压，玻璃壁一般厚为 8～10 mm，在玻璃砖的内侧压有花纹，所以其采光性能独特，另外，它还具有比较好的隔热、隔声和控制光线的性能，可防结露现象和减少灰尘透过，是一种高贵典雅的建筑装饰材料，如图 8-3 所示。

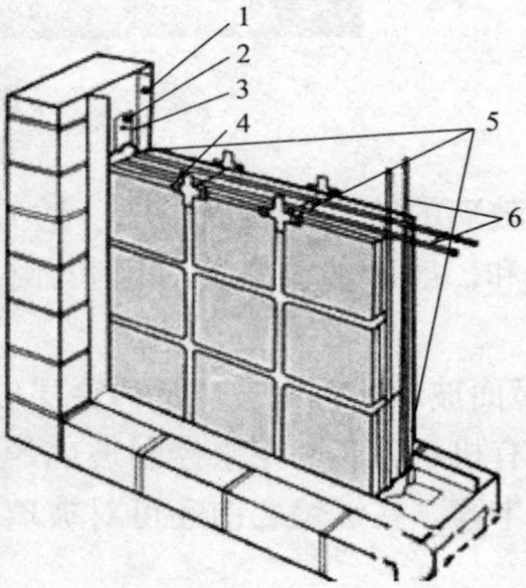

图 8-3 空心玻璃砖

1—道轨；2—钢板；3—固定钉；4—白水泥；5—水泥；6—钢筋(4～6 mm)

3. 安全玻璃

安全玻璃与普通玻璃相比，力学强度高、抗冲击性好，击碎时的碎片不会伤人，有些还具有防火、防盗等功能。常见的安全玻璃有钢化玻璃、夹丝玻璃、夹层玻璃和钛化玻璃等。

(1)钢化玻璃。钢化玻璃又叫作强化玻璃，是安全玻璃中最具有代表性的一种。其是普通平板玻璃经过物理钢化(淬火)和化学钢化处理的方法增加玻璃强度的，如图 8-4 所示。

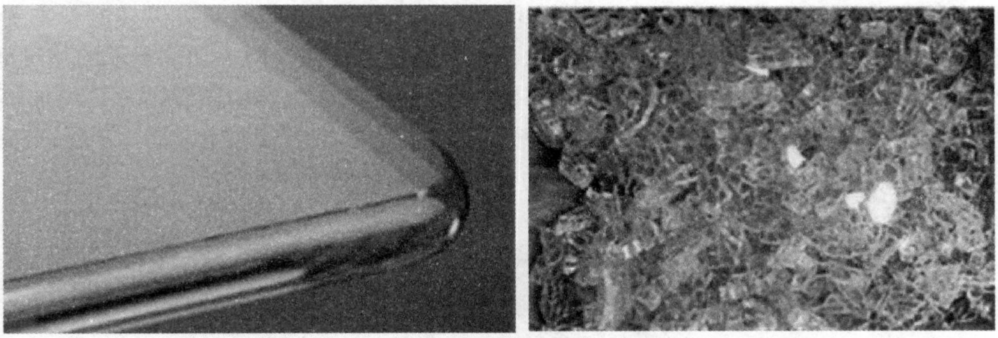

图 8-4 钢化玻璃

钢化玻璃具有机械强度高、弹性好、热稳定性好的特点。钢化玻璃的抗弯强度约为普通玻璃的 4 倍，可达 125 MPa 以上。普通平板玻璃弯曲变形只能有几毫米，而同规格的钢化玻璃的弹性则大得多，一块 1 200 mm×350 mm×6 mm 的钢化玻璃，受力后可发生达 100 mm 的弯曲挠度，当外力撤销后仍能恢复原状。钢化玻璃的最大安全温度约为288 ℃，可承受 204 ℃的温差变化。其热稳定性高于普通玻璃，在极冷极热作用时，玻璃不易发生爆炸。钢化玻璃内应力很高，若在偶然因素作用下打破了内应力的平衡状态，会产生瞬间失衡而自动破坏，这一现象称为钢化玻璃的自爆。

钢化玻璃制品具有优良的机械性能和耐热性能，钢化玻璃制品种类多样，有平面钢化玻璃、曲面钢化玻璃、半钢化玻璃、吸热钢化玻璃等。平面钢化玻璃主要用于建筑物的门窗、幕墙、橱窗、家具、桌面等；曲面钢化玻璃主要用于汽车车窗；半钢化玻璃主要用于暖房、温室玻璃窗。

(2)夹丝玻璃。夹丝玻璃又叫作钢丝玻璃，即在玻璃加热到红热软化状态时，将经过预热处理过的钢丝(网)压入玻璃中间再经退火、切割而制成。夹丝玻璃品种主要有压花夹丝玻璃、磨光夹丝玻璃，有彩色的和无色透明的两种，如图 8-5 所示。

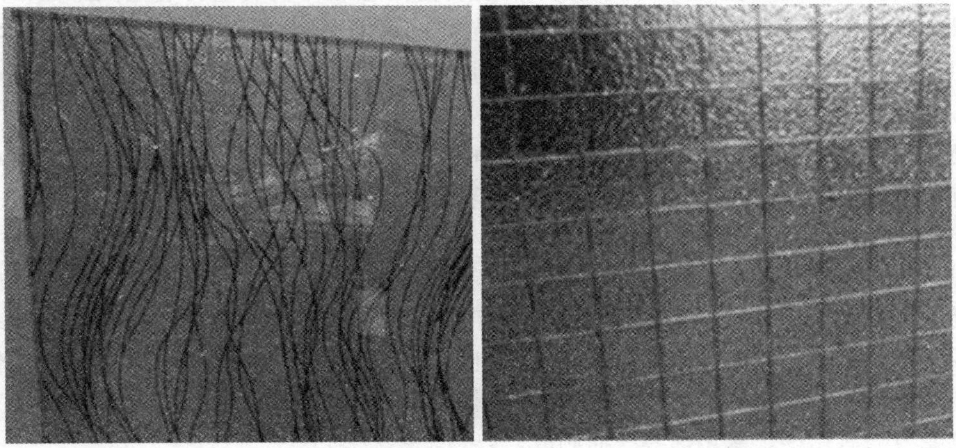

图 8-5 夹丝玻璃

夹丝玻璃具有良好的耐冲击性和耐热性。钢丝网起到骨架的作用，如遇到外力冲击或温度骤变，即使玻璃无法抵抗而开裂，但由于钢丝网与玻璃黏结成一体，碎片仍附着在钢丝网上，不致四处飞溅伤人，因此夹丝玻璃属于安全玻璃。夹丝玻璃可以切割，主要用于建筑物的天窗、采光屋顶、仓库门窗、防火门窗及其他有防盗、防火功能要求的建筑部位。

(3)夹层玻璃。夹层玻璃是在两片或多片平板玻璃之间嵌夹透明塑料薄片，经加热、加压黏合而成的平面或曲面的复合玻璃制品。夹层玻璃的层数有 2 层、3 层、5 层、7 层、9 层，建筑上常用两层夹层玻璃。夹层玻璃的构造如图 8-6 所示。

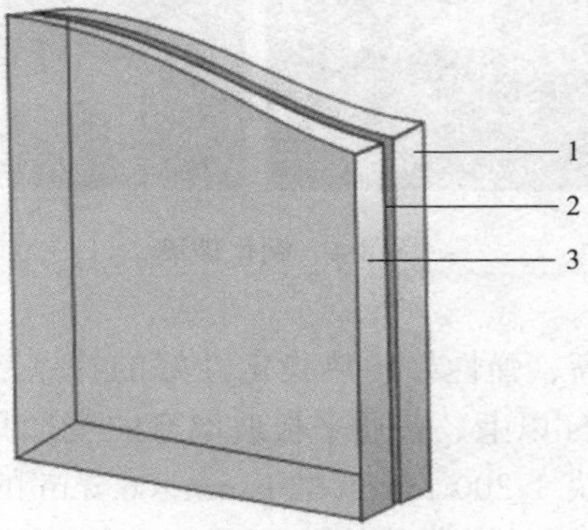

图 8-6　夹层玻璃

1，3—玻璃；2—PVB 薄膜

夹层玻璃具有抗冲击能力强、安全性高，耐用和使用范围广等特点；但夹层玻璃一般不可切割。夹层玻璃的抗冲击能力比同等规格的普通平板玻璃高出几倍，其安全性高。夹层玻璃还具有良好的透明度，若使用不同的塑料夹层还可制成颜色多样的色彩夹层玻璃。另外，由于塑料夹层的作用，夹层玻璃还具有隔声和保温等辅助功能。

夹层玻璃主要用于商店、银行橱窗、隔断及下水工程，或其他有防弹、防盗等特殊安全要求的建筑门窗、天窗、楼梯栏板等处，除此之外，还可作为汽车、飞机的挡风玻璃用于交通工程。

(4)钛化玻璃。钛化玻璃是将钛金薄膜紧贴在任意一种玻璃基材之上面形成的新型玻璃。钛化玻璃的强度是一般玻璃的 4 倍，阳光透过率可达 97%，防紫外线能力可达 99%，不会自爆，也没有碎片伤害性且加工方便。因此，钛化玻璃是公认的最安全的玻璃。

4. 节能玻璃

节能玻璃不仅色彩多样，而且具有对光和热的吸收、透射和反应能力，当其用于建筑物的外墙窗玻璃幕墙时，可显著降低建筑能耗，现已广泛应用于各种建筑物中。

建筑上常用的节能装饰玻璃有吸热玻璃、热反射玻璃、低辐射镀膜玻璃和中空玻璃等。

(1)吸热玻璃。吸热玻璃因其通常带有一定的颜色，又称为着色玻璃。其是一种既能保持较高的可见光透过率，又能显著吸收阳光中大量红外线辐射的玻璃。生产吸热玻璃的方法有两种：一种是在普通玻璃中加入着色氧化物，如氧化铁、氧化镍、氧化钴等，使玻璃具有强烈吸收阳光中红外辐射的能力；另一种是在平板玻璃表面喷涂一层或多层具有吸热和着色能力的氧化锡、氧化锑薄膜而制成。

吸热玻璃按颜色，可分为灰色、茶色、绿色、古铜色、金色、棕色或蓝色等。其中，以蓝色、茶色最为常见。

凡既需要采光又需要隔热之处均可采用吸热玻璃。目前，普通吸热玻璃已广泛应用于高档建筑物的门窗或玻璃幕墙及车、船等的挡风玻璃等部位。

(2)热反射玻璃。热反射玻璃又称为镀膜玻璃，是在无色透明的平板玻璃上，镀上一层金属(如金、银、铜、铝、镍、铬和铁等)或金属氧化物薄膜或有机物薄膜，使其具有较高的热反应性，又保持良好的透光性能。生产镀膜玻璃的方法有热分解法、喷涂法、浸涂法等。热反射玻璃常见的颜色有灰色、青铜色、茶色、金色、浅蓝色和古铜色等。

热反射玻璃作为一种新型建筑玻璃，具有装饰和节能的作用，主要用于玻璃幕墙、内外门窗及室内装饰等。

(3)低辐射镀膜玻璃。低辐射镀膜玻璃又叫作低辐射玻璃，这种玻璃的镀膜具有很低的热辐射性，室内被阳光加热的物体所辐射的远红外光很难通过这种玻璃辐射出去，可以保持90%的室内热量，因而具有良好的保温效果。另外，低辐射玻璃还具有较强的阻止紫外线透射的功能，可有效地防止室内陈设物品、家具等受紫外线照射产生老化和褪色等现象。低辐射玻璃一般不单独使用，常与普通平板玻璃、浮法玻璃、钢化玻璃等配合制成高性能的中空玻璃。

(4)中空玻璃。中空玻璃的构造如图8-7所示。中空玻璃是由两层或多层片状玻璃用边框支撑并均匀隔开，中间充以干燥的空气或惰性气体，四周边缘部分用胶黏结密封而达到保温、隔热的效果的节能玻璃制品。中空玻璃的空气层厚度通常为6 mm、9～10 mm、12～20 mm等。正是由于这"空"的存在，才使中空玻璃有了绝佳的保温、隔热性能。

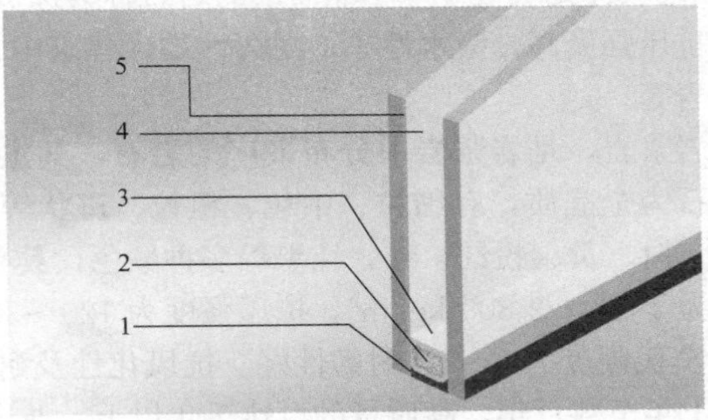

图8-7　中空玻璃的构造

1—密封胶；2—干燥剂；3—间隔条；4—填充气体；5—金属膜层

8.2.3　建筑玻璃的选用

建筑玻璃除要满足遮风、避雨和采光的基本功能外，还具有节能性、装饰性、安全性的功能。在保证安全性的前提下，根据建筑的应用部位科学合理地选择建筑玻璃的品种，使其充分发挥作用。

1. 安全性

建筑玻璃在正常使用条件下不破坏，强度和刚度应符合规范要求，有些建筑部位必须使用安全玻璃，以保证人的安全。

2. 功能性

建筑玻璃具有隔热性、隔声性、防火性等功能。例如，防火玻璃能有效地限制玻璃表面的热传递，在受热后变得不透明，并且具有一点抗热冲击能力。

3. 经济性

在保证安全性和功能性的前提下，应尽量减少造价，科学、合理地选择玻璃的品种。

例如，在严寒和寒冷地区选择中空玻璃，不但隔热性能好，而且可以减少制冷和采暖能耗。

8.3 石材

8.3.1 天然石材的种类

天然石材来自岩石，是将开采来的岩石进行一定加工处理后所得到的材料。天然石材按地质形成条件，可分为岩浆岩、沉积岩和变质岩三大类。其具有强度高、耐磨性好的特点，在建筑装饰工程中被广泛应用。

1. 岩浆岩

岩浆岩由地壳内部熔融岩浆上升冷却而成，又称火成岩。根据冷却条件的不同，岩浆岩可分为深成岩、喷出岩和火山岩三种。

(1)深成岩。岩浆在地表深处缓慢冷却结晶而成的岩石称为深成岩。其结构致密，晶粒粗大、体积、密度大，抗压强度高，吸水性小，耐久性高。建筑中常用的深成岩有花岗石、正长岩、辉长岩、闪长岩等。

花岗石属于深成的岩浆岩，是岩浆岩中分布最广的岩石，其主要矿物组成为长石、石英和少量云母等。花岗石为全晶质，有细粒、中粒、粗粒、斑状等多种结构，但以细粒构造性质为好，通常有灰、白、黄、粉红、红、纯黑等多种颜色，具有很强的装饰性。

花岗石的体积密度为 2 500～2 800 kg/m^2，抗压强度为 120～300 MPa，孔隙率低，吸水率为 0.1%～0.7%，莫氏硬度为 6～7，耐磨性好、抗风化性及耐久性高、耐酸性好，但不耐火。使用年限为数十年至数百年，高质量的可达千年以上。花岗石板材如图 8-8 所示。

图 8-8 花岗石板材

花岗石主要用于基础、挡土墙、勒脚、踏步、地面、外墙饰面、雕塑等，属高档材料。破碎后可用于配制混凝土。另外，花岗石还用于耐酸工程。

(2)喷出岩。喷出岩是岩浆喷出地表后，在压力骤减和迅速冷却的条件下形成的岩石(图 8-9)。其特点是结晶不完全，多呈细小结晶或玻璃质结构，岩浆中所含气体在压力骤减时会在岩石中形成多孔构造。建筑中用到的喷出岩有玄武岩、辉绿岩、安山岩等。玄武岩和辉绿岩十分坚硬，难以加工，常用作耐酸和耐热材料，也是生产铸石和岩棉的原料。

图 8-9　喷出岩

(3)火山岩。火山岩是岩浆被喷到空气中，急速冷却而形成的岩石，又称火山碎屑(图 8-10)。因由喷到空气中急速冷却而成，故内部含有大量的气孔，并多呈玻璃质，有较高的化学活性。常用的有火山灰、火山渣、浮石等，主要用作轻骨料混凝土的骨料、水泥的混合材料等。

图 8-10　火山岩

2. 沉积岩

沉积岩又称水成岩，是指地表的各种岩石在外力地质作用下经风化、搬运、沉积成岩作用(压固、胶结、重结晶等)，在地表或地表不太深处形成的岩石(图 8-11)。沉积岩的主要特征是呈层状构造，各层岩石的成分、构造、颜色、性能均不同，且各为异性。与深成岩相比，沉积岩的体积密度小，孔隙率和吸水率较大，强度和耐久性较低。

沉积岩根据其生成条件，可分为机械沉积岩、化学沉积岩和有机沉积岩三种。

图 8-11　沉积岩

3. 变质岩

变质岩是岩石由于岩浆等的活动(高温、高湿、压力等)发生再结晶，使它们的矿物成分、结构、构造以至化学组成都发生改变而形成的岩石(图 8-12)。

图 8-12　变质岩

常用的变质岩主要有以下几种：

(1)石英岩。石英岩由硅质砂岩变质而成。结构致密均匀，坚硬，加工困难，耐酸性好，抗压强度为 250～400 MPa。石英岩主要用于纪念性建筑等的饰面及耐酸工程，使用寿命可达千年以上。

(2)大理石。大理石由石灰岩或白云岩变质而成，主要矿物成分为方解石、白云石。具有等粒、不等粒、斑状结构。常呈白、浅红、浅绿、黑、灰等颜色(斑纹)，抛光后具有优良的装饰性，白色大理石又称汉白玉。

大理石体积密度为 2 500～2 800 kg/m^2，抗压强度为 100～300 MPa，莫氏硬度为 3～4，易于雕琢磨光。城市空气中的二氧化硫遇水后，对大理石中的方解石有腐蚀作用，即生成易溶的石膏，从而使表面变得粗糙多孔，失去光泽，故其不宜用于室外。但吸水率小、杂质少、晶粒细小、纹理细密、质地坚硬，特别是白云岩或白云质石灰岩变质而成的某些大理石，也可用于室外，如汉白玉、艾叶青等。

大理石主要用于室内装修，如墙面、柱面及磨损较小的地面、踏步等，如图 8-13 所示。

图 8-13　大理石的应用

(3)片麻岩。片麻岩由花岗石变质而成，呈片状构造，各向异性，在冰冻作用下易成层剥落。片麻岩的体积密度为 2 600～2 700 kg/m^2，抗压强度为 120～250 MPa。其可用于一般建筑工程的基础、勒脚等石砌体，可作混凝土骨料。

8.3.2 天然石材的技术性质

由于天然石材形成条件差异，所含有杂质和矿物成分也有所变化，因此表现出来的性质也可能有很大的差别。所以，在使用天然材料前都必须进行检查和鉴定，以保证工程质量。天然石材的技术性质可分为物理性质、力学性质和工艺性质。

1. 物理性质

(1)表观密度。石材按表观密度大小，可分为轻质石材(表观密度≤1 800 kg/m^2)、重质石材(表观密度>1 800 kg/m^2)。岩石的表观密度由其矿物及致密程度决定。一般来说，石材的表观密度越大，孔隙率越小，其抗压强度越高、吸水率越小、耐久性越好。重质石材可用于建筑的基础、贴面、地面、桥梁及水工构筑物等；轻质石材主要用于保暖房屋外墙。

(2)吸水性。石材吸水性的大小与其孔隙率及孔隙特征有关。岩浆深成岩及许多变质岩的孔隙率很小，故而吸水率很小，例如，花岗石的吸水率通常小于0.5%，沉积岩由于形成条件、密实程度与胶结情况有所不同，因而孔隙率与孔隙特征的变化很大，导致石材吸水率的波动也很大，如致密的石灰岩，它的吸水率可小于1%，而多孔贝壳灰岩吸水率可高达15%。

(3)耐水性。石材的耐水性以软化系数表示。软化系数大于0.90为高耐水性；软化系数在0.75～0.90为中耐水性；软化系数在0.60～0.75为低耐水性。软化系数小于0.80的岩石，不允许用于重要建筑物中。

(4)抗冻性。石材的抗冻性用冻融循环次数来表示，是指石材在水饱和状态下，保证强度降低值不超过25%、质量损失不超过5%、无贯通裂缝的条件下能经受的冻融循环次数。抗冻性是衡量石材耐久性的一个重要指标，石材的抗冻性与吸水性有着密切的关系，吸水性大的石材其抗冻性也差。根据经验，吸水率小于0.5%的石材是抗冻的，可不进行抗冻试验。

(5)耐热性。石材的耐热性与其化学成分及矿物组成有关。石材经高温后，由于热胀冷缩体积变化而产生内应力，或由于高温使岩石中矿物发生分解和变异等导致结构破坏。例如，含有石膏的石材，在100 ℃以上时就开始破坏；含碳酸镁的石材，当温度高于725 ℃时会发生破坏等。

(6)导热性。石材的导热性用导热率表示，主要与其致密程度有关。相同成分的石材，玻璃态比结晶态的导热率小。具有封闭孔隙的石材，导热性差。

2. 力学性质

(1)抗压强度。石材的强度等级是以边长为70 mm的立方体抗压强度表示的，取三个试件破坏强度的平均值。《砌体结构设计规范》(GB 50003—2011)规定，天然石材强度等级可分为MU100、MU80、MU60、MU50、MU40、MU30和MU20七个等级。试件也可采用表8-3所列各种边长尺寸的立方体，对试验结果乘以相应的换算系数后方可作为石材的强度等级。

表8-3 石材强度等级的换算系数

立方体边长/mm	200	150	100	70	50
换算系数	1.43	1.28	1.14	1	0.86

(2)冲击韧性。石材的冲击韧性取决于矿物组成与构造。石英和硅质砂岩脆性很大，含暗色矿物较多的辉长岩、辉绿岩等具有较大的韧性。晶体结构的岩石较非晶体结构的岩石又具有较大的韧性。

(3)硬度。石材的硬度反映其加工的难易性和耐磨性，天然岩石的硬度以莫氏硬度表示。由致密、坚硬矿物组成的石材，其硬度较高；岩石的硬度与抗压强度相关性很大，一般抗压度低的硬度也小。

3. 工艺性质

天然石材的工艺性质是指其开采及加工过程的难易程度及可能性，包括加工性、磨光性和抗钻性。

(1)加工性。石材的加工性是指对岩石进行开采、劈解、切割、凿琢、研磨、抛光等加工工艺的难易程度。强度、硬度、韧性较高的石材不宜加工；质脆而粗糙，有颗粒交错，含有层状或片粒结构及已风化的岩石，都难以满足加工要求。

(2)磨光性。石材的磨光性是指石材能否磨成平整、光滑表面的性质。致密、均匀、细粒的岩石一般都有良好的磨光性，可以磨成光滑、亮洁的表面。疏松多孔、有鳞片状构造的岩石，磨光性差。

(3)抗钻性。石材的抗钻性是指岩石钻孔的难易程度。影响抗钻性的因素很复杂，一般与岩石的强度、硬度等性质有关。当石材的强度越高、硬度越大时，越不易钻孔。

8.3.3 建筑石材的常用规格

建筑石材是指主要用于建筑工程中的砌筑或装饰的天然石材。砌筑用石材可分为毛石和料石；装饰用石材主要是指天然石质板材。

1. 毛石

毛石(又称片石或块石)是由爆破直接获得的石块。依据其平整程度，又可分为乱毛石和平毛石两类。

2. 料石

料石(又称条石)是由人工或机械开采出的较规则的六面体石块，略经加工凿琢而成。按其加工后的外形规则程度，可分为毛料石、粗料石、半细料石和细料石四种。

3. 装饰用石材

天然大理石、花岗石板材采用“平方米(m^2)”计量，出厂板材均应注明品种代号标记、商标、生产厂名。配套工程用材料应在每块板材侧面表明其图纸编号。包装时应将光面相对，并按板材品种规格、等级分别包装。运输搬运过程中严禁滚摔碰撞。板材直立码放时，倾斜角不大于15°；平放时地面必须平整，垛高不超过1.2 m。

(1)天然花岗石板材。天然花岗石经加工后的板材简称花岗石板材。花岗石板材结构致密，强度高，孔隙率和吸水率小，耐化学侵蚀、耐磨、耐冻、抗风蚀性能优良，经加工后色彩多样且具有光泽，是理想的天然装饰材料，常用于高、中级公共建筑内、外墙饰面和楼地面铺贴，也常用于纪念碑(雕像)等面饰，具有庄重、高贵、华丽的装饰效果。

(2)天然大理石板材。天然大理石板材简称大理石板材，是建筑装饰中应用较广泛的天然石饰面材料。天然大理石板材结构致密，密度为2.7 g/cm^3左右，强度较高，吸水率低，但表面硬度较低，不耐磨，耐化学侵蚀和抗风蚀性能较差，长期暴露于室外受阳光、雨水侵蚀易褪色失去光泽。

(3)青石装饰板材。青石装饰板材简称青石板，属于沉积岩类(砂岩)，主要成分为石灰石、白云石。青石板质地密实，强度中等，易于加工，可采用简单工艺凿割成薄板或条形材，是理想的建筑装饰材料。青石装饰板材适用于建筑物墙裙、地坪铺贴及庭院栏杆、台阶等处，具有古建筑的独特风格。

大理石板材与花岗石板材的性能对比见表 8-4。

表 8-4　大理石板材与花岗石板材的性能对比

品种 性能	大理石板材	花岗岩板材
矿物组成	方解石、白云石	长石、石英、云母
花纹特点	云状、片状、枝条形花纹	繁星状、斑点状花纹
体积密度	2 600～2 700 kg/m^3	2 600～2 800 kg/m^3
装饰特点	磨光后质感细腻、平滑，雕刻后具有阴柔之美	磨光板材色泽，质地大方，非磨光板材材质感厚重、庄严，雕刻后具有阳刚之气
抗压强度	70～140 MPa	120～250 MPa
莫式硬度	硬度较小，莫氏硬度 3～4	硬度大
耐磨性能	耐磨性差，故磨光容易	耐磨性好，故加工不易
耐火性能	耐火性好	耐火性差
化学性能	耐酸性差，耐碱性较好	化学稳定性好，有较强的耐酸性
耐风化性	差	好
使用年限	比花岗石短	寿命可达 200 年以上
放射物性质	与具体组成有关	与具体组成有关，放射性物质多于大理石

8.3.4　地铁车站地面对装饰材料的要求

(1)防滑性能。由于地铁车站具有较高的交通客流量，因此地面装饰石材必须具有较强的防滑性，以保证乘客的安全。

(2)工艺性。用于地铁站台内的装饰石材应具有良好的可加工性，满足饰材角度偏差、平度偏差、棱角缺陷等技术指标要求，满足表面色彩和光泽度、色差、色斑等指标要求，纹理自然美观，工程设计的表现效果好，观赏性强。

在实际工程中，应严格控制色差和水渍现象。在满足防滑系数要求时，尽量提高光泽度，以满足观感效果。

(3)安全性。岩石用于地铁车站做装饰材料，除应满足放射性要求外，对用于地铁或隧道内部的装饰石材还必须满足安全性要求，即必须具有较高的防火性能。所有用于地铁内部装饰的材料防火等级必须达 A 级。

(4)经济性。天然石材的结构密实，密度大，开采加工和运输都很不方便，且运费较高。

8.3.5 建筑石材的选用原则

在建筑工程设计和施工中，石材的选用应遵循以下原则：

(1)经济性。天然石材和加工的石料，运输不便、运费高，应综合考虑地方资源，尽可能做到就地取材。难于开采和加工的石料将使材料成本提高，选材时应注意。

(2)适用性。要按使用要求分别衡量各种石材在建筑中是否适用。

(3)安全性。由于天然石材是构成地壳的基本物质，故可能含有放射性物质。放射性物质在衰变中会产生对人体有害的物质。因此，在选用天然石材时，应有放射性检验合格证明或鉴定。

8.4 陶瓷

陶瓷自古以来就是建筑物的重要材料。建筑装饰陶瓷坚固耐用，装饰性好、功能性强。建筑装饰陶瓷的发展非常迅猛，新产品不断涌现。

8.4.1 建筑装饰陶瓷的概念和种类

1. 建筑装饰陶瓷的概念

陶瓷是指以黏土为主要材料，经原料处理、配料、制坯、干燥和焙烧而制成的无机非金属材料。建筑装饰陶瓷是指用于建筑物饰面或作为建筑构件的陶瓷制品。建筑陶瓷具有强度高、性能稳定、耐腐蚀性好、耐磨、防水、防火、易清洗和装饰性好等特点。

建筑装饰陶瓷种类

2. 建筑装饰陶瓷的分类

(1)按坯体的物理性质和特征分类。

1)陶瓷：陶瓷是以陶土、河沙等为主要原料，经低温烧制而成，通常具有一定的气孔率和吸水率，断面粗糙无光，不透明，敲之声音粗哑，可施釉或无釉，根据原材料中杂质的多少可分为粗陶和精陶。建筑上常用的砖瓦及陶管等属于粗陶，而地砖、卫生洁具、外墙砖、和釉面砖等属于精陶。

2)瓷器：瓷器是以高岭石或磨细的岩石粉，如瓷土粉、长石粉、石英粉为原料，经过精细加工成型后，在 1 250 ℃～1 450 ℃的温度下烧制而成。瓷器的坯体致密、基本不吸水、色泽好、强度高、耐磨性好，具有半透明性，表面通常施釉，根据原料中杂质的多少可分为粗瓷和精瓷。

3)炻器：以耐火黏土为主要原料制成，烧成温度为 1 200 ℃～1 300 ℃，烧成后呈浅黄色或白色，它是介于陶器和瓷器之间的一类产品，统称为炻器，也称半瓷。按其坯体的细密、均匀及粗糙程度可分为粗炻器和细炻器两大类。建筑装饰用的外墙砖、地砖及耐酸化工陶瓷，水缸等均属于粗炻器。我国著名的宜兴紫砂陶是一种无釉细炻器。

(2)按功能分类。

1)卫生陶瓷：洁具、便器、容器。

2)釉面砖：白色或装饰釉面砖、陶瓷画、瓷砖。

3)墙地砖：地砖、陶瓷马赛克。

4)园林陶瓷：盆景、花瓶。

5)古建筑陶瓷：琉璃瓦、琉璃装饰、琉璃制品。

8.4.2 陶瓷的原料和基本工艺

陶瓷的原料品种很多，大致可分为两类：一类是天然矿物；另一类是化工原料。使用天然矿物原料制作的陶瓷较多，天然矿物主要是岩石及其风化黏土，其中包括石英、长石和高岭土等物质。

陶瓷生产的基本工艺包括原料的制备、坯料的制备和计算、成型、釉料制备及施釉、坯体干燥、烧成等过程。其中，成型是陶瓷生产中的重要工作；烧成是陶瓷生产中的关键工序，烧成过程中，坯体产生一系列的物理、化学变化，使之获得所要求的性能。

8.4.3 建筑装饰陶瓷制品

1. 釉面内墙砖

(1)釉面内墙砖的概念。釉面内墙砖也称瓷砖、瓷片，简称釉面砖。釉面砖是以难熔黏土为主要原料，加入一定的助溶剂，经研磨，烘干成为含有一定水分的坯料之后，再经烘干、铸模、施釉和烧结等工序制成。

(2)釉面内墙砖的性能特点。釉面内墙砖强度高，耐磨性、耐蚀性、抗冻性好，抗急冷、急热，耐污，易清洗。表面细腻，色彩和图案丰富，极富装饰性。

(3)釉面内墙砖的应用。釉面内墙砖广泛用于厨房、浴室、卫生间、实验室、精密仪器车间及医院等室内墙面。但釉面内墙砖不宜用于室外，因釉面内墙砖是多孔的精陶坯体，在长期的与空气接触过程中，特别是在潮湿的环境中使用，会吸收大量水分而产生吸湿膨胀现象。釉的吸湿膨胀非常小，当坯体的吸湿膨胀程度增长到使釉面处于张应力状态，应力超过釉的抗张强度时，釉面发生开裂。如果用于室外，经长期冻融，更容易出现剥落掉皮现象。

2. 陶瓷墙地砖

陶瓷墙地砖是陶瓷外墙面砖和室内外陶瓷铺地砖的统称。陶瓷墙地砖强度高，质地密实，吸水率小，热稳定性、耐磨性及抗冻性均较好。墙地砖有施釉和不施釉两种，墙地砖背面有凹凸的沟槽，并有一定的吸水性，用以和基层墙面黏结。

外墙砖由于受风吹日晒、冷热冻融等自然因素的作用较严重，因而要求其不仅具有装饰性能，更要满足一定的抗冻性、抗风化能力和耐污染性能。墙地砖要求具有较强的抗冲击性和耐磨性。

3. 陶瓷马赛克

陶瓷马赛克是一种将边长不大于 50 mm 的片状瓷片铺贴在牛皮纸上形成色彩丰富、图案多样的装饰砖，所以又称为纸皮砖，如图 8-14 所示。

图 8-14 陶瓷马赛克

陶瓷马赛克采用优质瓷土烧制而成，具有质地坚硬、耐磨、吸水率极小(小于 0.2%)、耐酸碱、耐火、不渗水、易清洗、抗急冷及急热、防滑性好、颜色丰富、图案多样等特点。陶瓷马赛克的应用范围很广，不仅适用于清洁车间、门厅、餐厅等处的地面和墙面饰面，还可用于室内外游泳区、海洋馆的池底、池边沿及地面的铺设。

4. 琉璃制品

琉璃制品是以优质黏土作为原料，经配料、成型、干燥、素烧、施色釉，再经烧制而成的制品。琉璃制品的特点是质地细腻坚实，耐久性强，不易褪色，耐污性好，色泽丰富多彩，造型古朴。

建筑琉璃制品主要用于宫殿式建筑和纪念性建筑上，也常用于园林建筑中，还有陈设用的各种工艺品，如琉璃桌、绣墩、花盆、花瓶等。琉璃瓦是我国古建筑中的一种高级屋面材料，用琉璃制品装饰的建筑物富丽堂皇、雄伟壮观，富有我国传统的民族特色。

5. 建筑卫生陶瓷

卫生陶瓷是用作卫生设施的有釉陶瓷制品的总称，是以磨细的石英粉、长石粉及黏土等为主要原料，经细加工注浆成型，一次烧制而成的、表面有釉的陶瓷制品。卫生陶瓷具有结构致密、吸水率小、强度较高、便于清洗、耐化学侵蚀、热稳定性好等特点。

卫生洁具是现代建筑中室内配套不可缺少的组成成分，主要有洗脸盆、浴缸、便器等。建筑卫生陶瓷正朝着功能化、高档化和艺术化方向发展。

8.5 木材

8.5.1 木材的分类与构造

1. 树木的分类

木材由树木加工而成。树木按树种不同可分为针叶树和阔叶树两大类。

(1)针叶树。针叶树树叶细长如针，多为常绿树，树干通直和高大，易得大材，纹理平顺，材质均匀，木质较软而易于加工，故又称为软木材。其树材主要用作承重构件、装修和装饰部件，是主要的建筑用材。常用树种有红松、落叶松、云杉、冷杉、杉木、柏木。

木材的分类

(2)阔叶树。阔叶树树叶宽大，叶脉成网状，大部分树种的表观密度大，材质较硬，不易加工，故称为硬木材。阔叶树材特别适用于室内装修，如家具及胶合板、拼花地板。常用的阔叶树的树种有榉木、柞木、檀树、水曲柳、桦树、榆木，以及质地较软的椿木、椴木等。

2. 木材的构造

研究木材的构造是掌握木材性能的重要手段，木材构造可分为宏观构造和微观构造。

(1)木材的宏观构造。宏观构造是指用肉眼和放大镜能观察到的组织，通常从树干的横切面(垂直于树轴的面)、径切面(通过树轴的纵切面)和弦切面(平行于树轴的纵切面)三个切面来进行剖析，如图 8-15 所示。

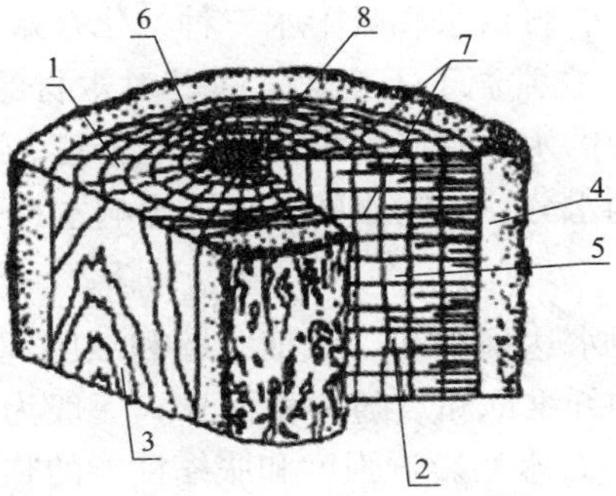

图 8-15　木材的三个切面构成

1—横切面；2—径切面；3—弦切面；4—树皮；5—木质部；6—年轮；7—木射线；8—髓心

(2)木材的微观构造。微观构造是指在显微镜下能观察到的木材组织。其由无数管状细胞结合而成，它们大部分纵向排列，少数横向排列(如髓线)。每个细胞可分为细胞壁和细胞腔两部分。细胞壁由纤维组成，其纵向连接较横向牢固。细纤维间具有极小的空隙，能吸附和渗透水分。木材的细胞壁越厚，腔越小，木材越密实，其表观密度越大，强度也越高，但胀缩大。

针叶树与阔叶树的微观构造有较大差别，如图 8-16 和图 8-17 所示。

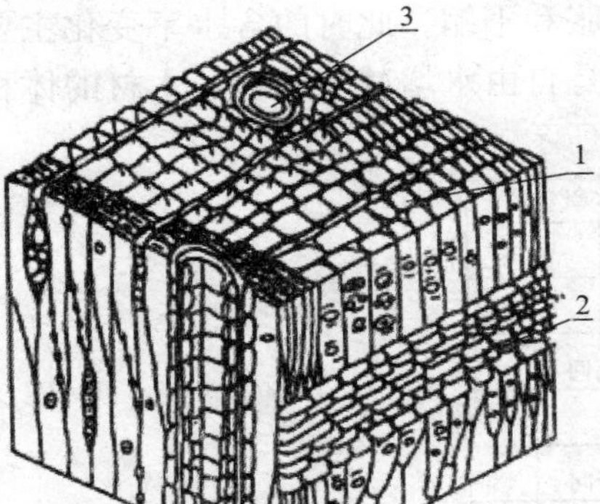

图 8-16　马尾松的显微构造

1—管胞；2—木射线；3—树脂道

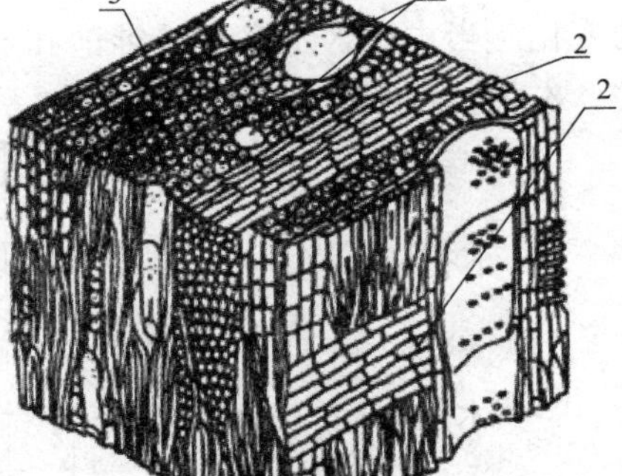

图 8-17　柞木的显微构造

1—管孔；2—木射线；3—木纤维

8.5.2 木材的主要性质

1. 密度

(1)木材的密度。由于木材的分子构造基本相同，因而木材的密度基本相等，平均约为 1.55 g/cm^3。

(2)木材的表观密度。木材的表观密度是指木材单位体积的质量。木材细胞组织中的细胞腔及细胞壁中存在大量微小的空隙，所以，木材的表观密度较小，一般只有 300～800 kg/m^3。木材的孔隙率很大，达 50%～80%，因此，密度与表观密度相差较大。

2. 木材中的水分

木材中的水可分为化合水、自由水和吸附水三种。化合水是木材化学成分中的结合水，总含量通常不超过 1%～2%，在常温下不变化，故其对木材的性质无影响；自由水是存在于木材细胞腔内和细胞间隙中的水，它影响木材的表观密度、抗腐蚀性、燃烧性和干燥性；吸附水是被吸附在细胞壁内的水分，吸附水的变化则影响木材强度和木材膨胀变形性能。

3. 木材的纤维饱和点

当木材中仅细胞壁内吸附水达到饱和，而细胞腔和细胞间隙中无自由水时的含水率称为木材的纤维饱和点。木材的纤维饱和点随树种而异，一般为 25%～35%，通常其平均值约为 35%。木材纤维饱和点是含水率影响强度和胀缩性能的临界点。

4. 木材的平衡含水率

当环境的温度和湿度改变时，木材中所含的水分会发生较大变化，当木材长时间处于一定温度和湿度的环境中时，木材中的含水量最后会与周围环境达到吸收与挥发的动态平衡，处于相对恒定的含水率，这时木材的含水率称为平衡含水率。平衡含水率是木材和木制品使用时避免变形或开裂而应控制的含水率指标。

5. 木材的湿胀与干缩变形

木材具有很显著的湿胀干缩性，但只在木材含水率低于纤维饱和点时才会发生，主要是由于细胞壁内所含的吸附水增减而引起的。

当木材的含水率在纤维饱和点以下时，随着含水率的增大，木材体积产生膨胀，随着含水率减少，木材体积收缩，这分别称为木材的湿胀和干缩。此时的含水率变化主要是吸附水的变化。当木材含水率在纤维饱和点以上，只是自由水增减变化时，木材的体积不发生变化。木材含水率与其胀缩变形的关系如图 8-18 所示。

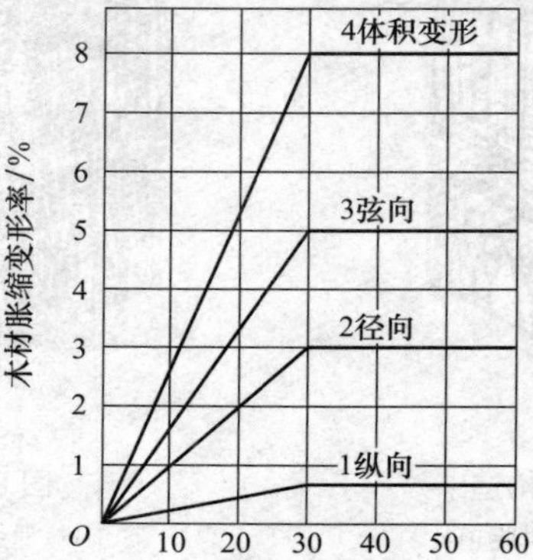

图 8-18 木材含水率与其胀缩变形的关系

由于木材为非匀质构造，故木材的干缩率值各不相同。其中，以弦向最大，为 6%～12%；径向次之，为 3%～6%；纵向(即顺纤维方向)最小，为 0.1%～0.35%。

木材的湿胀和干缩变形还随树种不同而异，一般来说，表观密度大的、夏材含量多的木材，膨胀变形较大。湿胀与干缩变形会使木材产生翘曲、裂缝，使木结构结合处产生松弛、开裂、拼缝不严。为避免这些不良现象，应对木材进行干燥或化学处理，预先达到使用条件下的平衡含水率，使木材的含水率与其工作环境相适应。

图 8-19 所示为木材干燥后其横截面上各部位的不同变形情况。

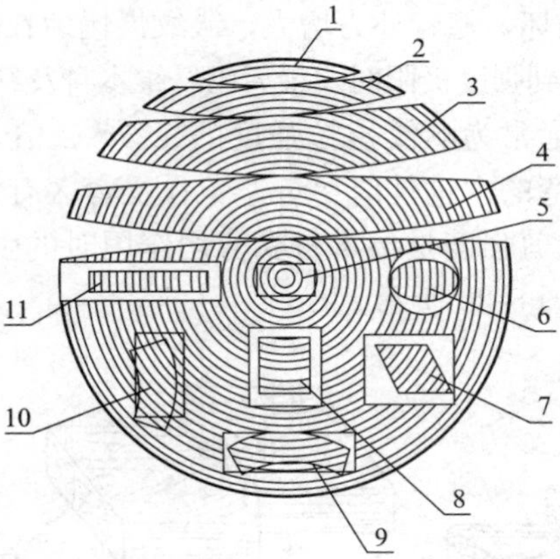

图 8-19　木材干燥后其横截面上各部位的不同变形情况

1—弓形成橄榄核状；2，3，4—成反翘曲；5—通过髓心径锯板两头缩小成纺锤形；6—圆形成椭圆形；7—与年轮成对角线的正方形变菱形；8—两边与年轮平行的正方形变长方形；9，10—长方形板的翘曲；11—边材径向锯板较均匀

8.5.3　木材强度

1. 木材的强度

木材是非匀性的各向异性材料，不同的作用力方向其强度差异很大。

木材常用的强度有抗压强度、抗拉强度、抗弯强度和抗剪强度。其中，抗压强度、抗拉强度、抗剪强度又有顺纹和横纹之分。顺纹为作用力方向与木材纤维方向平行；横纹为作用力方向与木纤维方向垂直。木材强度的检验是用无斑点的木材制成标准试件，按《木材物理力学试验方法总则》(GB/T 1928—2009)进行测定的。

(1)抗压强度。木材的抗压强度可分为顺纹抗压和横纹抗压。

1)顺纹抗压强度为作用力方向与木材纤维方向平行时的抗压强度。这种破坏主要是木材细胞壁在压力作用下的失稳破坏，而不是纤维的断裂。顺纹抗压强度在建筑工程中常用于柱、桩、斜撑及桁架等承重构件，它是确定木材强度等级的依据。

2)横纹抗压强度为作用力方向与木材纤维方向垂直时的抗压强度，这种作用是木材横向受力压紧产生显著变形而造成的破坏，相当于将细胞长的管状细胞压扁。木材的横纹抗压强度不高，比顺纹抗压强度低得多，在实际工程中也很少有横纹受压的构件。

(2)抗拉强度。顺纹抗拉强度是指拉力方向与木材纤维方向一致时的抗拉强度。这种受拉破坏理论上是木纤维被拉断，但实际往往是木纤维未被拉断，而纤维间先被撕裂。

1)木材顺纹抗拉强度最大，大致为顺纹抗压强度的 2～3 倍，可达到 50～200 MPa。

2)木材的缺陷(如木节、斜纹等)对顺纹抗拉强度影响极为显著。这也使顺纹抗拉强度难以在工程中被充分利用。

3)横纹抗拉强度是指拉力方向与木纤维垂直时的抗拉强度。木材细胞横向连接很弱，横纹抗拉强度最小，为顺纹抗拉强度的 1/20～1/40，工程中应避免受到横纹拉力作用。

(3)抗弯强度。木材受弯曲时内部应力比较复杂，在梁的上部是受到顺纹抗压，下部为顺纹抗拉，而在水平面中则有剪切力，木材受弯破坏时，受压区首先达到强度极限，开始形成微小的不明显的皱纹，但并不立即破坏，随着外力增大，皱纹慢慢地在受压区扩展，产生大量塑性变形，当受拉区域内许多纤维达到强度极限时，最后因纤维本身及纤维间连接的断裂而破坏。

木材的抗弯强度很高，通常为顺纹抗拉强度的 1.5～2 倍。在建筑工程中常用于地板、梁、桁架等结构中。用于抗弯的木构件应尽量避免在受弯区有斜纹和木节等缺陷。

(4)抗剪强度。木材的抗剪强度是指木材受剪切作用时的强度。其可分为顺纹剪切、横纹剪切和横纹切断三种，如图 8-20 所示。

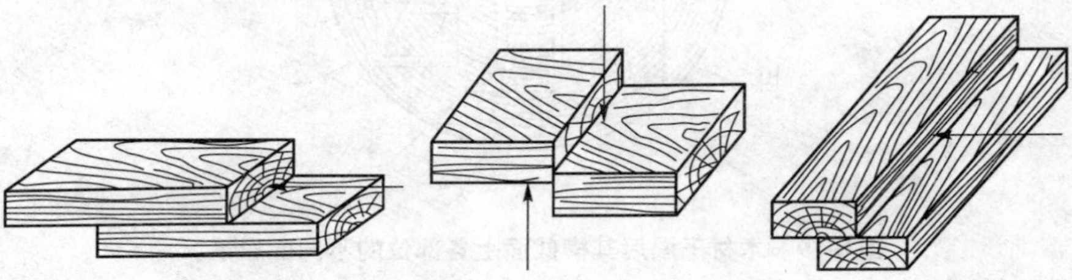

图 8-20　木材的剪切

(a)顺纹剪切；(b)横纹剪切；(c)横纹切断

木材因各向异性，故各种切断差异很大。当顺纹抗压强度为 1 时，木材各项强度之间的比例关系见表 8-5。

表 8-5　木材各项强度之间的比例关系

抗压		抗拉		抗弯	抗剪		
顺纹	横纹	顺纹	横纹		顺纹剪切	横纹剪切	横纹切断
1	1/10～1/3	2～3	1/20～1/3	3/2～2	1/7～1/3	1/10～1/5	1/2～3/2

2. 木材强度的影响因素

(1)木材纤维组织的影响。木材受力时，主要靠细胞壁承受外力，厚壁细胞数量越多，细胞壁越厚，强度就越高，则所含夏材的百分率越高，木材的强度也越高。

(2)含水率的影响。木材的含水率在纤维饱和点以下变化时，随着含水率降低，木材强度增大；当含水率在纤维饱和点以上变化时，基本上不影响木材的强度。这是因为含水率在纤维饱和点以下时，含水量减少，吸附水减少，细胞壁趋于紧密，故强度增高，含水量增加使细胞壁中的木纤维之间的黏结力减弱，细胞壁软化，故强度降低；含水率超过纤维饱和点时，主要是自由水的变化，对木材的强度无影响。含水率的变化对各强度的影响是不一样的。对顺纹抗压强度和抗弯强度的影响较大，对顺纹抗拉强度和顺纹抗剪强度影响较小，如图 8-21 所示。

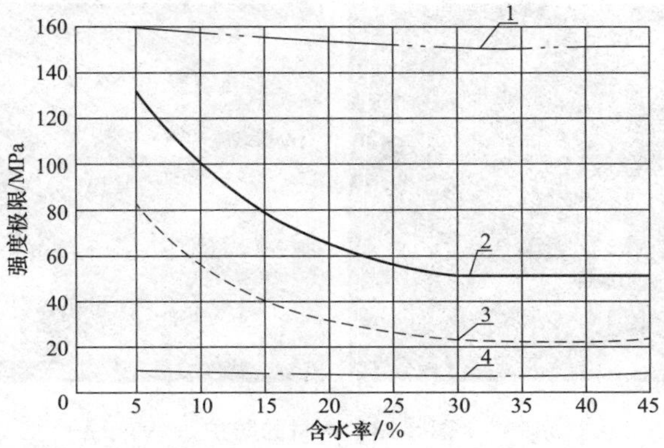

图 8-21　含水率对木材强度影响

1—顺纹抗拉；2—抗弯；3—顺纹抗压；4—顺纹抗剪

(3)负荷时间的影响。木材在长期荷载作用下，即使外力值不变，随着时间延长木材也将发生较大的蠕变，最后达到较大的变形而破坏。这种木材在长期荷载作用下不致引起破坏的最大强度，称为持久强度。木材的持久强度比其极限强度小很多，一般为极限强度的 50%～60%。

木材的长期承载能力远低于暂时承载能力。这是因为在长期承载情况下，木材会发生纤维等速蠕滑，累积后产生较大的变形而降低了承载能力的结果。实际木结构中的构件均处于某种负荷的长期作用下，故在设计木结构时，应考虑负荷时间对木材强度的影响。

(4)温度的影响。随环境温度升高，木材中的细胞壁成分会逐渐软化，强度也随之降低。一般气候下的温度升高不会引起化学成分的改变，温度恢复时会恢复原来强度。

当温度由 25 ℃升到 50 ℃时，针叶树抗拉强度降低 10%～15%，抗压强度降低 20%～24%。当木材长期处于 60 ℃～100 ℃时，会引起水分和所含挥发物的蒸发而呈暗褐色，强度下降，变形增大。温度超过 140 ℃时，木材中的纤维素发生热裂解，色渐变黑，强度明显下降。当温度降至 0 ℃以下时，木材中水分结冰，强度将增大，但木质变脆。因此，长期处于高温的建筑物，不宜采用木结构。

(5)木材的疵病。木材在生长、采伐及保存过程中，会产生内部和外部的缺陷，这些缺陷统称为疵病(图 8-22)。木材的疵病主要有木节、斜纹、裂纹、腐朽及虫害等，这些疵病将影响木材的力学性质，但同一疵病对木材不同强度的影响不尽相同。

图 8-22　木材的疵病

木节可分为活节、死节、松软节、腐朽节等，活节影响较小。木节使木材顺纹抗拉强度显著降低，对顺纹抗压影响较小。裂纹、腐朽、虫害等疵病，会造成木材构造的不连续性或破坏其组织，严重影响木材的力学性质，有时甚至能使木材完全失去使用价值。

8.5.4　木材的防护

木材最大的缺点是易腐朽、易虫蛀和易燃，应采取必要措施提高木材的耐久性，如图 8-23 所示。

案例分析

图 8-23　木材的防护

1. 木材的干燥

干燥的目的是防止木材腐朽、虫蛀、翘曲与开裂，保持尺寸及形状的稳定性，便于进一步的防腐与防火处理。干燥方法有自然干燥与人工干燥两种方法。为防止木门窗等细木制品在使用中开裂、变形，应将木材采用窑干法进行干燥，含水率不应大于12%。若条件限制(除东北落叶松、云南松、马尾松、桦木等易变形的树种外)，可采用气干木材，其制作时含水率不应大于当地的平衡含水率。

2. 木材的防腐

木材腐朽主要由真菌侵害所致，引起木材变质的真菌有霉菌、变色菌和腐朽菌，其中腐朽菌的侵害所引起的腐朽较多。霉菌只寄生在木材表面，通常叫作发霉，对木材不起破坏作用。变色菌以细胞腔内含物为养料，不破坏细胞壁，所以对木材的破坏作用很小。

真菌在木材中生存和繁殖，必须同时具备适当的水分、空气和温度三个条件，当木材的含水率为35%～50%，温度为20 ℃～30 ℃，木材中又存在一定量空气时，最适宜腐朽菌的繁殖，因而木材最易腐朽。如果破坏其中一个条件，就能防止木材腐朽。另外，木材还会受到白蚁、昆虫蛀蚀。

根据木材腐朽的原因，通常防止木材腐朽的措施有以下两种：

(1)破坏真菌生存的条件。破坏真菌生存条件最常用的方法是使木结构、木制品和储存的木材处于经常保持通风干燥的状态，使其含水率低于20%，可采用防水防潮的措施。再将木结构和木制品表面进行油漆处理，油漆涂层既使木材隔绝了空气，又隔绝了水分。由此可知，木材油漆的作用首先是防腐，其次才是美观。

(2)将木材变成有毒的物质。将化学防腐剂注入木材中，使真菌无法寄生，木材防护剂种类很多，一般分为水溶性防腐剂、油脂防腐剂和油溶性防腐剂三类。

3. 木材的防火

木材的防火是将木材经过具有阻燃性质的化学物质处理后，变成难燃的材料，以达到遇到小火能自熄，遇到大火能延缓或阻滞燃烧蔓延，从而赢得扑救的时间。

4. 木材的环境污染控制

各种人造板材中由于使用了胶粘剂，故含有甲醛。甲醛是一种无色、易溶的刺激性气体，经呼吸道吸收，对人体有危害。凡是大量使用胶粘剂的木材，都会有甲醛释放，根据《民用建筑工程室内环境污染控制标准》(GB 50325—2020)规定，应严格加以控制。

8.5.5 木材的应用

1. 木材的种类和规格

(1)按承重结构的受力情况。根据《木结构设计标准》(GB 50005—2017)，按承重结构受力情况和缺陷，对承重结构木构件材质等级分成三级，见表 8-6。设计时应根据构件受力种类合理应用。

表 8-6 承重结构木构件材质等级

项次	主要用途	材质等级
1	受拉或拉弯构件	I_a
2	受弯或压弯构件	II_a
3	受压构件及次要受弯构件	III_a

(2)按加工程度。建筑用木材通常以原木、板材、枋材三种型材供应。各种商品型材均按国家材质标准，根据缺陷情况划分等级，通可常分为一、二、三、四等。

2. 木制品的特征与应用

林木生长缓慢，在建筑工程中一定要经济合理地使用木材，对木材进行综合利用。

(1)人造板材。将块屑等下脚料进行加工处理，或将原木旋切成薄片进行胶合，可制成板材。

1)胶合板。胶合板用原木沿年轮切成大张薄片，用胶粘剂粘合压制而成。木板层数应成奇数，一般为 3～13 层，所用胶料有动植物胶和耐水性好的酚醛、尿醛等合成树脂胶。

2)纤维板。纤维板是将木材加工下来的板皮、刨花、树枝等废料，经破碎浸泡、研磨成木浆，再加入一定的胶料，经热压成型、干燥处理而成的人造板材。纤维板的特点是材质构造均匀，各项强度一致，抗弯强度高，可达 55 MPa，耐磨，绝热性好，不易胀缩和翘曲变形，不腐朽，无木节、虫眼等缺陷。通常，在板表面施以仿木纹油漆处理，可达到以假乱真的效果。生产纤维板可使木材的利用率达 90%以上。

3)细木工板。细木工板属特种胶合板，其芯板用木板拼接而成，上下两个表面为胶贴木质单板的实心板材。细木工板具有质坚、吸声、绝热等特点，适用于家具、车厢和建筑物内装修等。

4)刨花板、木丝板、木屑板。刨花板、木丝板和木屑板是利用刨花碎片、短小废料加工刨制的木丝、木屑等，经过干燥、拌以胶料、热压而成的板材。

5)热固性树脂装饰压层板(标记 ZC)。热固性树脂装饰压层板以专用纸浸渍氨基树脂、酚醛树脂为原料，经热压而成，用于室内装饰。

(2)木地板。木地板是由软木树材(如松、杉等)和硬木树材(如水曲柳、榆木、柚木等)经加工处理的木板拼铺而成，可分为条木地板、拼花地板、漆木地板。

拓展内容

原木、锯材和枕木的含义

木材按加工程度可分为原木、锯材和枕木。原木是指只去根、修枝、剥皮，截成规定直径和长度的木料(图 8-24)，主要用于建筑工程的脚手架、建筑用材、家具等；锯材是指按一定尺寸据解、加工成的板材和方料(图 8-25)，其中截面宽度是厚度 3 倍以上的称为板材，截面宽度不足厚度的 3 倍称为枋材，主要用作模板、闸门、桥梁；枕木是指按枕木断面和长度加工而成的成材(图 8-26)，主要用于铁道工程。

图 8-24　原木

图 8-25　锯材

图 8-26　枕木

普通胶合板内容

按《普通胶合板》(GB/T 9846—2015)可分为以下三类：

Ⅰ类(耐气候)，供室外条件下使用，能通过煮沸试验；

Ⅱ类(耐水)，供潮湿条件下使用，能通过(63±3)℃热水浸渍试验；

Ⅲ类(不耐潮)，供干燥条件下使用，能通过(20±3)℃冷水浸泡试验。

胶合板的厚度为 3 mm、3.5 mm、4 mm、5 mm、5.5 mm、6 mm，自 6 mm 起按1 mm 递增。胶合板常用作隔墙、天花板、门面板、家具及室内装修等，如图 8-27 所示。

图 8-27　胶合板

8.6　涂料

建筑涂料是指能涂敷于建筑构件表面，能与构件表面材料牢固黏结，经固化干燥形成连续性涂膜的物质。建筑涂料是一种广泛使用的建筑装饰装修材料。其具有装饰功能，同时兼具保护建筑物和其他特殊功能(防水、防火、防霉、防冻、防结露、吸声、保温等)。

1. 建筑涂料的组成

建筑涂料主要由主要成膜物质、次要成膜物质和辅助成膜物质组成。主要成膜物质是涂料的主要组成物质。其包括油脂和树脂，主要作用是将其他组分黏结成整体，并能附着在被涂基层表面形成坚韧的保护膜；次要成膜物质主要是指涂料中的颜料，必须通过主要成膜物质的作用与其一起构成涂层，从而使涂膜呈现颜色和遮盖力。辅助成膜物质对涂料的成膜过程或性能起到辅助作用，主要包括溶剂和辅助材料。

2. 建筑涂料的分类

建筑涂料品种繁多，没有统一的划分方法，可按不同的方式分类。

(1)按涂料的化学组成分类。建筑涂料按涂料的化学组成可分为无机涂料、有机涂料、有机/无机复合涂料。无机涂料包括水泥、石灰类涂料；有机涂料包括溶剂型涂料、水性乳液型涂料及水溶性涂料。

(2)按使用的部位分类。建筑涂料按其在建筑物的使用部位不同可分为内墙涂料、外墙涂料、地面涂料、顶棚涂料和屋面涂料等。

(3)按使用功能分类。建筑涂料按使用功能可分为防火徐料、防水涂料、防霉涂料、吸声与隔声涂料、隔热保温涂料、防结露涂料和防辐射涂料等。

(4)按涂膜的状态分类。建筑涂料按涂膜的状态可分为薄质涂层涂料、厚质涂层涂料、粒状涂料、复合层涂料等。

3. 建筑涂料的主要技术性能要求

涂料的主要技术性能包括涂料在容器中的状态、黏度、含固量、细度、干燥时间和最低成膜温度等。涂膜的主要技术要求包括涂膜颜色、遮盖力、附着力、黏结强度、耐冻融性、耐沾污性、耐候性、耐水性、耐碱性和耐洗刷性等。

8.6.1 内墙涂料

内墙涂料的主要功能是装饰及保护内墙墙面和顶棚(图 8-28)，建立一个美观舒适的生活环境。对内墙涂料的要求是无毒无味，符合环保标准；色彩丰富协调、装饰性好；耐碱性、耐水性、耐擦洗性好；干燥快、遮盖力好、重涂容易；刷痕很小和无流挂现象。

常用的内墙涂料可分为乳液型内墙涂料、水溶性内墙涂料和多彩内墙涂料。

图 8-28 内墙涂料的应用

1. 乳液型内墙涂料

乳液型内墙涂料也称乳胶漆，是以合成树脂乳液为主要成膜物质，加入颜料、填料、助剂(如增塑剂)经分散均匀制得的涂料。

乳液型内墙涂料的种类很多，按合成树脂命名的主要有聚醋酸乙烯乳液内墙涂料、乙—丙乳胶漆、苯—丙乳胶漆内墙涂料等。

2. 水溶性内墙涂料

水溶性内墙涂料是以水溶性化合物为基料，加入适量的填料、颜料和助剂，经过研磨、分散后制成的，属低档涂料，常用的有聚乙烯醇水玻璃内墙涂料、水玻璃内墙涂料、聚乙烯醇缩甲醛内墙涂料。

3. 多彩内墙涂料

多彩内墙涂料简称多彩涂料，是一种国内外较为流行的高档内墙涂料，是经一次喷涂即可获得具有多种色彩的立体涂膜的涂料。多彩内墙涂料适用于建筑物内墙和顶棚水泥、混凝土、砂浆、石膏板、木材、钢、铝等多种基面的装饰。

8.6.2 外墙涂料

外墙涂料是用于装饰和保护建筑物外墙的涂料(图 8-29)，使建筑物外观整洁美观，达到美化环境的作用，延长其使用寿命。外墙涂料除具有装饰和保护功能外，还应具有较好的耐水性、耐污染、抗冻融和耐气候性等功能。

常用的外墙涂料有合成乳液型外墙涂料、水溶性外墙涂料、溶剂型外墙涂料和其他类型(砂壁状涂料、复层涂料)等。

图 8-29 外墙涂料的应用

8.6.3 地面涂料

地面涂料的主要功能就是装饰和保护地面，使地面清洁美观，同时结合内墙面、顶棚及其他装饰，创造优雅的环境(图 8-30)。地面涂料具有耐磨性、耐碱性、耐水性、抗冲击性好及施工方便等特点。

图 8-30 地面涂料的应用

职业能力训练

一、名词解释

1. 镜面玻璃；2. 釉面砖；3. 乳胶漆。

二、填空题

1. 建筑装饰材料按照化学组成可分为________、________、________。
2. 室内装修材料的功能为________、________、________、________。
3. 热反射玻璃具有________和________的性能。
4. 大理石属于________岩石，________用于室外。
5. 建筑石材可分为________和________两大类。
6. 石材的表观密度越大，抗压强度越________，吸水率越________，耐久性越好。
7. 石材吸水性的大小与其________和________有关。
8. ________是木材的最大缺点。
9. 木材中________水发生变化时，木材的物理力学性质也随之变化。
10. 木材的构造可分为________和________。
11. 木材的径缩变形是各向异性，其中________方向径缩最小，________方向径缩最大。
12. 建筑涂料主要由________、________和________组成。其中________又称基料，即胶粘剂，是涂料的主要组成物质。

三、选择题

1. (　　)不属于安全玻璃。

A. 钢化玻璃　　B. 夹层玻璃　　C. 磨光玻璃　　D. 玻璃砖

2. 下列关于钢化玻璃特性的说法中正确的是(　　)。

A. 使用时可以切割　　B. 碎后易伤人

C. 热稳定性差 D. 机械强度高

3. 中空玻璃属于(　　)。

A. 饰面玻璃 B. 安全玻璃 C. 功能玻璃 D. 磨光玻璃

4. 近年来广泛用于建筑幕墙的玻璃是(　　)。

A. 中空玻璃 B. 热反射玻璃 C. 吸热玻璃 D. 普通玻璃

5. 下列材料只能用于室内装饰的是(　　)。

A. 花岗石 B. 墙地砖 C. 釉面瓷砖 D. 马赛克

6. 大理石不适于用作(　　)装饰装修工程。

A. 墙面 B. 柱面及磨损较小的地面

C. 踏步 D. 外墙面

7. 下列天然石材中，使用年限最长的是(　　)。

A. 花岗石 B. 大理石 C. 石灰岩 D. 砂岩

8. 所有用于地铁内部装饰的材料防(　　)等级必须达 A 级。

A. 水 B. 火 C. 冻 D. 滑

9. 用于地铁车站地面装饰的石材，不需考虑(　　)。

A. 抗滑性能 B. 工艺性 C. 安全性 D. 抗冻性

10. 与天然石材相比，人造石材若用作地铁车站地面的装饰，具有(　　)缺点。

A. 不易出现色差 B. 货源不足，影响工期

C. 耐磨性满足不了地铁客流的要求 D. 可加工性差

11. 下列选项中，用于建造永久性工程、纪念性建筑的良好材料是(　　)。

A. 大理石 B. 石灰岩 C. 花岗石 D. 砂岩

12. 木材的干缩湿胀变形在各个方向上有所不同，变形量从小到大依次是(　　)。

A. 顺纹、径向、弦向 B. 径向、顺纹、弦向

C. 径向、弦向、顺纹 D. 弦向、径向、顺纹

13. (　　)含量为零，吸附水饱和时，木材的含水率称为纤维饱和点。

A. 自由水 B. 吸附水 C. 化合水 D. 游离水

14. 木节降低木材的强度，其中对(　　)强度影响最大。

A. 抗弯 B. 抗拉 C. 抗剪 D. 抗压

15. 导致木材物理力学性质发生改变的临界含水率是(　　)。

A. 最大含水率 B. 平衡含水率 C. 纤维饱和点 D. 最小含水率

16. 木材干燥时，首先失去的水分是(　　)。

A. 自由水 B. 吸附水 C. 化合水 D. 结晶水

17. 以下(　　)是水溶性内墙涂料。

A. 彩砂涂料 B. 复层涂料

C. 水玻璃内墙涂料 D. 聚醋酸乙烯乳胶漆

四、问答题

1. 玻璃在建筑上有哪些用途？普通玻璃具有哪些特性？
2. 安全玻璃主要包括哪几种？其各自的特点是什么？
3. 天然石材和人造石材的特点有哪些？
4. 石材的选用原则是什么？

5. 地铁车站地面对装饰石材有哪些要求?

6. 为什么除少数几种大理石外，一般的都不能用于室外?

7. 釉面砖为什么不能用于室外?

8. 建筑装饰陶瓷主要有哪些品种?其性能如何?

9. 有不少住宅的木地板使用一段时间后出现接缝不严现象，但也有一些木地板出现起拱现象，请分析原因。

模块9 功能性材料

内容概述

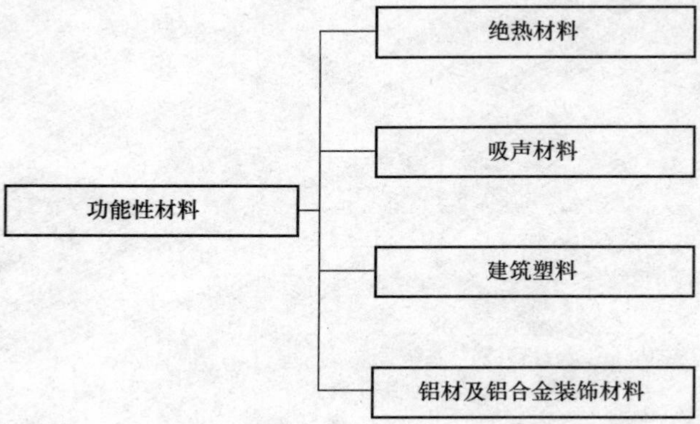

知识目标

1. 了解绝热材料、吸声材料、建筑塑料和铝材的基本性质与应用；
2. 掌握绝热材料和吸声材料的各项性质概念；
3. 掌握建筑塑料的基本特性、组成和品种。

技能目标

能够根据工程实际情况选择绝热材料和吸声材料的品种。

9.1　绝热材料

9.1.1　绝热材料的绝热机理

案例分析

1. 热量传递方式

热量的传递有三种方式，即导热、对流、辐射。导热是指由于物体各部分直接接触的物质质点(分子、原子、自由电子)做热运动而引起的热能传递过程；对流是指较热的液体或气体因热膨胀而密度减小从而上升，冷的液体或气体由此补充过来，从而形成分子的循环流动，造成热量从高温地方移至低温地方；热辐射是一种靠电磁波来传递能量的过程。

2. 热量传递过程

在每一个实际传热过程中，往往都同时存在两种或三种传热方式。例如，通过实体结构本身的传热过程，主要是靠导热，但一般建筑材料内部都会存在孔隙，在孔隙内除存在气体的导热外，还有对流和热辐射。

测试题

9.1.2　绝热材料的性能

1. 热导率

材料的热导率也称导热系数，是指单位厚度的材料当两相对侧面温差为 1 K 时，在单位时间内通过单位面积的热量。绝大多数建筑材料的热导率为 0.029～3.49 W/(m·K)，热导率 λ 越小说明该材料越不易导热。建筑工程中对绝热材料的基本要求：导热系数 λ 不宜大于0.23 W/（m· K），表观密度不大于 600 kg/m^3，抗压强度不少于 0.3 MPa。材料的热导率与材料的组成和结构、孔隙率、孔隙特征、温度、湿度、热流方向有关。

由于固体物质的热导率比空气的热导率大得多，故一般来说，材料的孔隙率越大，其热导率越小。材料的热导率不仅与孔隙率有关，而且与孔隙的大小、分布、形状及连通状况有关。当孔隙率相同时，含封闭孔多的材料热导率就要小于含开口多的材料。

当温度升高时，材料固体分子的热运动增强，同时，材料孔隙中空气的导热和孔壁间的辐射作用也有所增加，因此，材料的热导率是随温度的升高而增大的。

水的热导率为 0.60 W/(m·K)，冰的热导率为 2.20 W/(m·K)，都远远大于空气的热导率，因此，一旦材料受潮吸水，其热导率会增大，若吸收的水分结冰，其热导率增加更多，绝热性能急剧降低。

对于纤维状材料，热流方向与纤维排列方向垂直时的热导率要小于热流方向与纤维排列方向平行时的热导率。

2. 温度稳定性

材料在受热作用下保持其原有性能不变的性质，称为绝热材料的温度稳定性。通常用其不致丧失绝热能力的极限温度来表示。

3. 吸湿性

一般其吸湿性越大，对绝热效果越不利。

4. 强度

由于绝热材料含有大量孔隙，故其强度一般都不大，因此，不宜将绝热材料用于承重部位。对于某些纤维材料，常用材料达到某一变形时的承载能力作为其强度代表值。

9.1.3 常用绝热材料

常用绝热保温材料的主要组成、特性和应用见表 9-1。

表 9-1 常用绝热保温材料的主要组成、特性和应用

品种	主要组成材料	主要性质	主要应用
矿渣棉	熔融矿渣用离心法制成的纤维絮状物	体积密度为 110～130 kg/m³，导热系数小于 0.044 W/(m·K)，最高使用温度为 600 ℃	保温绝热填充材料
岩棉	熔融岩石用离心法制成的纤维絮状物	体积密度为 80～150 kg/m³，导热系数小于 0.044 W/(m·K)	保温绝热填充材料
沥青岩棉毡	以沥青黏结岩棉，经压制而成	体积密度为 130～160 kg/m³，导热系数为 0.049～0.052 W/(m·K)，最高使用温度为 250 ℃	墙体、屋面、冷藏库等
岩棉板（管壳、毡、带等）	以酚醛树脂黏结岩棉，经压制而成	体积密度为 80～160 kg/m³，导热系数为 0.040～0.050 W/(m·K)，最高使用温度为 400 ℃～600 ℃	墙体、屋面、冷藏库、热力管道等
玻璃棉	熔融玻璃用离心法等制成的纤维絮状物	体积密度为 8～40 kg/m³，导热系数为 0.040～0.050 W/(m·K)，最高使用温度为 400 ℃	绝热保温填充材料
玻璃棉毡（带、毯、管壳）	玻璃棉、树脂胶等	体积密度为 8～120 kg/m³，导热系数为 0.040～0.058 W/(m·K)，最高使用温度为 350 ℃～400 ℃	墙体、屋面等
膨胀珍珠岩	珍珠岩等经焙烧、膨胀而得	堆积密度为 40～300 kg/m³，导热系数为 0.025～0.048 W/(m·K)，最高使用温度为 800 ℃	保温绝热填充材料
膨胀珍珠岩制品（块、板、管壳）	以水玻璃、水泥、沥青等胶结膨胀珍珠岩而成	体积密度为 200～500 kg/m³，导热系数为 0.055～0.116 W/(m·K)，抗压强度为 0.2～1.2 MPa，以水玻璃膨胀珍珠岩制品的性能最好	屋面、墙体、管道等，但沥青珍珠岩制品仅在常温或负温下使用
膨胀蛭石	蛭石经焙烧、膨胀而得	堆积密度为 80～200 kg/m³，导热系数为 0.046～0.070 W/(m·K)，最高温使用度为 1 000 ℃～1 100 ℃	保温绝热填充材料
膨胀蛭石制品（块、板、管壳等）	以水泥、水玻璃等胶结膨胀蛭石而成	体积密度为 300～400 kg/m²，导热系数为 0.076～0.105 W/(m·K)，抗压强度为 0.2～1.0 MPa	屋面、管道等
泡沫玻璃	碎玻璃、发泡剂等经融化、发泡而得，气孔直径为 0.1～5 mm	体积密度为 150～600 kg/m²，导热系数为 0.054～0.128 W/(m·K)，抗压强度为 0.8～15 MPa，吸水率小于 0.2%，抗冻性高，最高使用度为 80 ℃，为高效保温绝热材料	墙体或冷藏库等

续表

品种	主要组成材料	主要性质	主要应用
聚苯乙烯泡沫塑料	聚苯乙烯树脂、发泡剂等经发泡而得	体积密度为 15～50 kg/m^3，导热系数为 0.030～0.047 W/(m・K)，抗折强度为 0.15 MPa，吸水量小于 0.03 g/cm^2，耐腐蚀性高，最高使用温度为 80 ℃，为高效保温绝热材料	墙体、屋面、冷藏库等
硬质聚氨酯泡沫塑料	异氰酸酯和聚醚或聚酯等经发泡而得	体积密度为 30～45 kg/m^2，导热系数为 0.017～0.026 W/(m・K)，抗压强度为 0.25 MPa，耐腐蚀性高，体积吸水率小于 1%，使用温度为－60 ℃～120 ℃，可现场浇筑发泡，为高效保温绝热材料	墙体、屋面、冷藏库、热力管道等
塑料蜂窝板	蜂窝状芯材两面各粘贴一层薄板而成	导热系数为 0.046～0.058 W/(m・K)，抗压强度与抗折强度高，抗震性好	围护结构

拓展内容

绝热材料的施工方法

湿抹式：即将石棉、石棉硅藻土等保温材料加水调和成胶泥涂抹在热力设备及管道的外表面上。

填充式：是在设备或在管道外面做成罩子，其内部填充绝热材料，如填充矿渣棉、玻璃棉等。

绑扎式：是将一些预制保温板或管壳放在设备或管道外面，然后用钢丝绑扎，外面再涂保护层材料。属于这类的材料有石棉制品、膨胀珍珠岩制品、膨胀蛭石制品和硅酸钙制品等。

包裹及缠绕式：是将绝热材料做成毡状或绳状，直接包裹或缠绕在被绝缘的物体上。属于这类的材料有矿渣棉毡、玻璃棉毡及石棉绳和稻草绳等。

浇灌式：是将发泡材料在现场灌入被保温的管道、设备的模壳中，经现场发泡成保温(冷)层结构；也有直接喷涂在管道、设备外壁上，瞬时发泡，形成保温(冷)层。

9.2　吸声材料

9.2.1　吸声材料简介

声音源于物体的振动，振动迫使临近的空气跟着振动而形成声波，并在空气介质中向四周传播。声音在传播的过程中，一部分由于声能随着距离的增大而扩散；另一部分则因空气分子的吸收而减弱。当声波遇到材料表面时，被吸收能(E)与入射能(E_0)之比，称为吸声能系数 α。常用吸声材料的吸声系数见表 9-2。

测试题

材料的吸声系数越高，吸声效果越好。吸声系数大于 0.2 的材料，称为吸声材料。在音乐厅、影剧院、大会堂、播音室等内部的墙面、地面、顶棚等部位适当采用吸声材料，能改善声波在室内传播的质量，保持良好的音响效果。

表 9-2　常用吸声材料的吸声系数

材料	厚度/cm	各种频率下的吸声系数						装置情况
		125	250	500	1 000	2 000	4 000	
(1)无机材料								
石膏板(有花纹)	—	0.03	0.05	0.06	0.09	0.04	0.06	贴实
水泥蛭石板	4.0	—	0.14	0.46	0.78	0.50	0.60	贴实
石膏砂浆(掺水泥、玻璃纤维)	2.2	0.24	0.12	0.09	0.30	0.32	0.83	墙面粉刷
水泥膨胀珍珠岩板	5	0.16	0.46	0.54	0.48	0.56	0.56	贴实
水泥砂浆	1.7	0.21	0.16	0.25	0.40	0.42	0.48	
砖(清水墙面)	—	0.02	0.03	0.04	0.04	0.05	0.05	
(2)木质材料								
软木板	2.5	0.05	0.11	0.25	0.63	0.70	0.70	贴实
木丝板	3.0	0.10	0.36	0.62	0.53	0.71	0.90	定在桩骨上，后留 10 cm 空气层
三夹板	0.3	0.21	0.73	0.21	0.19	0.08	0.12	定在桩骨上，后留 5 cm 空气层
穿孔五夹板	0.5	0.01	0.25	0.55	0.30	0.16	0.19	定在桩骨上，后留 5 cm 空气层
木质纤维板	1.1	0.06	0.15	0.28	0.30	0.33	0.31	定在桩骨上，后留 5 cm 空气层
(3)泡沫材料								
泡沫玻璃	4.4	0.11	0.32	0.52	0.44	0.52	0.33	贴实
脲醛泡沫塑料	5.0	0.22	0.29	0.40	0.68	0.95	0.94	贴实
泡沫水泥(外面粉刷)	2.0	0.18	0.15	0.22	0.48	0.22	0.32	紧靠墙面
吸声蜂窝板	—	0.27	0.12	0.42	0.86	0.48	0.30	贴实
(4)纤维材料								
矿棉板	3.13	0.10	0.21	0.60	0.95	0.85	0.72	贴实
玻璃棉	5.0	0.06	0.08	0.18	0.44	0.72	0.82	贴实
酚醛玻璃纤维板	8.0	0.25	0.55	0.80	0.92	0.98	0.95	贴实
工业毛毡	3.0	0.10	0.28	0.55	0.60	0.60	0.56	紧靠墙面

为达到较好的吸声效果，材料的气孔应是开放的，且应相互连通，气孔越多，吸声性能越好。大多数吸声材料强度较低，因此，应设置在护壁台以上，以免撞坏。吸声材料易于吸湿，安装时应考虑到胀缩的影响。另外，还应考虑防火、防腐、防蛀等问题。

吸声材料的应用非常广泛，大量应用于室内墙壁、顶棚，如图 9-1 所示。

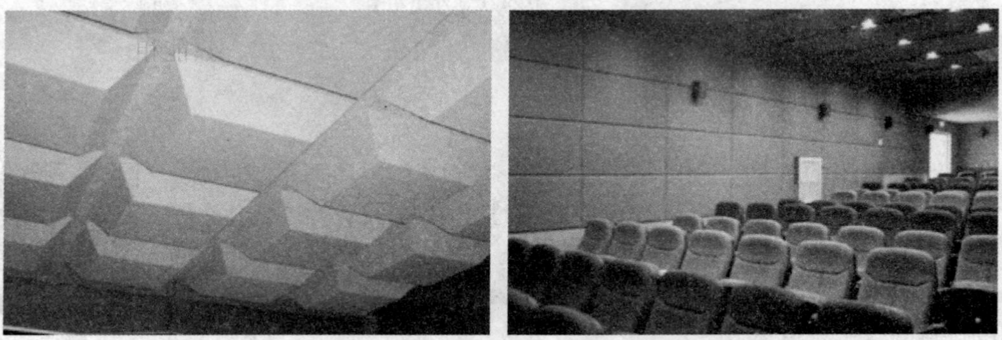

图 9-1　常见的吸声材料

9.2.2 吸声材料的类型及其结构形式

1. 多孔性吸声材料

(1)吸声机理。多孔性吸声材料具有大量内外连通的微孔和连续的气泡，通气性良好。当声波入射到材料表面时，声波很快地顺着微孔进入材料内部，引起孔隙内的空气振动，由于摩擦、空气粘滞阻力和材料内部的热传导作用，使得相当一部分声能转化为热能而被吸收。多孔材料吸声的先决条件是声波易于进入微孔，不仅在材料内部，在材料表面上也应是多孔的。

(2)影响材料吸声性能的主要因素。影响材料吸声性能的主要因素有材料孔的特征、材料厚度、材料背后空气层、材料表面特征等。

材料孔隙率大、孔隙细小，吸声性能较好；孔隙过大，吸声效果较差。多孔材料的低频吸声系数，一般随着厚度的增加而提高，但厚度对高频影响不显著。材料的厚度增加到一定程度后，吸声效果的变化就不明显。吸声材料表面的孔洞和开口空隙对吸声是有利的。当材料吸湿或表面喷涂油漆、孔口充水或堵塞，会大大降低吸声材料的吸声效果。

(3)多孔吸声材料与绝热材料的异同。多孔吸声材料与绝热材料的相同点在于都是多孔性材料，但在材料孔隙特征要求上有着很大的差别。绝热材料要求具有封闭的互不相通的气孔，这种气孔越多则保温绝热效果越好；吸声材料则要求具有开放和互不相通的气孔，这种气孔越多，则吸声性能越好。

2. 薄板振动吸声结构

薄板振动吸声结构的特点是具有低频吸声特性，同时还有助于声波的扩散。建筑中常用的产品有胶合板、薄木板、硬质纤维板、石膏板、石棉水泥或金属板等，将它们固定在墙或顶棚的龙骨上，并在背后留有空层，即成薄板振动吸声结构。

3. 共振吸声结构

共振吸声结构具有封闭的空腔和较小的开口，像个瓶子。当瓶腔内空气受到外力激荡时，会按一定的频率振动，这就是共振吸声器。颈部空气分子在声波的作用下像活塞一样进行往复运动，因摩擦而消耗声能。

4. 穿孔板组合共振吸声结构

穿孔板组合共振吸声结构具有适合中频的吸声特性。这种吸声结构在建筑中使用比较普遍，是将穿孔的胶合板、硬质纤维板、石膏板等板材固定在龙骨上，并在背后设置空气层而构成。穿孔板厚度、穿孔率、孔径、孔距、背后空气厚度及是否填充多孔吸声材料等，都直接影响吸声结构的吸声性能。

5. 柔性吸声材料

柔性吸声材料是具有密闭气孔和一定弹性的材料，如聚氯乙烯泡沫塑料，虽多孔，但因具有密闭气孔，故声波引起的空气振动不宜直接传递至材料内部，只能相应地产生振动，在振动过程中由于克服材料内部的摩擦而消耗了声能，引起声波衰减。这种材料的吸声性能是在一定的频率范围内出现一个或多个吸收频率。

拓展内容

隔声材料

建筑上将主要起隔绝声音作用的材料称为隔声材料。隔声材料主要用于外墙、门窗、隔墙、隔断等。

声音按其传播途径可分为空气声(由于空气的振动)和固体声(由于固体撞击或振动)两种。空气声应选择密实沉重的材料作为隔声材料，如混凝土、烧结普通砖、钢板等。固体声最有效的措施是采用不连续的结构处理，即在墙壁和承重梁之间、房屋的框架和墙板之间加弹性衬垫，如毛毡、软木、橡皮等。

可见，隔声材料与吸声材料要求是不一样的。因此，不能简单地将吸声材料作为隔声材料来使用。

9.3 建筑塑料

塑料是以合成树脂为主要成分，或含某些添加剂，在一定温度、压力作用下可塑制成一定形状，且在常温下保持形状不变的有机材料。塑料质量轻，是热和电的良好绝缘体，抵抗化学腐蚀能力强。加工某些塑料时，适当变更其增塑剂、增强剂的用量，可以得到适合各种用途的软制品或硬制品。

目前，塑料已成为继混凝土、钢材、木材、墙体材料之后的第五种主要建筑材料。在建筑工程中可用于模板、保温材料、防潮材料、装饰材料、给水排水管道、门窗、卫生洁具、胶粘剂、隔断材料等方面(图 9-2)。

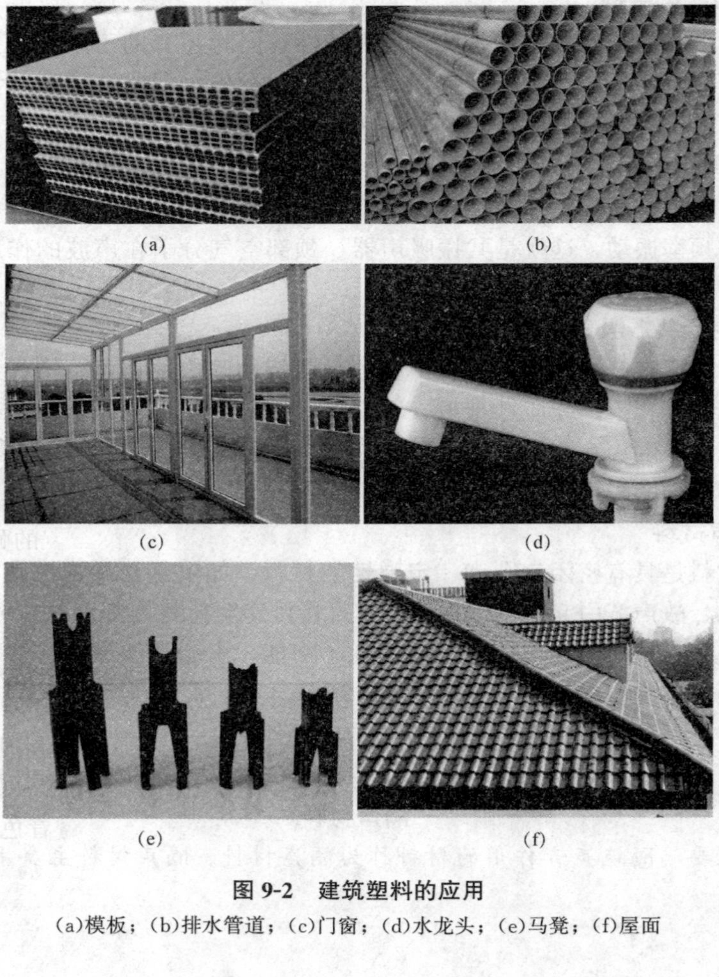

图 9-2 建筑塑料的应用

(a)模板；(b)排水管道；(c)门窗；(d)水龙头；(e)马凳；(f)屋面

9.3.1 建筑塑料的基本特性

测试题

与传统材料比较，建筑塑料具有以下优点：

(1)可加工性能好。塑料可采用大规模机械化生产，可采用较简单的方法制成各种不同形状和类型的产品。

(2)密度小、比强度高。塑料的密度为 0.8～2.2 g/cm^3，与木材相近；比强度为混凝土的5～15倍，接近甚至超过了钢材，是一种优良的轻质高强度材料。在建筑工程建设中，其既可以降低施工的劳动强度，又可以减轻建筑物的质量。

(3)耐化学腐蚀和电绝缘性优良。塑料耐酸碱性的性能比金属材料和一些无机材料强，适合做一些对腐蚀性有要求的化工厂的门窗材料。塑料不导电，是良好的电绝缘体。

(4)耐水性强。塑料是憎水性材料，一般吸水率和透气性很低，可用于防水防潮工程。

(5)装饰性、耐磨性好。塑料可以通过添加色剂做出颜色齐全的品种，可以制作不同的纹理结构图案，还可以通过热压、烫金等方式制成不同的花形，呈现丰富多彩的装饰效果。

建筑塑料在建筑工程使用中也存在以下一些缺点：

(1)耐热性差，不耐高温，易燃烧，且产生有毒气体和难闻的味道。

(2)弹性模量低，易老化。

9.3.2 建筑塑料的组成

建筑塑料主要由合成树脂、填充料和添加剂组成。

1. 合成树脂

合成树脂是一种有机高分子化合物，是由低分子量的有机化合物(又称单体)经加聚反应或缩聚反应而制得。合成树脂在塑料中起胶粘作用，通过它将其他成分牢牢胶结在一起，使其具有加工成型性能。

2. 填充料

填充料按其化学组成不同可分为有机填充料和无机填充料；按形状可分为粉状和纤维状。填充料不仅可以提高塑料强度和硬度，增加化学稳定性，而且由于填充料价格低于合成树脂，因而可以节约树脂、降低成本。一般填充料掺量可达 40%～70%。

3. 添加剂

(1)增塑剂。增塑剂能增加塑料的可塑性，减少脆性，使其便于加工，并能使制品具有柔软性。对增塑剂的要求是应能与合成树脂均匀混合在一起，并具有足够的耐光、耐大气、耐水稳定性。

常用的增塑剂有邻苯二甲酸酯类、磷酸酯类、樟脑和二苯甲酮等。

(2) 稳定剂。稳定剂可以增强塑料的抗老化能力。稳定剂应能耐水、耐油、耐化学药品，并与树脂相溶。常用的稳定剂有硬脂酸盐、铅化合物和环氧化合物。

(3)润滑剂。塑料在加工成型时，加入润滑剂，可以防止粘模，并使塑料制品光滑。常用的润滑剂有油酸、硬脂酸、硬脂酸的钙盐和镁盐。塑料中润滑剂的一般用量为 0.5%～1.5%。

(4)着色剂。为使塑料具有各种颜色，可掺有机染料或无机染料。对着色剂的要求是色泽鲜明、着色力强、分散性好、与塑料结合牢靠、不起化学反应、不变色。常用的颜料有酞菁蓝、联苯胺黄、甲苯胺红和苯胺黑等。

(5)其他添加剂。为了满足塑料某些特殊要求还需加入各种助制。例如，加入异氰酸脂发泡剂，可制成泡沫塑料；加入适量的银、铜等金属微粒，可得导电塑料；在组分中加些磁铁末，可制成磁性塑料；加入阻燃剂三水合氧化铝，可降低塑料制品的燃烧速度，并具有自熄性。

9.3.3 建筑塑料的品种

1. 热塑性塑料

热塑性塑料加热呈现软化，逐渐熔融，冷却后又凝结硬化，这一过程能多次重复进行。因此，热塑性塑料制品可以再生利用。

常用的热塑性塑料由聚氯乙烯、聚乙烯、聚甲基丙烯酸甲酯、聚酰胺等树脂制成。

(1)聚氯乙烯塑料(PVC)。PVC是聚氯乙烯树脂掺加某些增塑剂、润滑剂、填料、着色剂等塑制或压铸而成。

1)硬质聚氯乙烯塑料(硬PVC)。硬质PVC表观密度为1.38～1.43 g/cm^3，机械强度高，导电性能优良，耐酸碱性强，化学稳定性、耐油性及抗老化性也较好。其缺点是抗冲击性较差，使用温度低(60 ℃以下)，线膨胀系数大，成型加工性不好。

2)软质聚氯乙烯塑料(软PVC)。软质PVC材质较软，耐摩擦、耐挠曲，具有一定弹性，吸水性差，冲击韧性较硬质PVC低，易于加工成型。大气稳定性、化学稳定性好，伸长率较高。其缺点是抗拉强度、抗弯强度较低，使用温度低(−15 ℃～55 ℃)。

(2)聚乙烯塑料(PE)。聚乙烯塑料表观密度较小，具有良好的耐低温性(−70 ℃)和耐化学腐蚀性，有突出的电绝缘性和耐辐射性，同时耐磨性、耐水性、柔韧性、成型工艺均较好。其缺点是机械强度不高，质较软，刚性差；线型收缩率大。

聚乙烯塑料主要用于化工耐腐蚀管道、给水排水管道，用于配制多种涂料，也可作防水、防潮材料。

(3)聚甲基丙烯酸甲酯塑料(有机玻璃)。聚甲基丙烯酸甲酯(PMMA)具有较好的弹性、质轻，机械强度高，不易破碎，耐水性及电绝缘性良好；但耐磨性差，表面易发毛，光泽难以保持，易燃烧，易溶于有机溶剂。

聚甲基丙烯酸甲酯塑料(有机玻璃)在建筑工程中可制成板材、管材、穹形天窗、浴缸和室内隔断等，主要用作采光材料。

(4)聚酰胺塑料(尼龙PA)。尼龙PA是某些氨基酸的缩聚物，或是二元酸与二元胺的缩聚物。常用的品种有尼龙6、尼龙66、尼龙610及尼龙1010等，它们都是线型结构的高聚物。

尼龙PA：突出的性能是摩擦系数小、抗拉伸、耐磨性、耐油性良好。其缺点是热膨胀大，吸水性高，对强酸、强碱、酚类等抗蚀力低。

建筑中常用的热塑性塑料的鉴别方法见表9-3。

表9-3 建筑中常用的热塑性塑料的鉴别方法

塑料名称	识别方法				
	燃烧难度	气味	火焰	燃烧后变化	离火后是否自熄
聚苯乙烯(PE)	易	特殊苯乙烯、单体味	橙黄色、浓黑烟	软化、起泡	继续燃烧
聚乙烯(PE)	易	石蜡燃烧的气味	上端黄色、下端蓝色	熔融、滴落	继续燃烧

续表

塑料名称	识别方法				
	燃烧难度	气味	火焰	燃烧后变化	离火后是否自熄
聚氯乙烯(PVC)	难	刺激性酸味	黄色、下端绿色、白烟	软化	离火即灭
聚丙烯(PP)	易	石油味	上端黄色、下端蓝色、少量黑烟	熔融、滴落	继续燃烧
聚甲醛(POM)	易	强烈刺激的甲醛味、鱼腥臭味	上端黄色、下端蓝色	熔融、滴落	继续燃烧
尼龙(PA)	缓慢	羊毛、指甲等燃烧的气味	蓝色、上端黄色	熔融、滴落、起泡	慢慢熄灭
聚甲基丙烯酸甲酯(PMMA)	易	强烈的花果臭味、腐烂的蔬菜臭味	浅蓝色、顶端白色	熔融、起泡	继续燃烧

2. 热固性塑料

热固性塑料经固化成型，受热也不会变软改变形状，所以只能塑制一次。热固性塑料有酚醛树脂、环氧树脂、不饱和聚酯、聚硅醚树脂等制成的塑料。

(1)酚醛塑料。酚醛塑料是酚醛树脂加填料制成的。酚醛树脂又称电木胶，以这种树脂为主要原料的压塑粉称电木粉。酚醛树脂含有极性羟基，故它在熔融或溶解状态下，对纤维材料胶合能力很强。以纸、棉布、木片、玻璃布等为填料可以制成强度很高的层压塑料。

酚醛塑料常用的填料有纸浆、木粉、玻纤和石棉等，填料不同，酚醛塑料性能也不同。

(2)环氧树脂(EP)。环氧树脂是由二酚基丙烷(双酚 A)及环氧氯丙烷在氢氧化钠催化作用下缩合而成。其本身不会硬化，必须加入固化剂，经室温放置或加热处理后，才能成为不溶(熔)的固体。固化剂常用乙烯多胺邻苯二甲酸酐。

环氧树脂突出的性能是与各种材料有很强的黏结力，能够牢固地黏结钢筋、混凝土、木材、陶瓷、玻璃和塑料等。经固化的环氧树脂具有良好的机械性能、电化性能和耐化学性能。

9.4 铝材及铝合金装饰材料

9.4.1 铝材及铝合金

铝为银白色轻金属，强度低，但塑性好，导热、电热性能强。铝的化学性质很活泼，在空气中易和空气反应，在其表面生成一层氧化铝薄膜，阻止其继续腐蚀。

纯铝具有良好的塑性，可制成管、棒、板等。但铝的强度和硬度较低，因此，为提高铝的实用性，通常，在铝中加入镁、锰、锌、硅等元素组成合金，这样既保持了铝轻质的特点，又明显提高了自身的机械性能。

铝合金有不同的分类方法，一般按照加工工艺可分为变形铝合金和铸造铝合金。变形铝合金又可以按热处理强化性分为热处理强化型和热处理非强化型。变形铝合金还可以按其性能分为防锈铝合金(LF)、硬铝合金(LY)、超硬铝合金(LC)、锻铝合金(LD)、铸铝合金(LZ)。

铝合金按照合金元素可分为二元合金和三元合金，如 Al-Mn 合金、Al-Mg 合金、Al-Mg-Si 合金等；按照加工方法可分为铸造铝合金、装饰铝合金和变形铝合金。

9.4.2 铝合金装饰材料

常用的铝合金制品包括铝合金门窗、幕墙、装饰板、吊顶材料、栏杆、龙骨等。由于铝合金具有延伸性好、硬度低、易加工的特点，因此目前较广泛地用于各类房屋建筑中。

1. 铝合金门窗

铝合金门窗具有质量轻、强度高、密封性能好、耐腐蚀性、装饰效果好等特点，因此，在现代建筑中得到了广泛的应用，如图 9-3 所示。铝合金门窗按启闭方式可分为推拉门(窗)、平开门(窗)、固定门(窗)、悬挂窗、百叶窗等。

图 9-3　铝合金门窗

铝合金门窗的尺寸规格取决于洞口平面尺寸，国家标准只规定了洞口的平面尺寸和门窗厚度的基本尺寸，例如，洞口尺寸规格型号 1821，代表洞口的宽度为 1 800 mm，洞口的高度为 2 100 mm。

2. 铝合金装饰板

铝合金装饰板是选用纯铝或铝合金为原材料，经辊压冷加工而形成的饰面板材，如图 9-4所示。其表面轧制有花纹，以增加其表面装饰性的称为花纹板，花纹板根据花纹深浅又可分为普通花纹板和浅花纹板。

图 9-4　铝合金装饰板

拓展内容

铝合金的发展历程

铝合金研究与发展的初期主要是与航空工业联系在一起的，只有近百年的历史，但发展得很快，用途范围不断扩大。在金属材料中，其产量在钢铁之后居第二位，在有色金属材料中居首位。

1908 年，美国铝业公司发明电工铝合金 1050，制成钢芯铝绞线，开创高压远程输电先锋。

1915 年，美国铝业公司发明 2017 合金，1933 年发明 2024 合金，使铝在航空器中的应用得以迅速扩大。1933 年，美国铝业公司发明 6061 合金，随即创造了挤压机淬火工艺，显著扩大了挤压型材应用范围。

1943 年，美国铝业公司发明了 6063 合金及 7075 合金，开创了高强度铝合金的新纪元。

1965 年，美国铝业公司又发明了 A356 铸造铝合金，这是经典铸造铝合金。

随着对铝合金材料方面的研究深入，高强度铝合金(2000、7000 系列)以其优异的综合性能在商用飞机上的使用量已经达到其结构质量的 80%以上，因此，得到全球航空工业界的普遍重视。铝合金开始逐渐应用于生活、军事、科技方面。

职业能力训练

一、名词解释

1. 热导率；2. 吸声系数；3. 合成树脂。

二、填空题

1. 热量的传递方式有________、________和________。

2. 对绝热材料的要求是：导热系数≤________，表观密度≤________，抗压强度≥________。

3. 材料的孔隙________，吸声效果越好。

4. 隔声主要是隔绝________声和________声。

三、选择题

1. 保温隔热材料的导热系数与下列因素的关系，(　　)叙述不正确。

A. 表观密度较小的材料，其导热系数也较小

B. 材料吸湿受潮后，其导热系数将增大

C. 对于各向异性的材料，当热流平行于纤维的延伸方向时，其导热系数将减小

D. 材料的温度升高以后，其导热系数将增大

2. (　　)不适合用于钢筋混凝土屋顶屋面上。

A. 膨胀珍珠岩　　B. 岩棉

C. 水泥膨胀蛭石　　D. 沥青岩棉毡

3. 材料的吸声性能与(　　)无关。

A. 材料的安装位置　　B. 材料背后的空气层

C. 材料的厚度和表面特征　　D. 材料的表观密度和构造

4. 关于吸声材料的特征，下列叙述正确的是(　　)。

A. 材料厚度的增加可提高低频吸声效果

B. 开口孔隙率大的材料，吸声系数小

C. 较为密实的材料吸收高频声波的能力强

D. 材料背后有空气层，其吸声系数将降低

四、问答题

1. 吸声材料和绝热材料的气孔特征有何差别?

2. 选用哪种地板会有较好的隔声效果?

3. 在黏结结构材料或修补建筑结构(如混凝土、混凝土结构）时，一般宜选用哪类合成树脂胶?为什么?

4. 在建筑工程中倾向于用塑料管代替镀锌管，请比较两者的优点、缺点。

模块 10　新型建筑材料

内容概述

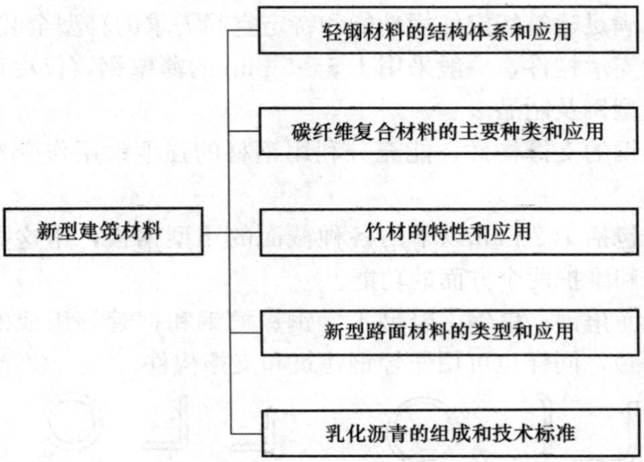

知识目标

1. 了解轻钢材料的特点、组成、常用结构体系和应用；
2. 了解碳纤维复合材料的组成、主要种类和应用；
3. 了解竹材的基本结构、各项特性和应用；
4. 了解新型路面材料的特点和应用；
5. 了解乳化沥青的组成、形成及分裂机理、技术性能和标准。

技能目标

能够根据工程实际情况，选择合适的新型建筑材料的品种。

10.1 轻钢材料

10.1.1 轻钢材料简介

轻钢材料是钢材的一种，是以热轧轻型 H 型钢、高频焊接型钢、薄钢板等高效能结构钢材和高效功能材料为主，以各种高效装饰连接材料为辅结合而成的。轻钢材料被广泛运用在建筑中，如可以满足建筑特定使用功能和特定空间需求的轻型全装配钢结构建筑。

轻钢建筑的结构支承构件，一般采用 1.5～5 mm 的薄壁钢，仅冷弯或冷轧后制成各种不同截面形式的薄壁型钢及制品。

薄壁型钢用作轻钢的支撑构件，能充分利用钢材的强度；用作受弯构件时，可提高构件的承载力和刚度。

薄壁型钢制品还包括 1.2 mm 以下的各种截面的压型钢板，用这类薄钢板加工而成的制品构件常具有支承和维护两个方面的功能。

另外，各种小断面角钢、扁钢、轻型工字钢、槽钢和钢管等组成的构件，或与薄壁型钢组合的构件(图 10-1)，同样也可用作轻钢建筑和支撑构件。

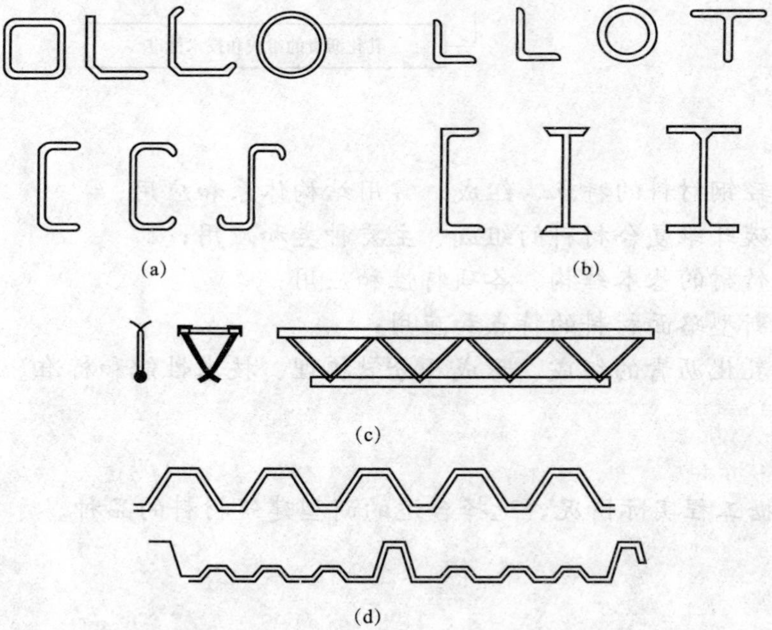

图 10-1　轻钢建筑的型材和制品

(a)薄壁型钢截面形式；(b)型钢截面形式；(c)轻钢组合桁架；(d)压型薄钢板

轻型钢材料优点很多，由于其质量轻使得材料生产工厂化程度高，并且运输成本低、建造速度快、清洁施工，从全寿命期角度来看具有很高的经济效益。轻钢结构具有以下特点：

(1)质量轻、材质均匀。

(2)加工制造简单、工业化程度高。

(3)运输安装方便。

(4)取材方便，用料节省。

(5)施工周期短。

(6)用途多方面。

轻钢结构多用于单层厂房、仓库、加工车间、车库等多个方面，如图 10-2 所示。

图 10-2　轻钢结构建筑

10.1.2　轻钢结构的组成

轻型钢结构房屋没有严格的定义，一般可用主要受力构件的截面组成来区分。因此，以下的结构都可称为轻型钢结构：

(1)由冷弯薄壁型钢做成的结构。

(2)由热轧轻型型钢做成的结构。

(3)由焊接和高频焊接轻型型钢组成的结构。

(4)由圆管、方管、矩形管等做成的结构。

(5)由薄钢板焊成的构件做成的结构。

(6)由以上各种构件组合做成的结构。

判定结构为重钢结构还是轻钢结构虽然没有一个统一的标准，但可以根据一些数据综合考虑并加以判断：

(1)厂房行车起吊质量：大于等于 25 t，可以认为是重钢结构。

(2)每平方米用钢量：大于等于 50 kg/m^2，可以认为是重钢结构。

(3)主要构件钢板厚度：大于等于 10 mm，轻钢结构用得较少。

10.1.3　轻钢结构建筑的常用结构体系

1. 门式刚架结构体系

门式刚架结构体系是我国轻型钢结构工业建筑中最主要和最受欢迎的结构形式，如图 10-3所示。目前，我国门式刚架结构的设计、制作、安装技术已日趋成熟，应用范围广泛。门式刚架属平面受力体系，非常适宜于跨度为 18～36 m、柱距为 7～9 m、平面尺寸狭长的建筑。

2. 多层多跨框架结构体系

多层多跨框架结构体系的主要组成部分是梁、柱及与之相连接的屋楼面结构、支撑体系和墙板或墙架结构，如图 10-4 所示。其厂房高宽比不宜大于 6，柱网设置宜为 6～12 m，常设计成强柱弱梁形式。

图 10-3　门式刚架结构体系

图 10-4　多层多跨框架结构体系

3. 交错桁架结构体系

交错桁架结构体系由上述框架结构体系演变而来，是 20 世纪 60 年代美国麻省理工学院开发的一种新型结构体系，可以在建筑上获得两倍柱距的大开间，便于室内灵活布置，如图 10-5 所示。其结构组成包括钢架柱、平面钢桁架、楼面板、屋面板、支撑等。交错桁架结构体系特别适用于住宅、旅馆、办公等公共建筑，而且其综合造价比传统的纯钢结构和混凝土结构都低。

4. 冷弯薄壁型钢结构体系

冷弯薄壁型钢主要由 0.5～3.5 mm 厚普通钢板或镀锌钢板经冷压或冷弯而成，并可形成各种折皱和卷边，拼成工形或 T 形，以提高截面刚度和承载力，如图 10-6 所示。

图 10-5　交错桁架结构体系

图 10-6　冷弯薄壁型钢结构体系

5. 金属拱形波纹屋盖结构体系

金属拱形波纹屋盖结构体系是一种用彩色钢板现场滚压成型的屋盖结构体系，集承重与维护功能于一体，屋盖的保温功能靠内部喷覆的保温材料来实现，如图 10-7 所示。其被广泛用于厂房、仓库、商场、机库、军营建设。从结构形式看，金属拱形波纹屋盖结构主要采用圆弧拱体系，有落地和非落地两种形式，且多为无窗封闭式屋盖。

图 10-7　金属拱形波纹屋盖结构体系

10.1.4　轻钢结构的应用

轻钢结构的应用

1. 低层轻钢建筑方面

低层轻钢建筑是指两层以下(含两层)的轻钢房屋建筑，主要采用实腹式或格构式门式平面钢架结构体系，如图 10-8 所示。其主要应用于工业厂房、候车室及各种临时性建筑。

图 10-8　低层轻钢建筑

2. 多层轻钢建筑方面

多层轻钢建筑是另一种很有发展前途的建筑形式，一般可定义 10 层以下的住宅；总高度低于 24 m 的公共建筑，楼面荷载小于 8 kN/m^2 的工业厂房。这类建筑多采用三维框架架构体系，也可采用平面钢架结构体系。国内多层轻钢建筑主要有住宅、多层工业厂房、学校、医院等公共建筑，超市、零售、百货等商业建筑，旧建筑加层，改扩建等。

10.2　碳纤维复合材料

10.2.1　碳纤维

1. 碳纤维的概念

碳纤维(Carbon Fiber，CF)是纤维状的碳材料，由有机纤维原丝在 1 000 ℃以上的高温下碳化形成，含碳量在 95%以上的新型纤维材料。用 X-射线、电子衍射和电子显微镜研究发现，真实的碳纤维结构并不是理想的石墨点阵结构，而属于乱层石墨结构，如图 10-9 所示。

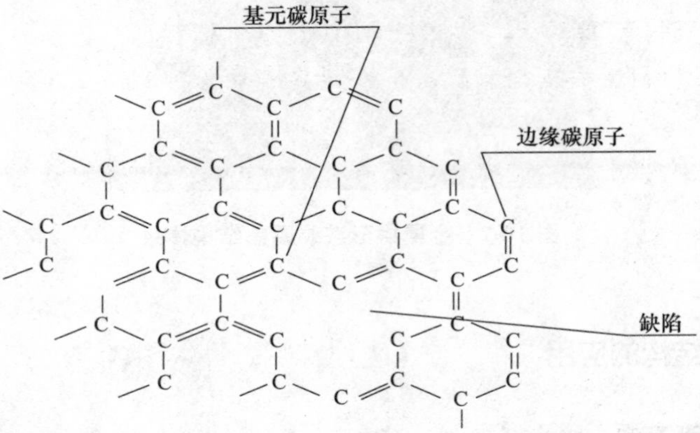

图 10-9　碳纤维示意

碳纤维不仅具有碳材料的固有本征特性，还兼备纺织纤维的柔软可加工性，是新一代增强纤维。碳纤维已广泛应用于军事及民用工业等领域，如图 10-10 和图 10-11 所示。

图 10-10　碳纤维产品

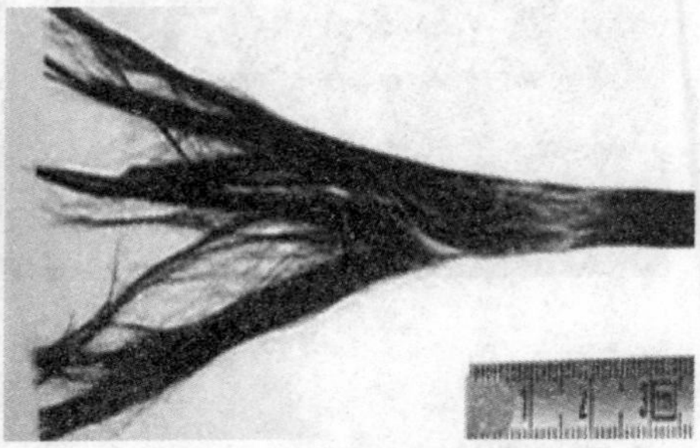

图 10-11　碳纤维丝束

2. 碳纤维的性质

(1)碳纤维的力学性能。碳纤维是一种力学性能优异的新材料。其比重不到钢的 1/4，比铝还要轻，但抗拉强度是钢材的 2 倍、铝的 6 倍。碳纤维模量是钢材的 7 倍、铝的 8 倍，见表10-1。同钛、钢、铝等金属材料相比，碳纤维在物理性能上具有强度大、模量高、密度低、线膨胀系数小等特点，可以称为新材料之王。

表 10-1　不同种类碳纤维的力学性能

分类	拉伸强度/GPa	弹性模量/GPa
高强度碳纤维	2.94	196
高模量碳纤维	2.74	225
中模量碳纤维	1.96	372
耐火材料	0.26	392

续表

分类	拉伸强度/GPa	弹性模量/GPa
碳质纤维	1.18	470
石墨纤维	0.98	98

由于使用碳纤维材料可以大幅降低结构质量，因而可显著提高燃料效率。采用碳纤维与塑料制成的复合材料制造的飞机及卫星、火箭等宇宙飞行器，噪声小，而且因质量小而动力消耗少，可节约大量燃料。据报道，航天飞行器的质量每减少 1 kg，就可使运载火箭减轻 500 kg。

(2)碳纤维的物理性质。碳纤维的物理性质如下：

1)碳纤维的密度为 1.5～2.0 g/cm^3，这除与原丝结构有关外，主要取决于炭化处理的温度。一般经过高温(3 000 ℃)石墨化处理，其密度可达 2.0 g/cm^3。

2)碳纤维的热膨胀系数与其他纤维不同，有各向异性的特点。平行于纤维方向是负值($-0.90\times10^{-6}\sim-0.72\times10^{-6}\ K^{-1}$)，而垂直于纤维方向是正值($22\times10^{-6}\sim32\times10^{-6}\ K^{-1}$)。

3)碳纤维的比热容一般为 7.12×10^{-1}kJ/(kg·K)。热导率随温度升高而下降。

4)碳纤维的比电阻与纤维的类型有关，在 25 ℃时，高模量碳纤维为 775 μΩ/cm，高强度碳纤维为 1 500 μΩ/cm。碳纤维的电动势为正值，而铝合金的电动势为负值。因此，当碳纤维复合材料与铝合金组合应用时会发生化学腐蚀。

(3)碳纤维的化学性质。碳纤维的化学性质与碳相似，它除能被强氧化剂氧化外，对一般碱性是惰性的。在空气中，温度高于 400 ℃时则出现明显的氧化，生成 CO 与 CO_2。在不接触空气和氧化剂时，碳纤维具有突出的耐热性能，与其他材料相比，碳纤维在温度高于 1 500 ℃时，其强度才开始下降，而其他材料的耐热性能早已大幅下降。另外，碳纤维还具有良好的耐低温性能，如在液氮温度下也不脆化，它还有耐油、抗辐射、抗放射、吸收有毒气体和减速中子等特性。

10.2.2 碳纤维复合材料

碳纤维复合材料是近二十年才发展起来的新型结构材料，碳纤维可与树脂、塑料、陶瓷、玻璃、金属等多种材料形成复合材料。碳纤维复合材料的特点是强度高，质量轻，刚性好，抗疲劳性能好。其主要作为减重结构材料和烧蚀放热材料应用于航天航空，也广泛用于机械和汽车工业、体育用品及生物材料。

1. 碳纤维增强树脂基复合材料(CFRP)

CFRP 密度低，具有比玻璃钢更高的比强度和比模量，比强度是高强度钢和钛合金的5～6 倍，是玻璃钢的 2 倍，比模量是这些材料的 3～4 倍。因此，CFRP 在航天工业中作为主结构材料，如航天飞机有效荷载门、副翼、垂直尾翼、主起落架门、内部压力容器等都是采用 CFRP，为此航天飞机可减重达 2 t 之多。另外，空间站大型结构桁架及太阳能电池支架也采用 CFRP。

2. 碳/碳复合材料(C/C)

碳/碳复合材料(C/C)是由碳纤维及其制品(碳毡、碳布等)增强的碳基复合材料。C/C 的组成只有一个元素——碳，具有碳和石墨材料所特有的优点，如低密度和优异热性能，如耐烧蚀性、抗热震性、高导热性和低膨胀系数等；同时，还具有复合材料的高强高模量等特点。C/C 的另一重要的性能是其优异的摩擦磨损性能。C/C 与人体的生物相容性良好。

3. 碳纤维增强金属基复合材料(CFRM)

碳纤维增强金属基复合材料具有高比强度、高比模量、耐高温、热膨胀系数小、导热率高和抵抗热变形能力强等一系列优异性能。碳纤维增强铝不仅比铝合金的强度高，而且使用温度也有了大幅度的提高，即使到了 500 K 左右仍可保持 90%左右的拉伸强度。碳纤维增强铝具有优异的疲劳强度，即使疲劳循环 10^7次，仍可保留 63%～84%的疲劳强度。

4. 碳纤维增强陶瓷基复合材料(CFRC)

陶瓷的致命弱点是脆性，用碳纤维增强陶瓷可有效改善韧性，改变了陶瓷的脆性断裂形态，增加了韧性。纤维还阻止裂纹迅速扩展、传播。碳纤维增强陶瓷基复合材料具有较高强度，机械冲击性能、热冲击性能得到改善，断裂韧性有了大幅度提高。与普通陶瓷相比，其弯曲强度提高了 5 倍左右，断裂韧性提高了数百倍。

5. 碳纤维增强橡胶复合材料(CFRR)

碳纤维增强橡胶复合材料在相同弯曲条件下，使用寿命与普通橡胶相比得到了大大的提高。橡胶的热传导率比碳纤维的小两个数量级。用碳纤维增强橡胶后，碳纤维在碳纤维增强橡胶复合材料中形成传热网络，摩擦热可散逸，从而改善了热性能，特别是热疲劳。

10.2.3 碳纤维及复合材料的应用

1. 土木建筑领域的应用

现在用混凝土或水泥做基体制成的碳纤维增强复合材料，强度高、模量大、相对密度小、耐碱腐蚀，克服了水泥的缺点，在土木建筑应用中日益受到重视，广泛应用于建筑梁、板、柱、墙等的加固，以及桥梁、隧道、烟囱、筒仓等其他土木工程的加固补强。碳纤维布加固修复混凝土结构技术是采用配套黏结树脂将碳纤维布粘贴于混凝土表面，起到结构补强和抗震加固的作用。用碳纤维取代钢筋，可消除钢筋混凝土的盐水降解和劣化作用，使建筑构件质量减轻，安装施工方便，缩短建筑工期，如图 10-12 所示。

碳纤维及复合材料的应用

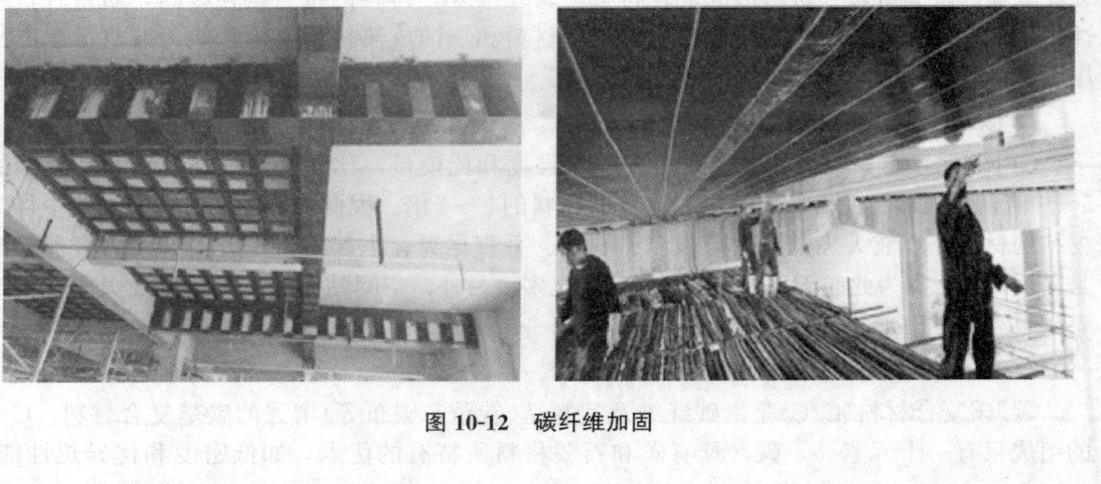

图 10-12　碳纤维加固

2. 航空航天领域的应用

碳纤维具有高比强度、比模量，低热膨胀系数和高导热性等独特性能，因而，由其增强的复合材料用作航空航天结构材料，减重效果十分显著，应用潜力巨大。欧洲空客公司 A380 客机上的机舱内壁板、后机身蒙皮、水平安定面等都是碳纤维复合材料。航空应用中对碳纤维的需求正在不断增多，波音 787 飞机利用碳纤维做结构材料，包括水平和垂直的横尾翼与横梁，这些材料被称为“首要的结构材料”，如图 10-13 所示。

(a) (b)

图 10-13　碳纤维及复合材料在航空航天领域的应用

(a)碳纤维增强的飞机蒙皮；(b)整体成型 CFRP 框段

3. 工业领域的应用

深海油气田是碳纤维复合材料发挥作用的重要领域。美国在 20 世纪 90 年代初研制成功碳纤维复合材料连续抽油杆。这种碳纤维复合材料连续抽油杆克服普通钢抽油杆质量大、耗能高、失效频繁、活塞效应大、起下作业速度慢、易偏磨的缺点，很有发展前途。

风力发电机组的发电机额定功率越来越大，与其相适应的风机叶片尺寸也越来越大。为了减少叶片的变形，在主乘力件如轴承和叶片的某些部位采用碳纤维来补充其刚度。因此，碳纤维在风力发电机叶片上的应用前景很好，如图 10-14 所示。

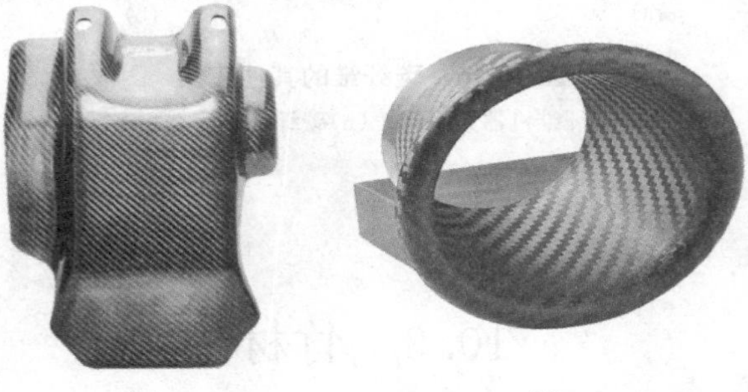

(a) (b)

图 10-14　碳纤维在工业领域的应用

(a)碳纤维工业零件；(b)碳纤维耐高温结构件

4. 汽车工业及体育用品中的应用

应用碳纤维复合材料生产汽车零部件后，有望大幅降低车身质量。车辆使用碳纤维，可以拥有更轻的质量、更好的燃油经济性及同样出色的安全性。碳纤维复合材料在运动器材中也得到了广泛应用。其包括高尔夫球杆、网球拍、滑雪板、钓鱼竿、自行车架、冰球拍、船桨、赛艇等，都已经形成了成熟的市场，如图 10-15 所示。

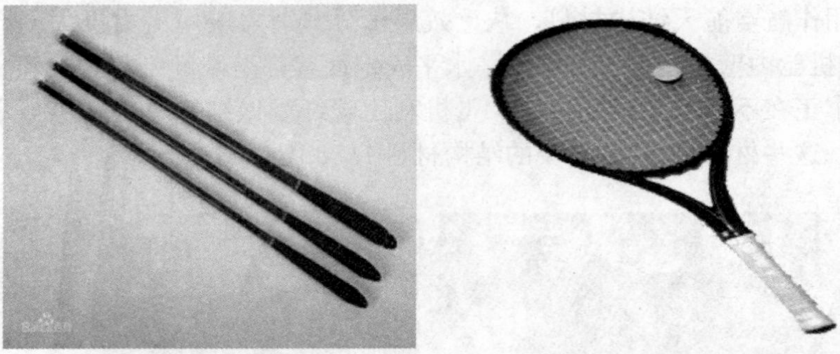

图 10-15　碳纤维在运动器材中的应用

(a)碳纤维鱼竿；(b)碳纤维网球拍

5. 其他应用

碳纤维的其他应用包括机器部件、家用电器、计算机及与半导体相关的设备的复合材料的生产，可以用来起到加强防静电和电磁波防护的作用。另外，在 X 射线仪器市场上，碳纤维的应用可以减少人体在 X 射线下的暴露，如图 10-16 所示。

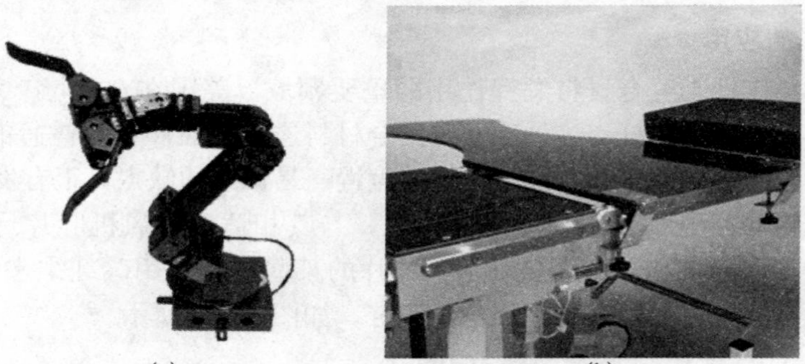

(a)　(b)

图 10-16　碳纤维的其他应用

(a)碳纤维机器人手臂；(b)碳纤维医疗 CT 床板

10.3　竹材

10.3.1　竹材的基本结构和特点

1. 竹材的基本结构

(1)竹材的宏观结构。竹材主要是指竹子的竹秆，是竹子利用价值最大的部分。竹秆是竹子地上茎的主干，竹秆外形多为圆锥体或椭圆体。竹秆由竹节和节间两部分组成，根据竹子种类的不同，竹秆的长度、竹壁厚度和竹节的数量差异很大。

(2)竹材的微观结构。竹材的微观结构是指竹材内部的细胞特征、细胞排列及组成成分。竹材由细胞组成。细胞是竹材显微镜下构成竹材的基本形态单位。

2. 竹材的特点

竹子是一种天然速生材料，与木材有着相似的质感。竹材色泽柔和、纹理清晰、手感光滑、富有弹性，给人以良好的视觉、嗅觉和触觉感受。它质量轻、韧性好、强度高，可以被做成桁架来解决建筑中的大跨度问题，是一种优质的建筑材料。竹材的特点见表10-2。

另外，“竹”还具有特殊的文化意义。竹结构建筑因竹材天然的色彩、形态和质感，给人以回归自然的心理感受，在园林建筑及室内装饰中占有重要地位。竹结构建筑历史源远流长，富有自然简约、典雅秀丽、清新空灵的美感，并充满浓浓的乡土气息。

表10-2　竹材的特点

项目	竹材
环保	1. 竹子生长周期短(4～6年就可砍伐利用)，栽植容易，是可再生的绿色资源 2. 竹材深加工产品为天然材质产品，不会对室内的环境造成污染
隔声	竹子是天然的隔声材料
耐磨性能、抗刮划能力	竹材由于材质坚硬、密度大而有很高的耐磨抗划能力
防水性能	防水性能好，竹材坚硬、遇水膨胀和干燥收缩系数小，不易变形
生虫	竹材内含丰富的糖分、脂肪、淀粉、蛋白质等营养物质，在潮湿环境中容易生虫、发霉、腐朽
发霉	
腐朽	

3. 竹材在建筑中应用的优势

在全球范围内绿色生态思潮的巨大冲击下，竹材作为现代建筑材料已经越来越受到人们的重视，我国得天独厚的竹材资源为竹材工业的发展奠定了坚实的物质基础。竹材在建筑业的应用中具有以下几点优势：

(1)与其他建筑材料相比，竹材是一种极好的可再生资源，一般3～5年即可成材，只要合理开采、种植，可永续利用。随着竹材加工业的发展，很多速生材也可用于建筑结构中，大大缩短了再生产周期。

(2)竹材作为建筑材料，在施工建造过程中能耗、污染方面远远小于建造砖、石和混凝土类建筑物，是很好的绿色材料。从能源利用和空气、水污染方面来说，竹材对环境的影响较小，具体见表10-3。

表10-3　建筑材料寿命周期对环境影响

材料	水污染	温度效应	空气污染指数	固体废弃物
竹材	1	1	1	1
钢材	120	1.47	1.44	1.37
水泥	0.9	1.88	1.69	1.95

(3)竹材的韧性好，且竹结构住宅质量轻，地震时吸收的地震力也相对较少。即使在强烈的地震中整体结构出现变形，也不会散架或垮塌。据报道，1991年在哥斯达黎

加发生的里氏7.6级地震中，大批砖瓦和钢筋混凝土建筑都倒塌了，而位于震中的30座竹房屋却安然无恙。

(4)竹材导热系数小，具有良好的保温隔热性能。若要达到同样的保温效果，竹材需要的厚度是混凝土的1/15，是钢材的1/400；在同样的厚度条件下，竹材的隔热值比标准的混凝土高16倍，比钢材高400倍。另外，竹结构建筑的年平均湿度变化范围，保持在60%～80%，这与最佳居住环境相对湿度60%左右的指标最为接近。

(5)竹结构及配套部件易于定型化、标准化，实现构件的工厂预制和现场装配化施工，现场湿作业少，施工速度快，可大大提高资金的投资效益，实现住宅建筑技术集成化、产业化和工业化，提高住宅的科技含量。

(6)竹材人造板结构材料和传统的结构材料相比，具有强度高、韧性好、刚度大、变形小、尺寸稳定、性能优良等特点。其特性、结构取材、环境效益及在住宅建筑中的使用功能、设计、施工、综合经济方面都具有优势。

10.3.2 竹材的各项特性

1. 竹材的物理性质

(1)密度。竹材的平均表观密度约为1.500 g/cm³。竹子的绝干密度为0.79～0.83 g/cm³。研究表明，竹材的密度以地下和基部为最大，越到上部越小。丛生竹的表观密度比散生竹大1.4%，绝干密度也大于散生竹。绝干密度的变化是从基部到梢部、从里到外递增，而孔隙度的变化与其相反，从基部到梢部递减。

(2)含水率。竹子生长时含水率很高，平均为80%～100%，通常年龄越小，其新鲜材含水率越高。由于温度和湿度会随自然环境而变化，因此一般情况下很难保持竹材的含水率稳定。

2. 竹材的化学性质

竹材的化学成分类似于木材，但又有别于木材。竹材主要化学成分为有机组成，是天然的高分子聚合物。竹材主要由纤维素、半纤维素和木素组成。一般来说，整竹由50%～70%的全纤维素、30%的戊聚糖和20%～25%的木素组成。竹材的纤维素含量随着年龄的增加而略减，不同秆茎部位的含量也存在差异，从下部到上部略减，从内层到外层是渐增的。

3. 竹材的力学性质

竹材的力学性质主要为顺纹抗拉强度、顺纹抗压强度和顺纹剪切强度及顺纹静曲强度和弹性模量等。竹材的力学强度随含水率的增高而降低，但当竹材处于绝干条件下时，因质地变脆，强度反而下降。竹材上部比下部的力学强度大，竹壁外侧比内侧的力学强度大。由表10-4和表10-5可知，竹材顺纹抗拉强度约为木材的2倍，顺纹抗压强度为木材的3～4倍。

表10-4 竹材、木材的物理力学性能对比

材质	竹材	橡木	红松
干缩系数/%	0.255	0.392	0.459
抗拉强度/MPa	184.27	153.55	98.10
抗弯强度/MPa	108.52	110.03	65.30
抗压强度/MPa	65.39	62.23	32.80

表 10-5　竹材、木材的力学性能对比

项目	竹材		木材		
	楠竹	淡竹	杨木	红松	水杉
顺纹抗拉强度/MPa	204.2	198.4	65.2	101.4	84.2
顺纹抗压强度/MPa	65.5	84.6	22.4	34.3	40.6

10.3.3　竹材的生产加工

1. 竹集成材

竹集成材是由一定厚度和宽度的竹条(片)在厚度、宽度和长度方向上胶合而成的，所以，其尺寸不再受圆竹尺寸的限制，如图 10-17 和图 10-18 所示。竹集成材是一种新型的竹材人造板，具有竹材原有的良好物理力学性能、收缩率低的特性。

图 10-17　竹集成材

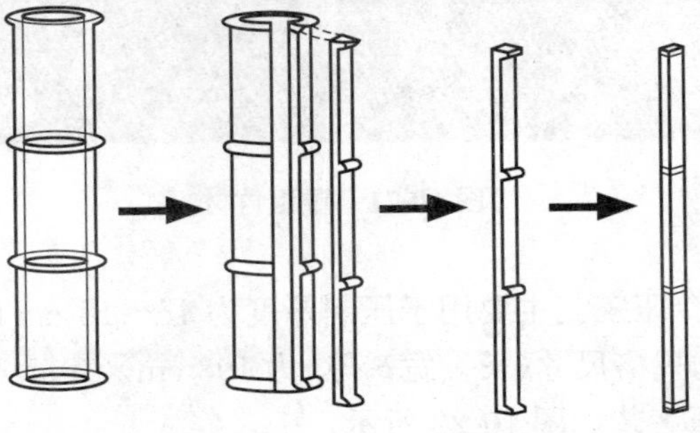

图 10-18　竹集成材的示意

(1)板形、方形竹集成材的生产工艺流程(图 10-19)。

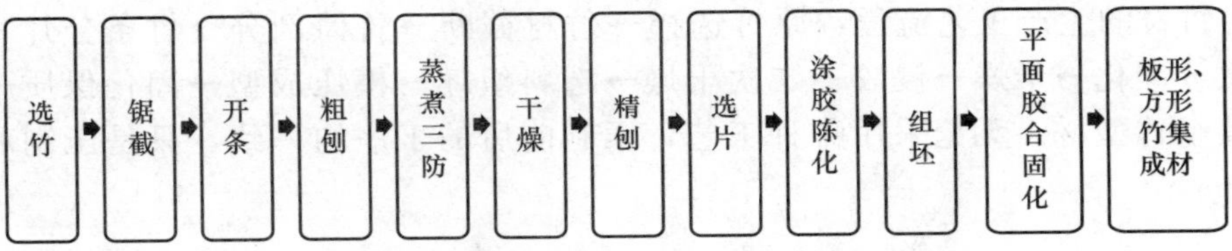

图 10-19　板形、方形竹集成材的生产工艺流程

(2)平拼弯曲竹集成材的生产工艺流程(图 10-20)。

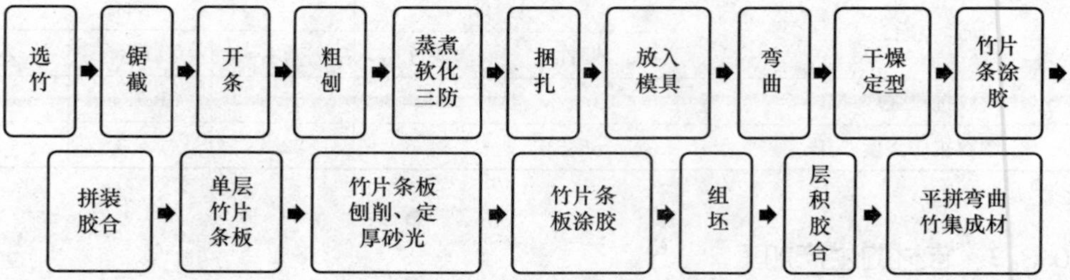

图 10-20　平拼弯曲竹集成材的生产工艺流程

2. 重组竹材

重组竹材是先将竹材疏解成通长的、相互交联并保持纤维原有排列方式的疏松网状纤维束，再经干燥、施胶、组坯成型、冷压或热压而成的板状或其他形式的材料。其具有原料丰富、可持续发展、利用率高、外观美丽、材性优良、易于加工等特点，如图 10-21 所示。

图 10-21　重组竹材

(1)冷压工艺技术。冷压工艺主要用于压制厚度为 15～18 cm 的重组竹方材，密度相对均匀。重组竹方料常用的规格尺寸(长×宽×厚)为 193 cm×10.5 cm×15.0 cm 和 200 cm×14.5 cm×15.0 cm。冷压工艺如图 10-22 所示。

(2)热压工艺技术。热压工艺主要压制板材。常规尺寸(长×宽×厚)为 244 cm×122 cm×1.5～4 cm，最大幅面可达 1.2 m×5 m，一般最大板厚可达 5 cm。热压工艺如图 10-23 所示。

重组竹材的生产工艺流程：原竹选择→竹材截断→竹筒剖分→竹条分片→竹片疏解→蒸煮或碳化→干燥→浸胶→二次干燥→选料组坯→模压成型→固化保质→锯边或开料→重组竹型材。无论采用哪种工艺，压制前后的工序均一致，只是压制和固化工序不一样。

图 10-22　冷压工艺

图 10-23　热压工艺

(3)户外重组竹材料与防腐木对比。CCA 防腐木(图 10-24)即经 CCA 压力处理的防腐木材。户外重组竹材料(图 10-25)与 CCA 防腐木的对比情况见表 10-6。由表可知，与 CCA 防腐木相比，户外重组竹材料提供了多种颜色的选择；卡口拼接安装简单；寿命在 10 年以上；防滑性好。

图 10-24　CCA 防腐木

图 10-25　户外重组竹材料

表 10-6　户外重组竹材料与 CCA 防腐木对比

对比项目	户外重组竹材料	CCA 防腐木
制作工艺的区别	具有高强度，高耐候性，高防腐性和高耐燃点等特点	是一种化学防腐剂，用于保护木材不受细菌和昆虫的侵蚀

续表

对比项目	户外重组竹材料	CCA防腐木
对人健康的影响程度的区别	全程加工过程中甲醛释放量低于0.2 mg/100 g，更低于0.5 mg/100 g欧洲E1级标准	防腐木材中的砷（砒霜）可能引起膀胱癌、肝癌和肺癌，当皮肤与木材产生表面接触时，可能会粘到一些化学制品
对土壤及环境影响	环保产品，不会对环境造成破坏	随着时间流逝，砷会慢慢从CCA处理的木材产品浸出，对环境造成破坏
表面及颜色的区别	可以通过工艺，提供多种颜色的选择	选择单一/刷漆
应用领域区别	产品各项性能指标优于木塑与防腐木，被广泛应用在包括建材、园林景观、建筑模板、高强度支撑结构材料市场、风力发电叶片市场。形成多产品系列	2003年12月30日以后，欧美国家的这些CCA产品不能用于大部分民用建筑木材处理，包括阳台、景观木材、民用围栏、人行道等
产品性能的区别	放水，抗酸碱，抗虫蛀，抗真菌，抗紫外线，不开裂，不变形，高强度需维护	防水性差，抗酸碱性差，抗紫外线性差，开裂，需油漆维护
安装简易程度的区别	卡口拼接安装简单	安装组装及处理木材较复杂
使用寿命	10年以上	1～5年
价格	18 000元/m^3	3 500～14 000元/m^3
木质自然外观	强	强
密度	1.23 g/cm^3	0.3～1.0 g/cm^3
防滑性能	好	一般
防火等级	A	—
强度	静曲强度220 MPa以上	静曲强度33 MPa

10.3.4 竹材的应用

竹结构建筑以其优越的居住性能和生态效益，开始掀起一股绿色风潮。竹材用于现代住宅建筑，从地基到框架结构，从框架系统到屋面桁架，从地板到家具再到外部覆层和室内装修及橱柜，每到一处，竹材都置身其中。竹材加工处理技术还可以将竹子加工成墙板、梁、柱、楼板、屋架等各种结构构件，如图10-26所示。

竹材的应用

除在传统的基础上利用竹材外，竹子还被开发出了更多、更新的用途，“以竹代木”成为国内外木材业的发展方向。利用现代复合、重组技术，以竹材为原料替代木材制造各种性能优良的高档建筑材料，满足不同房屋及其结构组件的性能要求。此类建筑材料的开发及应用，将为处于贫困状态的广大产竹区人民提供一条新的致富之路，势必成为竹材利用新的发展方向。在政府和国际组织对竹材发展的积极推动下，竹子作为绿色建材在建筑业的应用必将会有广阔的发展前景。

(a)　　(b)　　(c)

(d)

图 10-26　竹材的应用

(a)河道；(b)小区地面；(c)户外廊架；(d)长城脚下的公社——竹屋

10.4　新型路面材料

目前，用于交通路面材料的主要有水泥混凝土和沥青混凝土两种。水泥混凝土路面脆性大、容易脆断、难以修复；而沥青混凝土路面强度低、材料稳定性差、设计寿命低，这些缺点历来都是公路建设中面临的共同问题。而新型路面材料作为对传统路面材料的一个创新改进，已经取得了很好的研究成果。

10.4.1　环氧树脂混凝土路面材料

1. 环氧树脂混凝土的概念

环氧树脂混凝土是指以环氧树脂为主料，掺入适量的固化剂、增塑剂、稀释剂及填料作为胶粘剂，以砂、石作为骨料，经混合、成型、固化而成的一种复合材料，是聚合物混凝土中纯聚合物混凝土的一种，如图 10-27 所示。

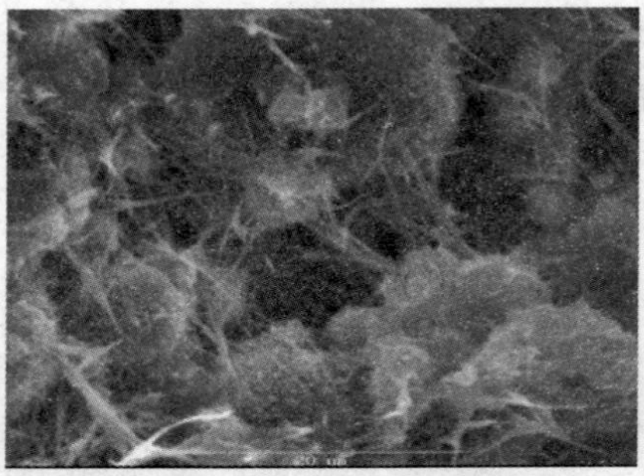

图 10-27　环氧树脂混凝土

环氧树脂混凝土复合材料的主要成分包括环氧树脂、固化剂、增塑剂及增韧剂、稀释剂、填充料等。

(1)环氧树脂。环氧树脂是一种含有环氧基的高分子聚合物，是由环氧氯丙烷及二酚基丙烷(双酚 A)在碱的作用下缩聚而成的液体树脂。其是线性结构的热塑性聚合物，加热呈塑性，本身不会硬化，当加入一定量硬化剂后，经室温放置或加热处理后，与固化剂发生交联固化反应，变为不溶于水的坚固体型网状结构的巨大分子高聚物，其性能也能由热塑性变为热固性。固化后显出强度高、黏结力大、收缩性小及化学稳定性好等特点。

(2)固化剂。固化剂的主要作用是使热塑性、线型环氧树脂交联成体型网状巨大分子，成为不溶于水的硬化产物。

(3)增塑剂及增韧剂。硬化后的环氧树脂虽有较高的强度，但较脆、抗冲击力差，加放增塑剂或增韧剂的主要作用是增加环氧树脂的韧性，提高抗弯强度和抗冲击性能。增塑剂不参与固化反应，只起润滑作用，并随着时间的延长而挥发掉，将失去增韧的作用。

(4)稀释剂。添加稀释剂的主要作用在于降低环氧树脂黏度，便于胶粘剂浸润骨料、基层表面，提高黏结力，增加体积和填料含量，同时，可以控制环氧树脂与固化剂的反应热，延长使用时间。常用稀释剂有丙酮、甲苯、二甲苯等。

(5)填充料。填充料不仅可以减少环氧树脂用量、降低成本，而且还能使环氧树脂胶粘剂的性能得到进一步改善，减少胶粘剂的热胀系数、收缩率、放热温度，增加热导率和黏结力，提高稳定性，消除固化物中的成型应力等工艺性能。常用的填充料有水泥、砂、石、石英粉等。

环氧树脂混凝土的优点是具有较高的早期抗弯、抗压强度；其韧性得到了较明显的改善，抗冲击强度大；提高路面的耐化学腐蚀、耐磨性能，延长混凝土使用寿命。

2. 环氧树脂混凝土的应用

目前，环氧树脂混凝土常用于路面和桥面的维修与桥梁墩柱加固。例如，环氧砂浆应用于路面缺陷和裂缝修补。随着研究的逐步深入，环氧树脂混凝土优异的路用性能也得到了越来越多的重视。例如，在西(安)临(潼)高速公路灞河大桥伸缩缝施工中，环氧树脂混凝土用来解决车辆在通过桥梁伸缩缝时的“跳车”问题。

考虑到环氧树脂价格昂贵，在实际应用中不可能大量掺用，因此，在工程应用中，只是掺加少量树脂来改性水泥混凝土。近年来，流行的做法是掺水性环氧树脂改性砂浆。其突出优势表现在该体系可在室温和潮湿条件下固化，有合理的固化时间，特别是能与水泥砂浆、混凝土等常用的水泥基材料混合使用，并能提高上述材料的早期强度、韧性、抗冲击性能，增强防水性能。

10.4.2 半刚性沥青混凝土路面

1. 半刚性沥青混凝土的概念

半刚性沥青混凝土面层复合材料是一种新型刚柔相济的路面材料，其可以充分发挥柔性路面和刚性路面材料的特点，既具有柔性路面的行车舒适性，又具有刚性路面的抗车辙能力，并改善低温抗裂性、耐久性和抗水损坏能力，同时可减薄加铺层厚度，如图 10-28 所示。

图 10-28 树脂改性半刚性面层表面

树脂改性半刚性面层复合材料的关键如下：

(1)确定沥青混合料配合比，使沥青混凝土的空隙率达到 30%左右。沥青混合料配合比设计流程如图 10-29 所示。

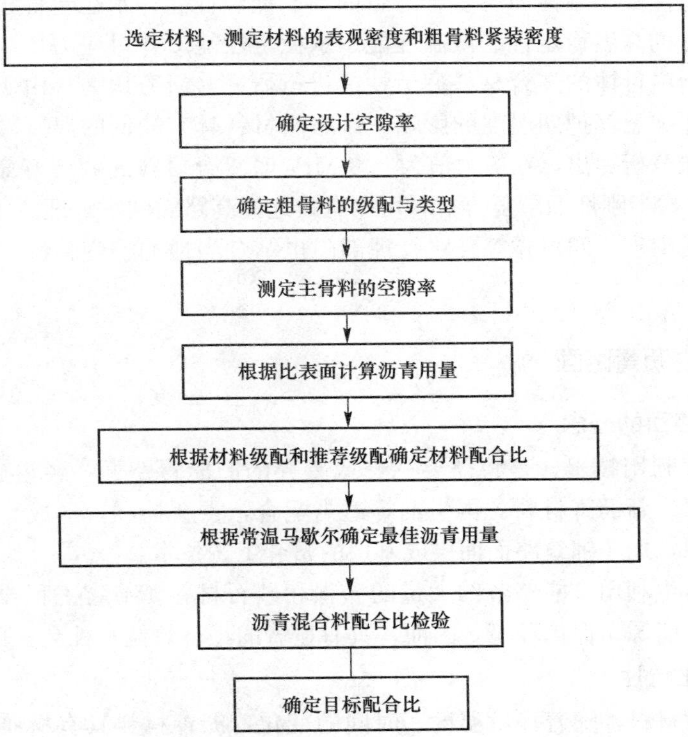

图 10-29 沥青混合料配合比设计流程

(2)砂浆配方设计，要求见表 10-7。

表 10-7　砂浆要求

指标	范围	备注
稠度/s	8～10	间隔时间 0～15 min
	9～11	间隔时间≥15 min
抗压强度/MPa	≥7.5	7 d 龄期
	≥13.5	28 d 龄期
抗弯强度/MPa	≥2.5	7 d 龄期
	≥3.5	28 d 龄期

2. 半刚性沥青混凝土的应用

目前，国内对半刚性面层复合材料的研究还处于起步阶段，很少在高等级公路的路面中应用。1986 年，同济大学道路与交通工程研究所对国产普通沥青混合料使用拌合法和灌浆法加注水泥砂浆，制成特种沥青混凝土，进行了各种物理力学试验，比较了高低温条件下的力学性质，并于 1986 年年底，在广东省惠深线上修建了试验路，经过两年的行车作用，使用效果良好。随后又对灌注水泥胶浆的半刚性材料进行研究，并在吉林省营抚公路靖宇县境内铺筑了试验路，通过这对已铺筑的试验路观测表明，发现该路面具有良好的路用性能。

长安大学对灌注式半刚性面层复合材料的高、低温性能，水稳定性进行研究，结果表明该材料具有优良的高温稳定性、低温性能、水稳定性能。并对应力比小于 0.5 条件下不同空隙率沥青混合料母体的复合材料疲劳性能进行研究，研究认为，由于有水泥材料的存在，因而应用时要注意养护期温度的影响。该路面材料具有较低的温度敏感性和良好的耐久性，并通过对比分析得出，在应力值为 0.3 MPa 时复合材料的疲劳寿命是沥青混凝土的 3.2 倍，表明灌注式半刚性面层复合材料可以有效地提高路面的耐久性。

除此之外，河南省、四川省等公路管理部门也结合当地的实际情况，对这种材料进行了尝试性的研究。

10.4.3　再生沥青路面

1. 再生沥青路面的概念

沥青路面再生利用技术，是将需要翻修或废弃的旧沥青路面，经过翻挖回收、破碎、筛分，再与新骨料、新沥青材料、再生剂等适当配合，重新拌和，形成具有一定路用性能的再生沥青混合料，用于铺筑路面面层或基层的整套工艺技术。

沥青路面的再生利用，能够节约大量的沥青和砂石材料，节省工程投资；同时，有利于处治废料、节省能源、保护环境，因而，具有显著的经济效益和社会、环境效益。

2. 沥青的老化特性

沥青为感温性材料，随着环境温度、时间的变化，沥青材料具有材质变硬的现象，并且这一现象随时都在进行。高温拌和沥青混凝土时，沥青在高温下的老化作用明显，当沥青混凝土铺筑冷却开放交通使用后，沥青材料的老化仍然在进行。沥青材料的老化作用主要表现在以下几个方面：

(1)氧化作用。沥青中形成的极性含氧基团逐渐联结成高分子量的胶团促使沥青的黏度提高，构成的极性羟基、羰基和羧基团形成更大更复杂的分子，使沥青硬化，缺乏柔性。沥青的氧化与温度、时间和沥青膜厚度有关。

(2)挥发作用。沥青中较轻的组分容易蒸发和散失，主要受温度及在空气中暴露的程度的影响。

(3)聚合作用。聚合作用是指沥青和蜡质缓慢结晶。沥青的物理硬化是可逆的，一旦加热又可以恢复到原来的黏度。

(4)自然硬化。沥青处在自然环境温度下发生的硬化称为自然硬化或物理硬化。其通常是由于沥青分子的重新定位而引起的。

(5)渗流硬化。渗流硬化是指沥青的油质成分流动而渗入到骨料中的现象。渗流主要受沥青内烷烃部分的低分子量的数量、沥青质的数量和类型等影响。渗流硬化主要发生在多孔性材料中。

3. 沥青的老化机理

从沥青高温加热进入拌合楼开始，直到路面使用寿命结束，沥青在化学组成与物理形式上均不断发生变化。所谓化学组成变化，是指沥青混凝土中的沥青不断与空气中的氧气发生反应，形成酮基与硫氧基结构，增加了部分沥青胶泥分子的极性并改变其属性，慢慢由芳香成分转变为树脂成分等。老化反应就是沥青材料在氧化作用下，芳香成分减少，而稠度增加的不可逆的过程。

4. 沥青的再生机理与再生方法

旧沥青路面的再生，关键在于沥青的再生。从流变学的观点来看，旧沥青再生的方法可以归结为以下两点：

(1)将旧沥青的黏度调节到所需要的黏度范围以内。

(2)将旧沥青的复合流动度予以提高，使旧沥青重新获得良好的流变性质。

旧沥青的再生就是根据生产调和沥青的原理，在旧沥青中，或加入某种组分的低黏度油料(即再生剂)；或加入适当稠度的沥青材料，经过调配，使调配后的再生沥青具有适当的黏度和所需要的路用性质，以满足筑路的要求。这一过程就是沥青再生的过程，因此，再生沥青实质上也是一种调和沥青。旧沥青与再生剂、新沥青的混合是在伴随有砂石料存在的条件下进行的，远不及石油工业中生产调和沥青调配得那么好。

5. 再生剂的作用

沥青路面经过长期老化后，当其中所含旧沥青的黏度高于 10^6 Pa·s，或其针入度低于40(0.1 mm)时，就应该考虑使用低黏度的油料作为再生剂。再生剂的作用表现在以下几个方面：

(1)调节旧沥青的黏度，使其过高的黏度降低，达到沥青混合料所需沥青的黏度；在工艺上使过于脆硬的旧沥青混合料软化，以便在机械和热的作用下充分分散，与新的沥青及骨料均匀混合。

(2)渗入旧料中与旧沥青充分交融，使在老化过程中凝聚起来的沥青质重新溶解分散，调节沥青的胶体结构，从而达到改善沥青流变性质的目的。

6. 再生工艺及路面施工

再生沥青路面施工是将废旧路面材料经过适当加工处理，使之恢复路用性能，重新铺筑成沥青路面的过程。施工工艺水平的高低和施工质量的好坏，对再生路面的使用品质有很大影响，故施工是最为重要的环节。

再生路面的施工可以根据需要而采取各种不同的工艺和方法，具体如下：

(1)表面再生法。表面再生法应用红外线加热器将路面表层几厘米深度范围内加热，然后用翻松机翻松，重新整平压实。

(2)路拌再生法。路拌再生法应用翻松破碎机将旧路面翻松破碎，添加新沥青材料和砂石材料，再经拌和压实。

(3)集中厂拌法。集中厂拌法是指将旧路面材料运至沥青拌合厂，重新拌制成沥青混合料，再运至现场摊铺压实。

国内外目前普遍使用的是厂拌工艺，其施工步骤如下：

1)旧料的回收与加工。

①旧路的翻挖。旧路的翻挖用于再生的旧料，不能混入过多的非沥青混合料材料，故在翻挖和装运时应尽量排除杂物。翻挖面层的机械一般有刨路机、冷铣切机、风镐及在挖掘机上的液压钳，也有的是人工挖掘。路面翻挖是一项费工费时且必不可少的工序。

②旧料破碎与筛分。再生沥青混合料用的旧料粒径不能过大，否则再生剂掺入旧料内部较困难，影响混合料的再生效果。一般来说，轧碎的旧料粒径一般小于 25 mm，最大不超过35 mm。破碎方法有人工破碎、机械破碎和加热分解等。

2)再生沥青混合料的制备。

①配料。人工配料拌和的方法较简单，这里不予介绍。采用机械配料拌和再生混合料，按拌和方式可分为连续式和间歇分拌式两种。连续式是将旧料、新料由传送带连续不断地送入拌合缸内，与沥青材料混合后连续出料；间歇分拌式是将旧料、新料、新沥青经过称量后投入拌合缸内拌和成混合料。

②掺加再生剂。再生剂的添加方式有两种：第一种，在拌和前将再生剂喷洒在旧料上，拌和均匀，静置数小时至一两天，使再生剂渗入旧料中，将旧料软化。静置时间的长短，视旧料老化的程度和气温高低而定。第二种，在拌和混合料时，将再生剂喷入旧料中。先将旧料加热至 70 ℃～100 ℃，然后将再生剂边喷洒在旧料上边加以拌和。再将预先加热过的新料和旧料拌和，加入新沥青材料，拌和至均匀。这种掺入方式工序简单，应用广泛。

③再生混合料的拌和。总的来说，拌合工艺按拌合机械来分主要有滚筒式拌合机和间歇式拌合机两大类。

现在，滚筒式拌合机已成为欧美国家拌和再生混合料的最主要设备。在拌和过程中，旧料和新骨料的干燥加热及添加沥青材料拌和两道工序同时在滚筒内进行。

采用间歇分拌式拌合机，新骨料经过干燥筒加热后分批投入拌缸内，旧料不经过干燥筒加热，就按规定配合比直接加入拌合缸。在拌合缸内，旧料和新骨料发生热交换，然后加入沥青材料或再生剂，继续拌和直至均匀后出料。

3)再生混合料的摊铺与压实。由于再生混合料摊铺前与普通沥青混合料的性能已基本相同，因此，其摊铺和压实的过程与普通沥青混合料是基本一致的。需要注意的是，在翻挖掉旧料的路面上摊铺混合料前，更应注意基层表面的修整处理工作。

以施工时材料的温度来分，沥青路面再生施工工艺可分为热法再生工艺和冷法再生工艺。以上所说的就是热法再生工艺。冷法再生工艺与普通沥青混合料冷法施工工艺基本一致。目前国内外普遍使用的是热法再生工艺。

10.4.4 彩色沥青路面

彩色沥青路面色彩丰富，打破了传统黑白两色单调的路面颜色，有效解决沥青路面和水泥混凝土路面带来的诸多问题，主要体现在以下几个方面：

案例分析

(1)对环境的美化作用。作为城市现代化步伐中的一个重要标志，彩色路面能有效改善道路空间环境，与周围建筑更好地协调，有效美化都市环境，体现出城市的特色和风格，提升城市的形象，也能够满足人们对美感的深层次心理需求，使道路空间成为高质量的生活空间，如图 10-30 所示。

图 10-30 彩色路面在城市景观中的应用

(2)彩色路面色彩艳丽，能使人感觉轻松，减轻眼睛疲劳，改善整体行车环境(尤其是事故多发段)，保障行车安全，如图 10-31 所示。

图 10-31 彩色路面在公路上的应用

(3)彩色路面能有效缓解城市热岛效应，从而改善城市居住环境。

(4)彩色路面在满足路面最基本使用功能的同时，具有诱导交通的作用，如图 10-32 所示。

图 10-32 彩色路面诱导交通

在道路中铺筑不同色彩的路面在某种程度上比交通标志牌更好，它能够自然地给驾驶员以信号。研究认为，彩色路面可以通过特殊的色彩加强路面的可辨别性，划分不同性质的交通区间，对交通进行各种警示和诱导，以达到有效增加道路通行能力和避免交通事故的目的，从而进一步提高道路交通的舒适性和安全性，其效果在一定程度上比树立交通标志牌更好，更容易起到警示的作用。

10.5 乳化沥青

10.5.1 乳化沥青的组成

测试题

乳化沥青是黏稠沥青经热融和机械作用以微滴状态分散于含有乳化剂、稳定剂的水中，形成水包油(O/W)型的沥青乳液，如图 10-33 所示。

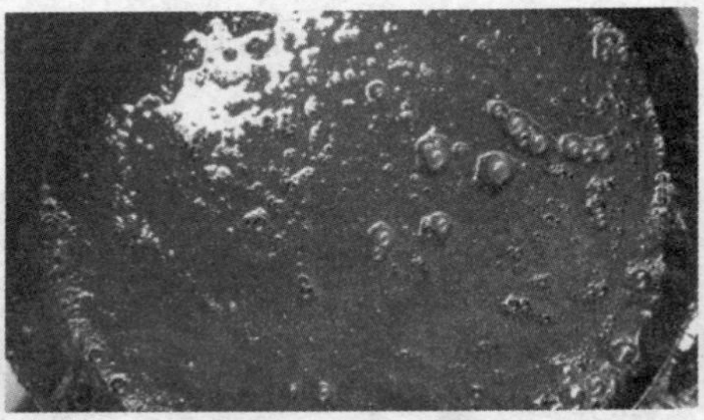

图 10-33 乳化沥青

乳化沥青主要由沥青、水、乳化剂和稳定剂组成。

(1)沥青。沥青是乳化沥青中的基本成分，在乳化沥青中占 55%～70%。沥青的选择应根据乳化沥青在路面工程中的用途而定。一般来说，几乎各种标号的沥青都可以乳化。相同油源和工艺的沥青，针入度较大者易于形成乳液。

(2)水。水是沥青分散的介质，其硬度和离子性对乳化沥青的形成与稳定性有较大的影响。一般要求水不应太硬。水中存在钙、镁等离子时，对于生产阳离子乳化沥青有利，但不利于生产阴离子乳化沥青；而碳酸离子和碳酸氢离子对两种乳化沥青的作用刚好相反，对生产阳离子乳化沥青不利。所以，应根据乳化沥青的离子类型选择符合水质要求的水源。

(3)乳化剂。乳化剂按其能否在溶液中解离生成离子或离子胶束而分为离子型乳化剂和非离子型乳化剂两大类。离子型乳化剂按其解离后亲水端所带电荷的不同可分为阴离子型、阳离子型和两性离子型乳化剂三类。

(4)稳定剂。为了改善沥青乳液的均匀性，减缓沥青微粒之间的凝聚速度，提高乳液的稳定性，增强与石料的黏附能力，常在乳液中加入一定的稳定剂。掺加稳定剂还可能降低乳化剂的使用剂量。稳定剂可分为无机稳定剂和有机稳定剂两类。

乳化沥青具有以下特点：

(1)可冷态施工，节约能源，减少环境污染。

(2)常温下具有较好的流动性，能保证洒布的均匀性，可提高路面修筑质量。

(3)采用乳化沥青，扩展了沥青路面的类型，如稀浆封层等。

(4)乳化沥青与矿料表面具有良好的工作性和黏附性，可节约沥青并保证施工质量。

(5)可延长施工季节，乳化沥青施工受低温、多雨季节影响较少。

10.5.2 乳化沥青的技术性能及评价方法

用于沥青路面的乳化沥青材料，应具备一定的耐热性、黏结性、抗裂性、韧性及防水性等技术性质。

1. 筛上剩余量

检验乳液中沥青微粒的均匀程度，是确定乳化沥青质量的重要指标。检测方法：待乳液完全冷却或基本消泡后，将乳液过 1.18 mm 筛，求出筛上残留物占过筛乳液质量的百分比。

2. 黏结性

乳化沥青的黏结性一般采用沥青标准黏度计或恩格拉黏度计测定，沥青标准黏度计法已在石油沥青中介绍；恩格拉黏度计测定方法按我国《公路工程沥青及沥青混合料试验规程》(JTG E20—2011)规定，在恩格拉黏度计(图 10-34)流出管下方放置一个洁净干燥的试样接受瓶，在规定温度下，提离木塞，当试样流至第一条标线 50 mL 时开动秒表，至第二条标线 100 mL 时，立即按停秒表，并记取时间。

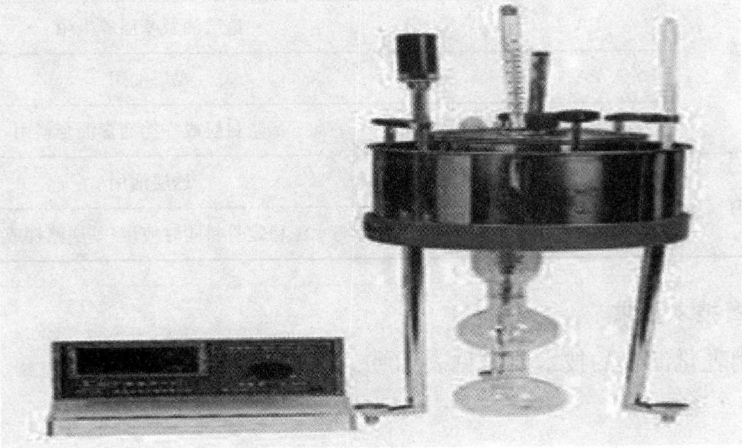

图 10-34 恩格拉黏度计

恩格拉黏度按式(10-1)进行计算：

$$E_V = \frac{t_T}{t_w} \tag{10-1}$$

式中 E_V——试样在温度 T 时的恩格拉黏度；

t_T——试样在温度 T 时的流出时间(s)；

t_w——恩格拉黏度计的水值，即水在 25 ℃时流出相同体积 50 mL 的时间(s)，可以直接测定。

3. 蒸发残留物含量

蒸发残留物是指各类乳化沥青中加热脱水后残留沥青的含量。测定方法按我国《公路工程沥青及沥青混合料试验规程》(JTG E20—2011)的相关规定。

10.5.3 乳化沥青的技术标准

1. 乳化沥青的分类及用途

按照施工方法，乳化沥青可分为三个部分：第一部分用 P 代表喷洒型乳化沥青，主要用于透层、黏层、表面处治或贯入式沥青碎石路面，用 B 代表拌合型乳化沥青，主要用于沥青碎石或沥青混合料路面；第二部分用 C 代表阳离子型乳化沥青，用 A 代表阴离子型乳化沥青，用 N 代表非离子乳化沥青；第三部分用 1～3 表示不同用途分类。乳化沥青品种及其适用范围见表 10-8。

表 10-8 乳化沥青品种及适用范围

分类	品种及代号	适用范围
阳离子乳化沥青	PC-1	表处、贯入式路面及下封层用
	PC-2	透层油及基层养生用
	PC-3	黏层油用
	BC-1	稀浆封层或冷拌沥青混合料用
阴离子乳化沥青	PA-1	表处、贯入式路面及下封层用
	PA-2	透层油及基层养生用
	PA-3	黏层油用
	BA-1	稀浆封层或冷拌沥青混合料用
非离子乳化沥青	PN-2	透层油用
	BN-1	与水泥稳定骨料同时使用(基层路拌或再生)

2. 乳化沥青技术要求

我国道路用乳化沥青的技术要求见表 10-9。

表 10-9　我国道路用乳化沥青的技术要求

<table>
<tr><td colspan="2" rowspan="4">试验项目</td><td rowspan="4">单位</td><td colspan="10">品种及代号</td></tr>
<tr><td colspan="4">阳离子</td><td colspan="4">阴离子</td><td colspan="2">非离子</td></tr>
<tr><td colspan="3">喷洒用</td><td>拌和用</td><td colspan="3">喷洒用</td><td>拌和用</td><td>喷洒用</td><td>拌和用</td></tr>
<tr><td>PC-1</td><td>PC-2</td><td>PC-3</td><td>BC-1</td><td>PA-1</td><td>PA-2</td><td>PA-3</td><td>BA-1</td><td>PN-2</td><td>BN-1</td></tr>
<tr><td colspan="2">破乳速度</td><td>—</td><td>快裂</td><td>慢裂</td><td>快裂或中裂</td><td>慢裂或中裂</td><td>快裂</td><td>慢裂</td><td>快裂或中裂</td><td>慢裂或中裂</td><td>慢裂</td><td>慢裂</td></tr>
<tr><td colspan="2">粒子电荷</td><td>—</td><td colspan="4">R1 离子(＋)</td><td colspan="4">阴离子(－)</td><td colspan="2">非离子</td></tr>
<tr><td colspan="2">筛上残留物(1.18 mm 筛)　≤</td><td>%</td><td colspan="4">0.1</td><td colspan="4">0.1</td><td colspan="2">0.1</td></tr>
<tr><td rowspan="2">黏度</td><td>恩格拉黏度计</td><td>—</td><td>2～10</td><td>1～6</td><td>1～6</td><td>2～30</td><td>2～10</td><td>1～6</td><td>1～6</td><td>2～30</td><td>1～6</td><td>2～30</td></tr>
<tr><td>道路标准黏度计</td><td>s</td><td>10～25</td><td>8～20</td><td>8～20</td><td>10～60</td><td>10～25</td><td>8～20</td><td>8～20</td><td>10～60</td><td>8～20</td><td>10～60</td></tr>
<tr><td rowspan="4">蒸发残留物</td><td>残留物含量　≥</td><td>%</td><td>50</td><td>50</td><td>50</td><td>55</td><td>50</td><td>50</td><td>50</td><td>55</td><td>50</td><td>55</td></tr>
<tr><td>溶解度　≥</td><td>%</td><td colspan="4">97.5</td><td colspan="4">97.5</td><td colspan="2">97.5</td></tr>
<tr><td>针入度(25 ℃)</td><td>0.1 mm</td><td>50～200</td><td>50～300</td><td colspan="2">45～150</td><td>50～200</td><td>50～300</td><td colspan="2">45～150</td><td>50～300</td><td>60～300</td></tr>
<tr><td>延度(15 ℃)　≥</td><td>cm</td><td colspan="4">40</td><td colspan="4">40</td><td colspan="2">40</td></tr>
<tr><td colspan="2">与粗骨料的黏附性(裹覆面积)　≥</td><td></td><td colspan="3">2/3</td><td>—</td><td colspan="3">2/3</td><td>—</td><td>2/3</td><td>—</td></tr>
<tr><td colspan="2">与粗、细粒式骨料拌和试验</td><td></td><td colspan="3">—</td><td>均匀</td><td colspan="3">—</td><td>均匀</td><td colspan="2">—</td></tr>
<tr><td colspan="2">水泥拌和试验的筛上剩余　≤</td><td>%</td><td colspan="4">—</td><td colspan="4">—</td><td>—</td><td>3</td></tr>
<tr><td colspan="2">常温储存稳定性：
1 d≤
5 d≤</td><td>%</td><td colspan="4">1
5</td><td colspan="4">1
5</td><td colspan="2">1
5</td></tr>
</table>

注：1. 黏度可选用恩格拉黏度计或沥青标准黏度计之一测定。

2. 表中的破乳速度与骨料的黏附性、拌和试验的要求、所使用的石料品种有关，质量检验时应采用工程上实际的石料进行试验，仅进行乳化沥青产品质量评定时可不要求此三项指标。

3. 储存稳定性根据施工实际情况选用试验时间，通常采用 5 d，乳液生产后能在当天使用时也可用 1 d 的稳定性。

4. 当乳化沥青需要在低温冰冻条件下储存或使用时，还需进行－5 ℃低温储存稳定性试验，要求没有粗颗粒，不结块。

5. 如果乳化沥青是将高浓度产品运到现场经稀释后使用，表中的蒸发残留物等各项指标指稀释前乳化沥青的要求。

职业能力训练

一、名词解释

1. 碳纤维；2. 竹集成材；3. 重组竹材；4. 乳化沥青；5. 环氧树脂混凝土。

二、填空题

1. 轻钢结构建筑的常用结构体系包括________、________、________、________、________。

2. 碳纤维增强树脂基复合材料所用的基体树脂可分为________、________两大类。

3. 树脂改性半刚性面层复合材料根据施工工艺和材料可分为________、________、________三种类型。

4. 彩色路面的种类包括________、________、________、________、________、________、________和________。

5. 乳化沥青主要由________、________、________和________组成。

6. 环氧树脂混凝土复合材料的主要成分包括________、________、________、________和________等。

三、问答题

1. 什么是沥青的“老化”？沥青的老化作用包括哪些？
2. 简述乳化沥青的分裂机理。
3. 简述乳化沥青的特点。
4. 简述竹材的基本结构。
5. 简述碳纤维复合材料的主要类型。

实践篇

模块 11　材料的基本物理性能检测

11.1　砖吸水性检测

混凝土路面砖
吸水性试验

11.1.1　试验目的

巩固吸水性的概念，学习吸水性基本参数的测定方法，了解混凝土路面砖的基本性能。

11.1.2　主要仪器设备

(1)天平。称量满足要求，感量为 1 g。

(2)烘箱。能使温度在(105±5)℃。

11.1.3　试样

每组试件数量为 5 块。

11.1.4　试验步骤

(1)将试件置于温度为(105±5)℃的供箱内烘干，每隔 4 h 将试件取出分别称量一次，直至两次称量差小于试件最后质量的 0.1%，视为试件干燥质量(m_0)。

(2)将试件冷却至室温后，侧向直立在水槽中，注入温度为 10 ℃～30 ℃的洁净水。浸泡时，水面应高出试件约 20 mm。

(3)浸水 24 h 将试件从水中取出，用海绵或拧干的湿毛巾擦去表面附着水，分别称量，为试件水中 24 h 质量(mL)。

11.1.5　试验结果计算与评定

(1)计算吸水率，按式(11-1)：

$$w=(m_1-m_0)/m_0\times 100 \tag{11-1}$$

式中　w——试件吸水率(%)；

m_1——试件吸水 24 h 的质量(g)；

m_0——试件干燥的质量(g)。

(2)试验结果以 5 块试件的算术平均值表示，计算结果精确至 0.1%。

11.1.6　试验报告

砖吸水性检测试验数据记录及结果处理见表 11-1。

表 11-1　砖吸水性试验数据记录及结果处理

试件编号		1	2	3	4	5
干燥质量 m_0/g						
吸水 24 h 质量 m_1/g						
吸水率 ω/%	单个值					
	平均值					
	指标	≤6.5				

11.2　砂的表观密度检测

砂的表观密度测定试验

11.2.1　试验目的

通过试验测定砂的表观密度，为计算砂的空隙率和混凝土配合比设计提供依据。掌握《建设用砂》(GB/T 14684—2011)的测试方法，正确使用所用仪器与设备，并熟悉其性能。

11.2.2　主要仪器设备

(1)鼓风干燥箱。能使温度控制在(105±5)℃。

(2)天平。称量 1 000 g，感量 0.1 g。

(3)容量瓶。容积 500 mL。

(4)干燥器、搪瓷盘、滴管、毛刷和温度计等。

11.2.3　试样制备

试样按规定取样，并将试样缩分至 660 g，放在烘箱中于 105 ℃±5 ℃下烘干至恒量，待冷却至室温后，分成大致相等的两份备用。

11.2.4　试验步骤

(1)称取上述试样砂 300 g，精确至 0.1 g。装入容量瓶，注入冷开水至接近 500 mL 的刻度处，用手旋转摇动容量瓶，使砂样充分摇动，排除气泡，塞紧瓶盖，静置 24 h，然后用滴管小心加水至容量瓶颈刻 500 mL 刻度线处，塞紧瓶塞，擦干瓶外水分，称其质量，精确至 1 g。

(2)将瓶内水和试样全部倒出，洗净容量瓶，再向瓶内注水至瓶颈 500 mL 刻度线处，擦干瓶外水分，称其质量，精确至 1 g。试验时，实验室温度应为 15 ℃～25 ℃。

注：步骤 1 和步骤 2 水温相差不超过 2 ℃。

11.2.5　试验结果计算与评定

(1)砂的表观密度按式(11-2)计算，精确至 10 kg/m^3；

$$\rho_0=\left(\frac{G_0}{G_0+G_2-G_1}-\alpha_t\right)\times\rho_{水} \tag{11-2}$$

式中 ρ_0——砂的表观密度(kg/m^3)；

$\rho_{水}$——水的密度(1 000 kg/m^3)；

G_0——烘干试样的质量(g)；

G_1——试样、水及容量瓶的总质量(g)；

G_2——水及容量瓶的总质量(g)；

α_t——水温的修正系数。

(2)表观密度取两次试验结果的算术平均值，精确至10 kg/m^3；如两次试验结果之差大于20 kg/m^3，须重新试验。

11.2.6 试验报告

砂的表观密度检测试验数据及结果处理见表11-2。

表11-2 砂的表观密度检测试验数据及结果处理

名称	序号	料重/g	水+瓶重/g	料+水+瓶重/g	料体积/cm^3	水温/℃	表观密度/($kg\cdot m^{-3}$)	平均值/($kg\cdot m^{-3}$)
表观密度	1							
	2							

11.3 砂的堆积密度检测

11.3.1 试验目的

通过试验测定砂的堆积密度，为混凝土配合比设计和估计运输工具的数量或存放堆场的面积等提供依据，掌握《建设用砂》(GB/T 14684—2011)的测试方法，正确使用所用仪器与设备。

砂的堆积密度测定试验

11.3.2 主要仪器设备

(1)鼓风干燥箱。能使温度控制在(105±5)℃。

(2)容量筒。圆柱形金属箱，内径108 mm，净高109 mm，壁厚2 mm，筒底厚约5 mm，容积1 L。

(3)天平。称量2 000 g，感量0.1 g 。

(4)方孔筛。直径为4.75 mm的筛一只。

(5)垫棒。直径为10 mm 、长为500 mm的圆钢。

(6)漏斗或料勺、直尺、搪瓷盘和毛刷等。

11.3.3 试样制备

试样按规定取样，用托盘装取试样约 3 L，放在烘箱中于(105±5)℃下烘干至恒量，待冷却至室温后，筛去大于 4.75 mm 的颗粒，分成大致相等的两份备用。

11.3.4 试验步骤

(1)松散堆积密度的测定：取一份试样，用漏斗或料勺，将试样从容量筒中心上方 50 mm处慢慢装入，待装满并超过筒口后，用直尺沿筒口中心线向两个相反方向刮平(试验过程应防止触动容量瓶)，称出试样与容量筒的总质量，精确至 1 g。

(2)紧密堆积密度的测定：将容量桶置于坚实的平地上，取试样一份，用取样铲将试样分两次装入筒中，每装完成一层后(约计稍高于 1/2)，在筒底放一根直径为 10 mm 的圆钢，将筒按住，左右交替颠击地面 25 次。将二层试样装填完毕后(筒底所垫钢筋的方向与第一层时的方向垂直)，再加试样直至超过筒口，用直尺沿筒口中心线向两个相反方向刮平，称出试样和容量筒的总质量，精确至 1 g。

(3)称出容量筒的质量，精确至 1 g。

11.3.5 试验结果计算与评定

(1)砂的松散或紧密堆积密度按式(11-3)计算，精确至 10 kg/m³；

$$\rho_1=(G_1-G_2)/V \tag{11-3}$$

式中 ρ_1——石子的松散或紧密堆积密度(kg/m³)；

G_1——试样与容量筒总质量(g)；

G_2——容量筒的质量(g)；

V——容量筒的容积(L)。

(2)堆积密度取两次试验结果的算术平均值，精确至 10 kg/m³。

11.3.6 试验报告

砂的堆积密度检测试验数据及结果处理见表 11-3。

表 11-3 砂的堆积密度检测试验数据及结果处理

名称	序号	桶容积 /L	桶+料重 /g	桶重 /g	料重 /g	密度 /(kg·m⁻³)	平均值 /(kg·m⁻³)	空隙率/%
松散堆积密度	1							
	2							
紧密堆积密度	1							
	2							

模块 12　水泥技术性能检测

12.1　水泥细度检测(筛析法)

水泥细度测定
(筛析法)

12.1.1　试验目的

通过试验来检验水泥的粗细程度，作为评定水泥质量的依据之一；掌握《水泥细度检验方法筛析法》(GB/T 1345—2005)的测试方法，正确使用所用仪器与设备，并熟悉其性能。

12.1.2　试验材料

处理过的水泥在 105 ℃～110 ℃的烘箱中烘至恒重，然后再干燥器内冷却至室温。

12.1.3　主要仪器设备

(1)负压筛析仪，如图 12-1 所示。
(2)天平。
(3)烘箱、浅盘和毛刷等。

图 12-1　水泥负压筛析仪

12.1.4 试验步骤(负压筛法)

(1)筛析试验前，应将负压筛放在筛座上，盖上筛盖，接通电源，检查控制系统，调节负压至 4 000～6 000 Pa。

(2)称取试样精确到 0.01 g，置于洁净的负压筛中，放在筛座上，盖上筛盖接通电源，开动筛析仪连续筛析 2 min，在此期间如有试样附着筛盖上，可轻轻地敲击筛盖使试样落下。筛毕，用天平秤量筛余物。

12.1.5 试验结果

水泥细度按试样筛余百分数(精确至 0.1%)计算，见式(12-1)。

$$F = R_s / W \tag{12-1}$$

式中 F——水泥试样的筛余百分数(%)；

R_s——水泥筛余物的质量(g)；

W——水泥试样的质量(g)。

12.1.6 试验报告

水泥细度检测试验数据及结果处理见表 12-1。

表 12-1 水泥细度检测试验数据及结果处理

名称	序号	试样重/g	筛余重/g	细度/%	平均值/%
水泥细度试验	1				
	2				

12.2 水泥标准稠度用水量检验

水泥标准稠度
用水量检验

12.2.1 试验目的

通过试验测定水泥净浆达到水泥标准稠度(统一规定的浆体可塑性)时的用水量，作为水泥凝结时间、安定性试验用水量之一；掌握《水泥标准稠度用水量、凝结时间、安定性检验方法》(GB/T 1346—2011)的测试方法，正确使用仪器设备，并熟悉其性能。

12.2.2 主要仪器设备

(1)水泥净浆搅拌机，如图 12-2 所示。

(2)标准法维卡仪，如图 12-3 所示。

(3)天平。

(4)量筒。

图 12-2　水泥净浆搅拌机

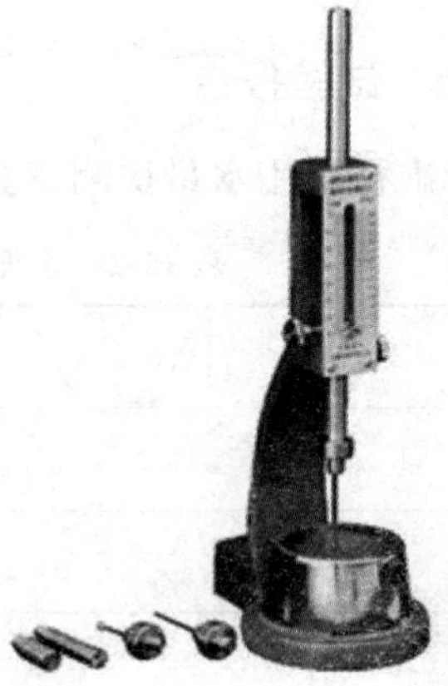

图 12-3　标准法维卡仪

12.2.3　试验步骤(标准法)

(1)试验前检查。

1)维卡仪的滑动杆能自由滑动。试模和玻璃底板用湿布擦拭，将试模放在底板上。

2)调整至试杆接触玻璃板时，指针对准零点。

3)水泥净浆搅拌机运行正常。

(2)水泥砂浆的拌制。用水泥净浆搅拌机搅拌，搅拌锅和搅拌叶片先用湿布擦过，将拌合水倒入搅拌锅内，然后在 5～10 s 内小心将称好的 500 g 水泥加入水中，防止水和水泥溅出；拌和时，先将搅拌锅放在搅拌机的锅座上，升至搅拌位置，启动搅拌机，低速搅拌 120 s，停 15 s，同时，将搅拌叶片和锅壁上的水泥浆刮入锅中间，接着高速搅拌 120 s 停机。

(3)拌和结束后，立即取适量水泥净浆一次性将其装入已置于玻璃底板上的试模中，浆体超过试模上端，用宽度约 25 mm 的直边刀轻轻拍打超出试模部分的浆体 5 次以排除浆体中的孔隙，然后在试模上表面约 1/3 处，略倾斜于试模分别向外轻轻锯掉多余净浆，再从试模边沿轻抹顶部一次，使净浆表面光滑。在锯掉多余净浆和抹平的操作过程中，注意不要压实净浆；抹平后迅速将试模和底板移到维卡仪上，并将其中心定在试杆下，降低试杆直至与水泥净浆表面接触，拧紧螺丝 1～2 s 后，突然放松，使试杆垂直自由地沉入水泥净浆中。在试杆停止沉入或释放试杆 30 s 时记录试杆与底板之间的距离，升起试杆后，立即擦净；整个操作应在搅拌后 1.5 min 内完成。以试杆沉入净浆并距离底板 6 mm±1 mm 的水泥净浆为标准稠度净浆。其拌合水量为该水泥的标准稠度用水量(P)，按水泥质量的百分比计。

12.2.4　试验结果

以试杆沉入净浆并距离底板(6±1)mm 的水泥净浆为标准稠度净浆。其拌合用水量为该水泥的标准稠度用水量(P)，以水泥质量的百分比计，按式(12-2)进行计算。

$$P=(\text{拌合用水量}/\text{水泥用量})\times 100\% \tag{12-2}$$

12.2.5 试验报告

水泥标准稠度用水量检测试验数据及结果处理见表 12-2。

表 12-2 水泥标准稠度用水量检测试验数据及结果处理

名称	序号	试样重/g	用水量/mL	试针距底板/mm	标准稠度/%
标准稠度	1				
	2				
	3				
	4				

12.3 水泥凝结时间检测

水泥凝结时间的测定试验

12.3.1 试验目的

测定水泥达到初凝和终凝所需的时间(凝结时间以试针沉入水泥标准稠度净浆至一定深度所需时间表示)，用以评定水泥的质量。掌握《水泥标准稠度用水量、凝结时间、安定性检验方法》(GB/T 1346—2011)中的水泥凝结时间的测试方法，正确使用仪器设备。

12.3.2 主要仪器设备

(1)维卡仪。

(2)水泥净浆搅拌机。

(3)水泥恒温恒湿标准养护箱。

12.3.3 试验步骤

(1)试验前准备：将圆模内侧稍涂上一层机油，放在玻璃板上，调整凝结时间测定仪的试针接触玻璃板时，指针应对准标准尺零点。

(2)试件的制备：以标准稠度用水量的水，按测标准稠度用水量的方法制成标准稠度水泥净浆后，拌和完毕，立即取适量水泥净浆一次性将其装入已置于玻璃板上的试模中，浆体超过试模上端，用宽约为 25 mm 的直边刀轻轻拍打超出试模部分的浆体 5 次以排除浆体中的孔隙，再在试模上表面约 1/3 处分别向外轻轻刮去多余净浆；然后，在试模上表面 1/3 处分别向外轻轻刮去多余净浆，再从试模边沿轻抹顶部一次，使净浆表面光滑。在这个过程中注意不要压实净浆。然后将试件放入水泥恒温恒湿标准养护箱内。

(3)初凝时间的测量：试件在湿气养护箱内养护至加水后 30 min 时进行第一次测定。测定时，从养护箱中取出圆模放到试针下，使试针与净浆面接触，拧紧螺丝 1～2 s 后，突然放松，试针垂直自由沉入净浆，观察试针停止下沉时指针的读数。临近初凝时，每隔5 min测定一次，当试针沉至距底板(4±1)mm 即水泥达到初凝状态。从水泥全部加入水中至初凝状态的时间，即水泥的初凝时间，用“min”表示。

(4)初凝测出后，立即将试模连同浆体以平移的方式从玻璃板上取下，翻转 180°，直径大端向上，小端向下，放在玻璃板上，再放入湿气养护箱中养护。

(5)取下测初凝时间的试针，换上测终凝时间的试针。

(6)终凝时间的测定：临近终凝时间每隔 15 min 测一次，当试针沉入净浆 0.5 mm 时，即环形附件开始不能在净浆表面留下痕迹时，即水泥的终凝时间。

(7)在测定时应注意，进行最初测定的操作时应轻轻扶持金属棒，使其徐徐下降，防止撞弯试针，但结果以自由下沉为准；在整个测试过程中，试针沉入的位置至少要距离试模内壁 10 mm；临近初凝时，每隔 5 min(或更短时间)测定一次，临近终凝时间每隔 15 min(或更短时间)测一次。到达初凝时应立即重复测一次，当两次结论相同才能确定到达初凝状态。到达终凝时，需要在试体另外两个不同点测试，结论相同才能确定到达终凝状态。每次测定完毕需要将试针擦净并将圆模放入养护箱内，在测定过程中要防止圆模受振；每次测量时不能让试针落入原针孔，测得结果应以两次都合格为准。

12.3.4 试验结果确定与评定

(1)自加水起至试针沉入净浆中距离底板(4±1)mm 时，所需的时间为初凝时间；至试针沉入净浆中不超过 0.5 mm(环形附件开始不能在净浆表面留下痕迹)时所需的时间为终凝时间；用小时(h)和分钟(min)来表示。

(2)达到初凝或终凝状态时应立即重复测一次，当两次结论相同时才能确定为达到初凝或终凝状态。

(3)评定方法：将测定的初凝时间、终凝时间结果，与规范中的凝结时间相比较，可判断其合格与否。

12.3.5 试验报告

水泥凝结时间检测试验数据及结果处理见表 12-3。

表 12-3 水泥凝结时间检测试验数据及结果处理

序号	检测时间	试针距底板/mm	序号	检测时间	试针距底板/mm
1			8		
2			9		
3			10		
4			11		
5			12		
6			13		
7			14		

续表

序号	检测时间	试针距底板/mm	序号	检测时间	试针距底板/mm
15			20		
16			21		
17			22		
18			23		
19			24		
初凝时间/min					
终凝时间/min					

水泥安定性的测定试验

12.4 水泥安定性检测

12.4.1 试验目的

安定性是指水泥硬化后体积变化的均匀性情况。通过试验可掌握《水泥标准稠度用水量、凝结时间、安定性检验方法》(GB/T 1346—2011)的安定性测试方法，正确评定水泥的体积安定性。

安定性的测定方法有雷氏法和试饼法，有争议时以雷氏法为准。

12.4.2 主要仪器设备

(1)沸煮箱，如图 12-4 所示。
(2)雷氏夹，如图 12-5 所示。
(3)雷氏夹膨胀测定仪，如图 12-6 所示。
(4)水泥净浆搅拌机、标准养护箱、天平、量水器和玻璃板等。

图 12-4　沸煮箱

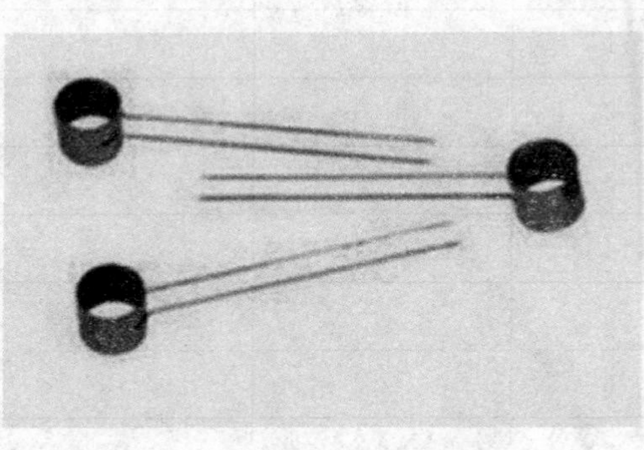

图 12-5　雷氏夹

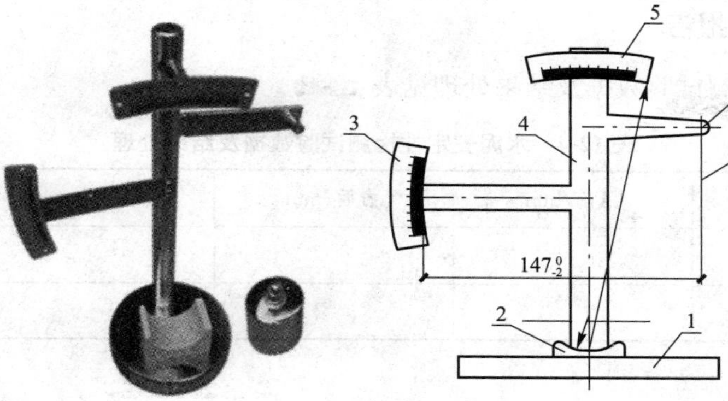

图 12-6　雷氏夹膨胀测定仪

1—底座；2—模子座；3—测弹性标尺；4—立柱；5—测膨胀值标尺；6—悬臂；7—悬丝

12.4.3　试验步骤

1. 试验前准备工作

每个试样需成型两个试件，每个雷氏夹需配备两个边长或直径约为 80 mm、厚度为 4 mm～5 mm的玻璃板，凡与水泥净浆接触的玻璃板和雷氏夹内都要稍稍涂上一层油。(注：有些油会影响凝结时间，使用矿物油比较合适。)

2. 雷氏夹试件的成型

将预先准备好的雷氏夹放在已稍擦油的玻璃板上，并立即将已制好的标准稠度水泥净浆一次性装满雷氏夹，装浆时一只手轻轻扶持雷氏夹，另一只手用宽度约 25 mm 的直边刀在浆体表面轻轻插捣 3 次，然后抹平，盖上稍擦油的玻璃板，接着立即将试件移至湿气养护箱内养护 24 h±2 h。

3. 沸煮试件

调整好煮沸箱内水位，使其保证在整个过程中都能超过试件，不需中途添补试验用水，同时又能保证在 30 min±5 min 内开始沸腾。

脱去玻璃板取下试件，先测量雷氏夹指针尖端之间的距离(A)，精确到 0.5 mm，接着将试件放入沸煮箱中的试件架上，指针朝上，然后在 30 min±5 min 内加热至沸腾，并恒沸 180 min±5 min。

12.4.4　试验结果判别

沸煮结束后，立即放掉箱中的热水，打开箱盖，待箱体冷却至室温，取出试件进行判别。测定雷氏夹指针尖端的距离(C)，精确到 0.5 mm，当两个试件煮后指针尖端增加距离($C-A$)的平均值不大于 5.0 mm 时，即认为该水泥安定性合格。当两个试件煮后增加距离($C-A$)的平均值差大于 5.0 mm 时，应用同一样品立即重做一次试验。以复检结果为准。

12.4.5 试验报告

水泥安定性检测试验数据及结果处理见表 12-4。

表 12-4 水泥安定性检测试验数据及结果处理

名称		序号	煮前/mm	煮后/mm	差值/mm	平均值/mm
安定性	雷氏夹	1				
	试饼	2				

12.5 水泥胶砂强度检测

12.5.1 试验目的

检验水泥各龄期强度，以确定强度等级；或已知强度等级，检验强度是否满足规范要求。掌握国家标准《水泥胶砂强度检验方法（ISO 法）》（GB/T 17671—1999），正确使用仪器设备并熟悉其性能。

水泥胶砂强度检测

12.5.2 主要仪器设备

(1)水泥胶砂搅拌机，如图 12-7 所示。
(2)水泥胶砂振实台，如图 12-8 所示。
(3)微机电液伺服压力试验机。
(4)电子天平。
(5)养护箱，试模等。

图 12-7 水泥胶砂搅拌机

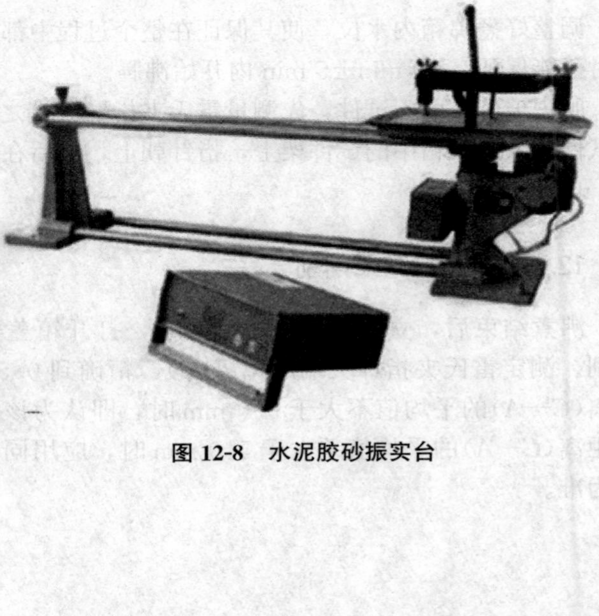

图 12-8 水泥胶砂振实台

12.5.3 试验步骤

(1)试验前准备：成型前将试模擦净，四周的模板与底板接触面上应涂抹黄油，紧密装配，防止漏浆，内壁均匀刷一薄层机油。

(2)胶砂制备：试验用砂采用我国 ISO 标准砂，其颗粒分布和湿含量应符合《水泥胶砂强度检验方法(ISO 法)》(GB/T 17671—1999)的要求。

1)胶砂配合比：试体是按胶砂的质量配合比为水泥：标准砂：水＝1：3：0.5 进行拌制的。一锅胶砂成 3 条试体，每锅材料需要量为：水泥(450±2)g；标准砂(1 350±5) g；水(225±1)mL。

2)搅拌：每锅胶砂用搅拌机进行搅拌，可按下列程序操作：胶砂搅拌时，先用湿抹布润湿搅拌锅和叶片，将水加入锅里，再加水泥，将锅放在固定架上，上升至固定位置。立即开动机器，低速搅拌 30 s 后，在第二个 30 s 开始的同时均匀地将标准砂加入；将机器转至高速再拌 30 s。停拌 90 s，在第一个 15 s 内用一胶皮刮具将叶片和锅壁上的胶砂，刮入锅中间，在高速下继续搅拌 60 s，各个搅拌阶段的时间误差应在±1 s 以内。

3)试体成型：试件是 40 mm×40 mm×160 mm 的棱柱体。胶砂制备后应立即进行成型。将空试模和模套固定在振实台上，用一个适当勺子直接从搅拌锅里将胶砂分两层装入试模，装第一层时，每个槽里约放 300 g 胶砂，用大播料器垂直架在模套顶部沿每一个模槽来回一次将料层播平，接着振实 60 次。再装第二层胶砂，用小播料器播平，再振实 60 次。移走模套，从振实台上取下试模，用一金属直尺以近似 90 ℃的角度架在试模模顶的一端，然后沿试模长度方向以横向锯割动作慢慢向另一端移动，一次将超过试模部分的胶砂刮去，并用同一直尺在近乎水平的情况下将试体表面抹平。

4)试体的养护方法如下：

①脱模前的处理及养护。将试模放入雾室或湿箱的水平架子上养护，湿空气应能与试模周边接触。另外，养护时不应将试模放在其他试模上。一直养护到规定的脱模时间时取出脱模。脱模前，用防水墨汁或颜料对试体进行编号和做其他标记。两个龄期以上的试体，在编号时应将同一试模中的 3 条试体分在二个以上龄期内。

②脱模。脱模应非常小心，可用塑料锤或橡皮榔头或专门的脱模器。对于 24 h 龄期的，应在破型试验前 20 min 内脱模；对于 24 h 以上龄期的，应在 20～24 h 脱模。

③水中养护。将做好标记的试体水平或垂直放在(20±1)℃水中养护，水平放置时刮平面应朝上，养护期间，试体之间的间隔或试体上表面的水深不得小于 5 mm。

(3)强度试验。

1)强度试验试体的龄期。试体龄期是从加水开始搅拌时算起的。各龄期的试体必须在规定的时间内进行强度试验。试体从水中取出后，在强度试验前应用湿布覆盖。各龄期强度试验时间规定见表 12-5。

表 12-5 各龄期强度试验时间规定

龄期	时间
24 h	24 h±15 min
48 h	48 h±30 min

续表

龄期	时间
72 h	72 h±45 min
7 d	7 d±2 h
>28 d	28 d±8 h

2)抗弯强度试验。

①每龄期取出 3 条试体先做抗弯强度试验。试验前须擦去试体表面的附着水分和砂粒，清除夹具上圆柱表面粘着的杂物，试体放入抗弯夹具内，应使侧面与圆柱接触。

②采用杠杆式抗弯试验机试验时，试体放入前，应使杠杆成平衡状态。试体放入后，调整夹具使杠杆在试体折断时尽可能地接近平衡位置。

③抗弯试验的加荷速度为(50±10)N/s。

3)抗压强度试验。

①抗弯强度试验后的断块应立即进行抗压试验。抗压试验须用抗压夹具进行，试体受压面为 40 mm×40 mm。试验前应清除试体受压面与压板之间的砂粒或杂物。试验时，以试体的侧面作为受压面，试体的底面靠紧夹具定位销，并使夹具对准压力机压板中心。

②压力机加荷速度为(2 400±200)N/s。

12.5.4 试验结果计算及处理

1. 抗弯试验结果

抗弯强度按式(12-3)计算，精确到 0.1 MPa。

$$R_1 = 1.5F_1L/bh^2 \qquad (12\text{-}3)$$

式中 R_1——水泥抗弯强度(MPa)；

F_1——折断时施加于棱柱体中部的荷载(N)；

L——支撑圆柱之间的距离(100 mm)；

b，h——棱柱体正方形截面的宽度、高度(40 mm)。

以一组 3 个棱柱体抗弯结果的平均值作为试验结果。当 3 个强度值中有超出平均值±10%时，应剔除后再取平均值作为抗弯强度试验结果。

2. 抗压试验结果

抗压强度按式(12-4)计算，精确至 0.1 MPa。

$$R_c = F_c/A \qquad (12\text{-}4)$$

式中 R_c——水泥抗压强度(MPa)；

F_c——破坏时的最大荷载(N)；

A——受压部分面积(mm^2)[40 mm×40 mm=1 600(mm^2)]。

以一组 3 个棱柱体上得到的 6 个抗压强度测定值的算术平均值为试验结果。如 6 个测定值中有一个超出 6 个平均值的±10%，就应剔出这个结果，而以剩下 5 个的平均数为结果；如果5 个测定值中再有超过它们平均数±10%，则该组结果作废。

12.5.5 试验报告

水泥胶砂强度试验数据及结果处理见表 12-6。

表 12-6　水泥胶砂强度试验数据及结果处理

<table>
<tr><td rowspan="14">试验结果计算</td><td rowspan="5">抗弯强度</td><td rowspan="2">试件编号</td><td rowspan="2">龄期/d</td><td rowspan="2">两支点距离
L/mm</td><td colspan="2">试料尺寸/mm</td><td rowspan="2">抗弯破坏荷载
F_1/N</td><td rowspan="2">抗弯强度
R_1/MPa</td><td rowspan="2">抗弯强度
平均值</td></tr>
<tr><td>宽 b</td><td>高 h</td></tr>
<tr><td>1</td><td rowspan="3"></td><td></td><td></td><td></td><td></td><td></td><td rowspan="3"></td></tr>
<tr><td>2</td><td></td><td></td><td></td><td></td><td></td></tr>
<tr><td>3</td><td></td><td></td><td></td><td></td><td></td></tr>
<tr><td rowspan="7">抗压强度</td><td>试件编号</td><td>龄期/d</td><td colspan="2">受压面积
A/mm^2</td><td colspan="2">抗压破坏荷载
F_c/N</td><td>抗压强度
R_c/MPa</td><td>抗压强度
平均值</td></tr>
<tr><td>1—1</td><td></td><td colspan="2"></td><td colspan="2"></td><td></td><td rowspan="6"></td></tr>
<tr><td>1—2</td><td></td><td colspan="2"></td><td colspan="2"></td><td></td></tr>
<tr><td>2—1</td><td></td><td colspan="2"></td><td colspan="2"></td><td></td></tr>
<tr><td>2—2</td><td></td><td colspan="2"></td><td colspan="2"></td><td></td></tr>
<tr><td>3—1</td><td></td><td colspan="2"></td><td colspan="2"></td><td></td></tr>
<tr><td>3—2</td><td></td><td colspan="2"></td><td colspan="2"></td><td></td></tr>
</table>

模块 13　混凝土技术性能检测

13.1　细骨料石粉含量试验

13.1.1　试验目的

用亚甲蓝法测定细骨料(天然砂、石屑、机制砂)中石粉含量。

13.1.2　主要仪器设备

(1)鼓风烘箱，能使温度控制在 105 ℃±5 ℃。

(2)天平：称量 1 000 g，感量 0.1 g 及称量 1 000 g，感量 0.01 g 各一台。

(3)方孔筛：孔径为 75 μm、1.18 mm 和 2.36 mm 的筛各一只，如图 13-1 所示。

(4)容器：要求淘洗试样时，保持试样不溅出(深度大于 250 mm)。

(5)移液管：5 mL、2 mL 移液管各一个，如图 13-2 所示。

图 13-1　方孔筛

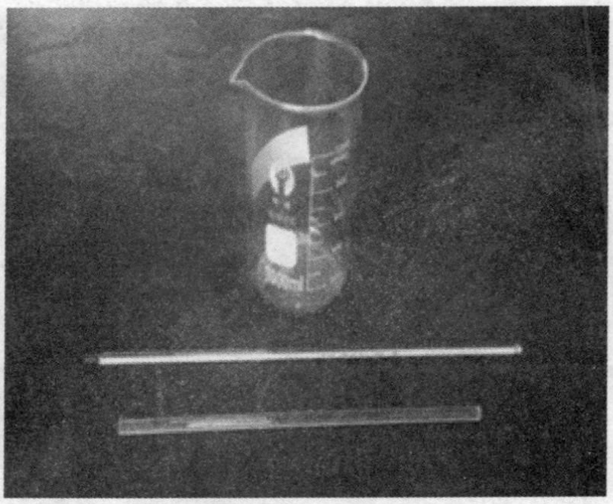

图 13-2　移液管

(6)石粉含量测定仪，如图 13-3 所示。

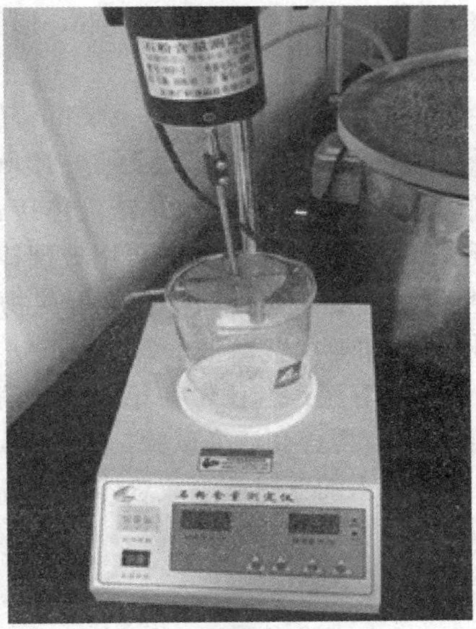

图 13-3　石粉含量测定仪

(7)定时装置：精度 1 s。

(8)容量瓶：1 L。

(9)温度计：精度 1 ℃。

(10)玻璃棒：2 支(直径 8 mm，长度 300 mm)。

(11)搪瓷盘、毛刷和 1 000 mL 烧杯等。

(12)三片或四片式叶轮搅拌器，转速可调[最高达(600±60) r/min]，直径(75±10)mm。

13.1.3　试剂和材料

(1)亚甲蓝：($C_{16}H_{18}ClN_3S \cdot 3H_2O$)含量≥95%；

(2)亚甲蓝溶液制备：称量亚甲蓝粉末[(100＋W)/10]g±0.01 g(相当于干粉 10 g)，精确至 0.01g。到入盛有约 600 mL 蒸馏水(水温加热至 35 ℃～40 ℃)的烧杯中，用玻璃棒持续搅拌40 min，直至亚甲蓝粉末完全溶解，冷却至 20 ℃。将溶液倒入 1 L 容量瓶中，用蒸馏水淋洗烧杯等，使所有亚甲蓝溶液全部移入容量瓶，容量瓶和溶液的温度应保持在(20±1)℃，加蒸馏水至容量瓶 1 L 刻度，振荡容量瓶以保证亚甲蓝粉末完全溶解。将容量瓶中溶液移入深色储藏瓶中，标明制备日期、失效日期(亚甲蓝溶液保质期应不超过 28 d)，并置于阴暗处保存。

(3)定量滤纸：快速。

13.1.4　试验步骤

1. 亚甲蓝 MB 值的测定

(1)按规定取样，放入干燥箱中于(105±5)℃下烘干至恒量，待冷却至室温后，筛除大于2.36 mm 的颗粒备用。称取试样 200 g，精确至 0.1 g。将试样倒入盛有(500±5)mL 蒸馏水的烧杯中，用叶轮搅拌机以(600±60)r/min 转速搅拌 5 min，形成悬浮液，然后持续以(400±40)r/min 转速搅拌，直至试验结束。

(2)悬浮液中加入 5 mL 亚甲蓝溶液，以(400±40)r/min 转速搅拌至少 1 min 后，用玻璃棒蘸取一滴悬浮液(所取悬浮液滴应使沉淀物直径为 8～12 mm)，滴于滤纸(置于空烧杯或其他合适的支撑物上，以便滤纸表面不与任何固体或液体接触)上。若沉淀物周围未出现色晕，再加入 5 mL 亚甲蓝溶液，继续搅拌 1 min，再用玻璃棒蘸取一滴悬浮液，滴于滤纸上，若沉淀物周围仍未出现色晕，重复上述步骤，直至沉淀物周围出现约 1 mm 的稳定浅蓝色色晕。此时，应继续搅拌，不加亚甲蓝溶液，每 1 min 进行一次沾染试验。若色晕在 4 min内消失，再加入 5 mL 亚甲蓝溶液；若色晕在第 5 min 消失，再加入 2 mL 亚甲蓝溶液。以上两种情况下，均应继续进行搅拌和沾染试验，直至色晕可持续 5 min。

(3)记录色晕持续 5 min 时所加入的亚甲蓝溶液总体积，精确至 1 mL。

2. 亚甲蓝的快速试验

(1)按 1.(1)中制样；

(2)按 1.(2)搅拌；

(3)一次性向烧杯中加入 30 mL 亚甲蓝溶液，在(400±40)r/min 转速持续搅拌 8 min，然后用玻璃棒蘸取一滴悬浮液，滴于滤纸上，观察沉淀物周围是否出现明显色晕。

3. 测定人工砂中含泥量或石粉含量

(1)按规定取样，并将试样缩分至约 1 100 g，放在烘箱中在(105±5)℃下烘干至恒量，待冷却至室温后，分为大致相等的两份备用。

(2)称取试样 500 g，精确至 0.1 g。将试样倒入淘洗容器中，注入清水，使水面高于试样面约 150 mm，充分搅拌均匀后，浸泡 2 h，然后用手在水中淘洗试样，使尘屑、淤泥和黏土与砂粒分离，将浑水缓缓倒入 1.18 mm 及 75 μm 的套筛上(1.18 mm 筛放在 75 μm 筛上面)，滤去小于 75 μm 的颗粒。试验前筛子的两面应先用水润湿，在整个过程中应小心防止砂粒流失。

(3)再向容器中注入清水，重复上述操作，直至容器内的水目测清澈。

(4)用水淋洗剩余在筛上的细粒，并将 75 μm 筛放在水中(使水面略高出筛中砂粒的上表面)来回摇动，以充分洗掉小于 75 μm 的颗粒，然后将两只筛的筛余颗粒和清洗容器中已经洗净的试样一并倒入搪瓷盘，放在烘箱中于(105±5)℃下烘干至恒量，待冷却至室温后，称出其质量，精确至 0.1 g。

13.1.5 试验结果计算与评定

1. 亚甲蓝 MB 值结果计算

亚甲蓝 MB 值按式(13-1)计算，精确至 0.1。

$$MB=\frac{V}{G}\times 10 \tag{13-1}$$

式中 MB——亚甲蓝值(g/kg)，表示每千克 0～2.36 mm 粒级试样所消耗的亚甲蓝克数；

G——试样质量(g)；

V——所加入的亚甲蓝溶液的总量(mL)。

注：公式中的系数 10 用于将每千克试样消耗的亚甲蓝溶液体积换算成亚甲蓝质量。

2. 亚甲蓝试验结果评定

当MB值<1.4时，则判定是以石粉为主；当MB值≥1.4时，则判定是以泥粉为主。

3. 亚甲蓝快速试验结果评定

若沉淀物周围出现明显色晕，则判定亚甲蓝快速试验为合格；若沉淀物周围未出现明显色晕，则判定亚甲蓝快速试验为不合格。

4. 人工砂中含泥量或石粉含量计算

含泥量或石粉含量按式(13-2)计算，精确至0.1%。

$$Q_a = \frac{G_0 - G_1}{G_0} \times 100\% \tag{13-2}$$

式中 Q_a——含泥量(%)；

G_0——试验前烘干试样的质量(g)；

G_1——试验后烘干试样的质量(g)。

含泥量或石粉含量取两个试样的试验结果算术平均值作为测定值。

13.1.6 试验报告

细骨料石粉含量试验数据及结果处理见表13-1。

表13-1 细骨料石粉含量试验数据及结果处理

试验序号	试验前烘干试样的质量 G_0/g	试验后烘干试样的质量 G_1/g	含泥量 Q_a/%	平均值/%

13.2 砂的筛分析试验

13.2.1 试验目的

通过试验测定砂的颗粒级配，计算砂的细度模数，评定砂的粗细程度；掌握《建设用砂》(GB/T 14684—2011)的测试方法，正确使用所用仪器与设备，并熟悉其性能。

砂的筛分析试验

13.2.2 试验材料

按规定取样，用四分法分取不少于4 400 g试样，并将试样缩分至1 100 g，放在烘箱中于(105±5)℃下烘干至恒量，待冷却至室温后，筛除大于9.50 mm的颗粒(并计算出其筛余百分率)，分为大致相等的两份备用。

13.2.3　主要仪器设备

（1）标准筛。规格为 0.15 mm、0.30 mm、0.60 mm、1.18 mm、2.36 mm、4.75 mm、9.50 mm 的标准筛各一只，并附有筛底和筛盖，如图 13-4 所示。

（2）摇筛机，如图 13-5 所示。

（3）天平。

（4）鼓风烘箱。

（5）浅盘和毛刷等。

图 13-4　标准筛

图 13-5　摇筛机

13.2.4　试验步骤

（1）准确称取试样 500 g，精确到 1 g。

（2）将标准筛按孔径由大到小的顺序叠放，加底盘后，将称好的试样倒入最上层的 4.75 mm筛内，加盖后置于摇筛机上，摇约 10 min。

（3）将套筛自摇筛机上取下，按筛孔大小顺序再逐个用手筛，筛至每分钟通过量小于试样总量的 0.1%。将通过的颗粒并入下一号筛中，并和下一号筛中的试样一起过筛，按这样的顺序进行，直至各号筛全部筛完。

（4）称取各号筛上的筛余量，试样在各号筛上的筛余量不得超过 200 g，否则应将筛余试样分成两份，再进行筛分，并以两次筛余量之和作为该号的筛余量。

13.2.5　试验结果计算与评定

（1）计算分计筛余百分率：各号筛上的筛余量与试样总量相比，精确至 0.1%。

（2）计算累计筛余百分率：每号筛上的筛余百分率加上该号筛以上各筛余百分率之和，精确至 0.1%。筛分后，若各号筛的筛余量与筛底的量之和同原试样质量之差超过 1%，须重新试验。

（3）砂的细度模数按式(13-3)计算，精确至 0.1。

$$M_x = \frac{(A_2 + A_3 + A_4 + A_5 + A_6) - 5A_1}{100 - A_1} \tag{13-3}$$

式中　M_x——细度模数；

A_1、A_2、…、A_6——分别为 4.75，2.36，1.18，0.60，0.30，0.15(mm)筛的累计筛余百分率。

(4)累计筛余百分率取两次试验结果的算术平均值，精确至1%。细度模数取两次试验结果的算术平均值，精确至0.1；如两次试验的细度模数之差超过0.20，须重新试验。

13.2.6　试验报告

砂筛分析试验数据及结果处理见表13-2。

表 13-2　砂筛分析试验数据及结果处理

孔径/mm	第一次				第二次				平均累计筛余/%
	筛余重/g	筛余/%	通过/%	累计筛余/%	筛余重/g	筛余/%	通过/%	累计筛余/%	

筛孔尺寸/mm	4.75	2.36	1.18	0.60	0.30	0.15
累计筛余/%						

细度模数：$M_{x_1} = \frac{A_2 + A_3 + A_4 + A_5 + A_6 - 5A_1}{100 - A_1} =$；$M_{x_2} = \frac{A_2 + A_3 + A_4 + A_5 + A_6 - 5A_1}{100 - A_1} =$

平均值：$M_x =$

试验结论：按 M_x 该砂样属于______砂，级配属于______区；级配情况______。

是否符合级配规定：

13.3　砂的含水率试验

13.3.1　试验目的

测定砂的含水率，确定混凝土的施工配合比。

砂的含水率试验

13.3.2　主要仪器设备

(1)天平。称量满足要求，感量为1 g。

(2)烘箱：能使温度在 105 ℃±5 ℃。

(3)浅盘。

13.3.3 试验步骤

(1)四分法称试样两份各约 500 g，放入盘中称取质量 m_2，烘箱中烘干至恒重，称烘干后试样与容器总量 m_3。

(2)试验结果的计算与评定，含水率按式(13-4)进行计算。

$$W=(m_2-m_3)/(m_3-m_1)\times 100\% \tag{13-4}$$

式中 W——砂的含水率(%)；

m_1——容器质量(g)；

m_2——未烘干试样与容器总质量(g)；

m_3——烘干后试样与容器总质量(g)。

以两次试验结果的算术平均值为测定值，精确至 0.1%。

13.3.4 试验报告

砂含水率试验数据及结果处理见表 13-3。

表 13-3 砂含水率试验数据及结果处理

名称	序号	试样重/g	烘干重/g	水重/g	含水率/%	平均值/%
含水率	1					
	2					

13.4 混凝土拌合物和易性检测(混凝土的坍落度试验)

13.4.1 试验目的

混凝土拌合物和易性检测

学会混凝土拌合物的拌制方法，通过测定骨料最大粒径不大于 40 mm、坍落度值不小于10 mm的混凝土拌合物坍落度，评定混凝土拌合物的黏聚性和保水性，为混凝土配合比设计、混凝土拌合物质量评定提供依据；掌握《普通混凝土拌合物性能试验方法标准》(GB/T 50080—2016)的测试方法，正确使用所用仪器与设备，并熟悉其性能。

13.4.2 主要仪器设备

(1)混凝土搅拌机，如图 13-6 所示。

(2)磅秤。

(3)天平。

(4)拌合钢板。

(5)坍落度筒，如图 13-7 所示。

(6)捣棒、直尺、小铲和漏斗等。

图 13-6　混凝土搅拌机

图 13-7　坍落度筒

13.4.3　拌和方法

按所选混凝土配合比备料。拌和间温度为(20±5) ℃。

1. 人工拌和法

(1)干拌：将拌合板与拌铲用湿布润湿后，将砂平摊在拌合板上，再倒入水泥，用拌铲自拌合板一端翻拌至另一端，如此反复，直至拌匀；加入石子，继续翻拌至均匀。

(2)湿拌：在混合均匀的干拌合物中间作一凹槽，倒入已称量好的水(约一半)，翻拌数次，并徐徐加入剩下的水，继续翻拌，直至均匀。

(3)拌和时间控制：拌和从加水时算起，应在 10 min 内完成。

2. 机械拌和法

(1)预拌：拌前先对混凝土搅拌机挂浆，即用按配合比要求的水泥、砂、水及少量石子，在搅拌机中搅拌(涮膛)，然后倒出多余砂浆。其目的是防止正式拌和时水泥浆挂失影响到混凝土的配合比。

(2)拌和：向搅拌机内依次加入石子、水泥、砂子，开动搅拌机搅动 2～3 min。

(3)将拌合物从搅拌机中卸出，倒在拌合板上，人工拌和 1～2 min。

13.4.4　试验步骤

(1)每次测定前，用湿布湿润坍落度筒、拌合板及其他用具，并将筒放在不吸水的刚性水平底板上，然后用脚踩住 2 个脚踏板，使坍落度筒在装料时保持位置固定。

(2)取拌好的混凝土拌合物 15 L，用小铲分 3 层均匀地装入筒内，使捣实后每层高度为筒高的 1/3 左右。每层用捣棒沿螺旋方向在截面上由外向中心均匀插捣 25 次。插捣筒边混凝土时，捣棒可以稍稍倾斜。插捣底层时，捣棒应贯穿整个深度，插捣第二层和顶层时，捣棒应插透本层至下一层的表面。浇灌顶层时，混凝土应灌到高出筒口。在插捣过程中，如混凝土沉落到低于筒口，则应随时加料。顶层插捣完毕后，刮去多余混凝土，并用镘刀抹平。

(3)清除筒边底板上的混凝土后，垂直平稳地提起坍落度筒。坍落度筒的提离过程应在 3～7 s 内完成。从开始装料到提起坍落度筒的整个过程应不间断地进行，并应 150 s 内完成。

13.4.5　试验结果确定与处理

(1)提起坍落度筒后，立即量测筒高与坍落后混凝土试体最高点之间的高度差，即该混凝土拌合物的坍落度值。混凝土拌合物坍落度以 mm 为单位，结果精确至 1 mm。

(2)坍落度筒提离后，如混凝土发生崩坍或一边剪坏现象，则应重新取样再测定。如第二次试验仍出现上述现象，则表示该混凝土拌合物和易性不好，应予记录备查。

(3)观察坍落后的混凝土试体的黏聚性和保水性。黏聚性的检查方法是用捣棒在已坍落的混凝土锥体侧面轻轻敲打，此时，如果锥体逐渐下沉，则表示黏聚性良好，如果锥体倒塌、部分崩裂或出现离析现象，则表示黏聚性不好。保水性以混凝土拌合物中稀浆析出的程度来评定。如坍落度筒提起后无稀浆或仅有少量稀浆自底部析出，则表示此混凝土拌合物保水性良好；坍落度筒提起后如有较多的稀浆从底部析出且锥体部分的混凝土也因失浆而骨料外露，则表明此混凝土拌合物的保水性能不好。

(4)和易性的调整。

1)当坍落度低于设计要求时，可在保持水胶比不变的前提下，适当增加水泥浆量。

2)当坍落度高于设计要求时，可在保持砂率不变的条件下，增加骨料的用量。

3)当出现含砂量不足，黏聚性、保水性不良时，可适当增加砂率；反之减小砂率。

13.4.6　试验报告

混凝土坍落度试验数据及结果处理见表 13-4。

表 13-4　混凝土坍落度试验数据及结果处理

试验结果计算	试验序号	配合比	拌和　≤混凝土材料用量/kg				坍落度/mm	观察拌合物下列性质	
			水泥	砂子	石	水		黏聚性	保水性
	1								
	2								
	3								
试验结论	和易性调整后的混凝土配合比为： 水泥：水：砂子：石子＝								

13.5 混凝土氯离子含量测定试验

混凝土氯离子
含量测定试验

13.5.1 试验目的

本方法适用于现场快速检验混凝土拌合物中的氯离子含量或检测其氯离子含量是否超出规范所规定的允许值。

13.5.2 试验基本原理

用氯离子选择电极和甘汞电极置于液相中，测得的电极电位 E，与液相中氯离子浓度 C 的对数，呈线性关系，即 $E=K-0.059\lg C$。因此，可根据测得的电极电位值，来推算出氯离子浓度。

13.5.3 主要仪器设备

氯离子含量检测仪。

13.5.4 试验用试剂

(1)活化液：浓度为 0.001 mol/L 的 NaCl 溶液。

(2)标准液：应使用浓度分别为 5.5×10^{-4} mol/L 和 5.5×10^{-3} mol/L 的 NaCl 标准溶液。

13.5.5 电极的准备

(1)将电极侧面的橡胶塞拿掉，如图 13-8(a)所示(此电极为 301 型氯离子复合电极)。

(2)用注射器抽取仪器自带的 0.1 mol/L KNO_3 溶液(图 13-9)，从图 13-8(b)所示小口处注入并加满。

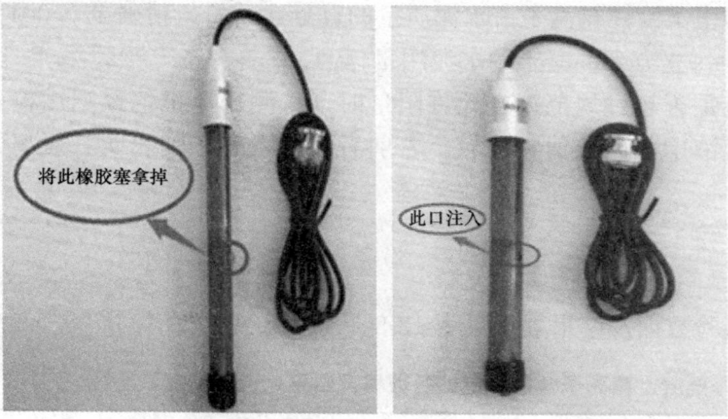

(a) (b)

图 13-8 氯离子复合电极

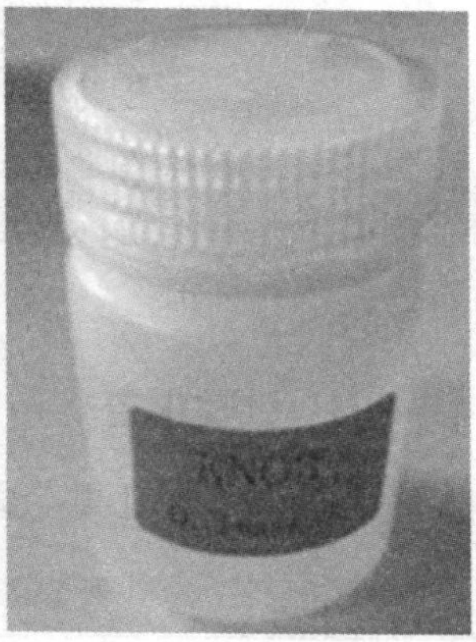

图 13-9 KNO_3 标准溶液

13.5.6 电极的活化

(1)将电极浸泡在去离子水中 10 min。

(2)放入 0.001 mol/L NaCl 中活化 2 h。

建议：每天测量前都进行电极的活化，第一次使用或长时间不使用需活化 2 h，如正常使用，活化时间可以相对减少。

13.5.7 试验步骤

(1)用筛孔公称直径为 5.00 mm 的筛子对混凝土拌合物进行筛分，获得不少于 1 000 g 的砂浆，称取 500 g 砂浆试样两份，并向每份砂浆试样加入 500 g 蒸馏水，充分摇匀后获得两份悬浊液体，以快速定量滤纸过滤，获取两份滤液，每份滤液均不得少于 100 mL。

(2)分别测量两份滤液的电位值，滤液在测试时应没过电极下端 2 cm 处为宜。

(3)用仪器测量时请选择水溶性方法测量。

(4)将两份滤液的氯离子浓度的平均值作为滤液的氯离子浓度的测定结果。

13.5.8 试验结果计算

(1)每立方米混凝土拌合物中水溶性氯离子的质量应按式(13-5)计算：

$$m_{Cl^-}=C_{Cl^-}\times 0.035\ 45\times(m_B+m_S+2m_W) \tag{13-5}$$

式中 m_{Cl^-}——每立方米混凝土拌合物中水溶性氯离子质量(kg)，精确至 0.01 kg；

C_{Cl^-}——滤液的氯离子浓度(mol/L)；

m_B——混凝土配合比中每立方米混凝土的胶凝材料用量(kg)；

m_S——混凝土配合比中每立方米混凝土的砂用量(kg)；

m_W——混凝土配合比中每立方米混凝土的用水量(kg)。

(2)混凝土拌合物中水溶性氯离子含量占水泥质量的百分比应按式(13-6)计算：

$$w_{Cl^-}=\frac{m_{Cl^-}}{m_c}\times 100 \tag{13-6}$$

式中 w_{Cl^-}——混凝土拌合物中水溶性氯离子占水泥质量的百分比(%)，精确至 0.001%；

m_c——混凝土配合比中每立方米混凝土的水泥用量(kg)。

检验混凝土的氯离子含量是否超过规范规定允许限量时，将测得电位值经温度校正后与相应氯离子允许限量标准溶液中的电位值相比较，若前者较后者小，则表明其氯离子含量已超过规范允许值。

13.5.9 试验报告

混凝土氯离子含量测定试验数据及结果处理见表 13-5。

表 13-5 混凝土氯离子含量测定试验数据及结果处理

试验编号		样品规格		样品状态	
环境温度		来样日期		试验开始日期	
试验标准		使用仪器			

续表

试验编号			样品规格	样品状态		
配合比设计		水泥/(kg·m⁻³)	砂子/(kg·m⁻³)	碎石/(kg·m⁻³)	水/(kg·m⁻³)	
标准曲线的标定		NaCl 标准溶液浓度	0.0 001 mol/L	0.001 mol/L	0.01 mol/L	0.1 mol/L
		电压值/mV				
		标准溶液温度/℃				
测试结果		氯离子浓度/(mol·L⁻¹)	氯离子含量修正值/%	每立方米混凝土拌合物中氯离子质量/kg	混凝土拌合物中氯离子含量占水泥质量/%	混凝土拌合物中氯离子含量占水泥质量平均值/%
	1	氯离子浓度/(mol·L⁻¹)				
	2	氯离子浓度/(mol·L⁻¹)				

13.6 混凝土立方体抗压强度试验

混凝土立方体抗压强度试验

13.6.1 试验目的

掌握《混凝土物理力学性能试验方法标准》(GB/T 50081—2019)及《混凝土强度检验评定标准》(GB/T 50107—2010)，根据检验结果确定、校核配合比，并为控制施工质量提供依据。

13.6.2 主要仪器设备

(1)压力试验机，如图 13-10 所示。
(2)混凝土搅拌机。
(3)振动台，如图 13-11 所示。
(4)试模。
(5)养护室。
(6)捣棒和金属直尺等。

图 13-10 压力试验机

图 13-11 振动台

13.6.3 试件制作

(1)制作试件前应检查试模，并清刷干净，在其内壁涂上一薄层矿物油脂。一般以 3 个试件为一组。

(2)试件的成型方法应根据混凝土拌合物的稠度来确定。

1)坍落度大于 70 mm 的混凝土拌合物采用人工捣实成型。将搅拌好的混凝土拌合物分两层装入试模，每层装料的厚度大约相同。插捣时，用钢制捣棒按螺旋方向从边缘向中心均匀进行。插捣底层时，捣棒应达到试模底面；插捣上层时，捣棒应贯穿下层深度为 20～30 mm。并用镘刀沿试模内侧插捣数次。每层的插捣次数应根据试件的截面而定，一般为每 100 cm^2 截面面积不应少于 12 次。捣实后，刮去多余的混凝土，并用镘刀抹平。

2)坍落度小于 70 mm 的混凝土拌合物采用振动台成型。将搅拌好的混凝土拌合物一次装入试模，装料时用镘刀沿试模内壁略加插捣并使混凝土拌合物稍有富余，然后将试模放到振动台上，振动时应防止试模在振动台上自由跳动，直至混凝土表面出浆，刮去多余的混凝土，并用镘刀抹平。

13.6.4 试件养护

(1)采用标准养护的试件成型后应覆盖表面，以防止水分蒸发，并在温度(20±5)℃下静置一昼夜至两昼夜，然后拆模编号。再将拆模后的试件立即放在温度为(20±3)℃、湿度为 90%以上的标准养护室的架子上养护，彼此相隔 10～20 mm。

(2)无标准养护室时，混凝土试件可放在温度为(20±3)℃的不流动水中养护，水的 pH 值不应小于 7。

(3)与构件同条件养护的试件成型后，应覆盖表面，试件的拆模时间可与实际构件的拆模时间相同，拆模后试件仍需保持同条件养护。

13.6.5 试验步骤

(1)试件从养护地点取出后，应尽快进行试验，以免试件内部的温度、湿度发生显著变化。

(2)先将试件擦拭干净，测量尺寸，并检查外观，试件尺寸测量精确到 1 mm，并据此计算试件的承压面积。

(3)将试件安放在试验机的下压板上，试件的承压面应与成型时的顶面垂直。试件的中心应与试验机下压板中心对准。开动试验机，当上压板与试件接近时，调整球座，使接触均衡。

(4)混凝土试件的试验应连续而均匀地加荷，当混凝土强度等级低于 C30 时，其加荷速度为 0.3～0.5 MPa/s；若混凝土强度等级高于或等于 C30，则为 0.5～0.8 MPa/s。当试件接近破坏而开始迅速变形时，停止调整试验机油门，直到试件破坏，并记录破坏荷载。

(5)试件受压完毕，应清除上、下压板上黏附的杂物，继续进行下一次试验。

13.6.6 试验结果计算与处理

(1)混凝土立方体试件抗压强度按式(13-7)计算，精确至 0.1 MPa。

$$f_{cu}=F/A \tag{13-7}$$

式中 f_{cu}——混凝土立方体试件的抗压强度值(MPa)；

F——试件破坏荷载(N)；

A——试件承压面积(mm^2)。

(2)以 3 个试件测值的算术平均值作为该组试件的抗压强度值。如 3 个测值中最大值或最小值中有 1 个与中间值的差值超过中间值的 15%，则将最大值或最小值舍去，取中间值作为该组试件的抗压强度值。如最大值和最小值与中间值的差均超过中间值的 15%，则该组试件的试验结果作废。

(3)混凝土立方体抗压强度是以 150 mm×150 mm×150 mm 的立方体试件作为抗压强度的标准值，其他尺寸试件的测定结果应乘以尺寸换算系数。200 mm×200 mm×200 mm 试件，其换算系数为 1.05；100 mm×100 mm×100 mm 试件，其换算系数为 0.95。当混凝土强度等级不低于 C60 时，宜采用标准试件；使用非标准尺寸试件时，尺寸折算系数由经验确定，其试件数量不应少于 30 组。

13.6.7 试验报告

混凝土立方体抗压强度试验数据及结果处理见表 13-6。

表 13-6 混凝土立方体抗压强度试验数据及结果处理

	编号	龄期	配合比	试件尺寸/mm		受压面积 A /mm^2	破坏荷载 P /N	抗压强度 f_{cu}/MPa	
				长度 a	宽度 b			测定值	平均值
试验结果计算	1								
	2								
	3								
试验结论	根据国家标准，该混凝土强度等级为：								

13.7 混凝土动弹性模量试验

13.7.1 试验原理

本方法适用于采用共振法测定混凝土的动弹性模量。其原理是使试件在一个可调频率的周期性外力作用下产生受迫振动，如果外力的频率等于试件的基频振动频率，就会产生共振，试件的振幅达到最大。这样测得试件的基频频率后，再由质量及几何尺寸等因素计算得出动弹性模量值。试验依据标准《普通混凝土长期性能和耐久性能试验方法标准》(GB/T 50082—2009)进行。

混凝土动弹性模量试验

13.7.2 试件

动弹性模量试验应采用尺寸为 100 mm×100 mm×400 mm 的棱柱体试件。

13.7.3 试验设备

(1)共振法混凝土动弹性模量测定仪(又称共振仪)的输出频率可调范围应为 100～20 000 Hz，输出功率应能使试件产生受迫振动，如图 13-12 所示。

图 13-12　混凝土动弹性模量测定仪

(2)试件支撑体的试件下面要用 2 cm 以上厚度的海绵垫或其他软质物体与桌面隔离，防止试件与其他物体接触，而导致试件固有谐振频率不准。

(3)称量设备的最大量程应为 20 kg，感量不应超过 5 g。

13.7.4 试验前准备

(1)首先应测定试件的质量和尺寸。试件质量应精确至 0.01 kg，尺寸的测量应精确至 1 mm。

(2)测定完成试件的质量和尺寸后，应将试件放置在支撑体中心位置，成型面应向上，并应将激振换能器的测杆轻轻地压在试件长边侧面中线的 1/2 处，接收换能器的测杆轻轻地压在试件长边侧面中线距离端面 5 mm 处。在测杆接触试件前，宜在测杆与试件接触面涂一薄层黄油或凡士林作为耦合介质，测杆压力的大小应以不出现噪声为准。

13.7.5 试验操作

(1)连接好电源线，打开主机开关，自检完成后进入主界面，如图 13-13 所示。

(2)选择“系统设置”，选择“3. 标准选择”，选择试验执行的《普通混凝土长期性能和耐久性能试验方法标准》(GB/T 50082—2009)标准，如图 13-14 和图 13-15 所示。

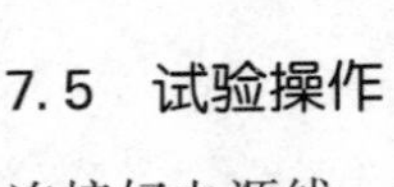

图 13-13　主界面

图 13-14　系统设置界面

图 13-15　试验标准选择界面

(3)进行“1. 测量设置”和“2. 试件尺寸”的设置，如图 13-16 和图 13-17 所示。

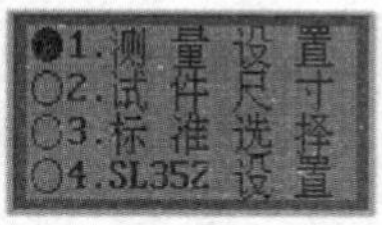

图 13-16　测量设置界面

图 13-17　试件尺寸设置界面

(4)设置完成试验参数后可以进行试验。返回主界面，选择“开始试验”，然后选择试验方式，在此选择“1. 自动测试”，输入试件质量，按确认键开始试验，如图 13-18 和图 13-19 所示。

(5)当前频率从设置的开始频率开始以 20 Hz 的速度增加直至到设置的结束频率，如图13-20所示。

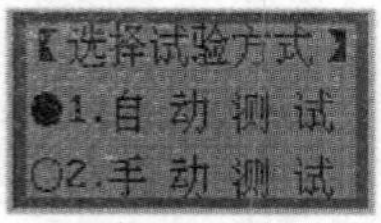

图 13-18　试验方式选择界面

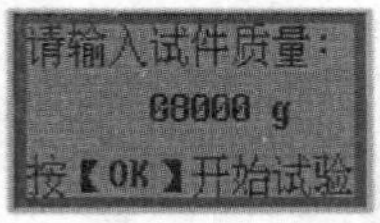

图 13-19　试件质量输入界面

图 13-20　频率显示界面

说明：

1)当前频率：实时的输出频率。

2)历史峰值：由当前强度值的大小决定的共振频率的值，例如，在 1 500 Hz 的时候当前强度是 100，那么历史峰值是 1 500 Hz；在 1 800 Hz 的时候当前强度是 150，那么此时的历史峰值就是 1 800 Hz；在 2 000 Hz 的时候当前强度是 200，此时的历史峰值就是2 000 Hz。

3)当前强度：接收换能器的输入的信号强度。

(6)自动测试和手动测试完成后会进入到试验结果，左右按键可以左右翻页，查看试验数据。在此界面按确认键打印当前的试验记录结果，如图 13-21 所示。

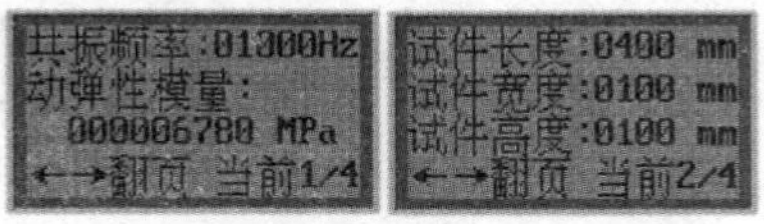

图 13-21　结果打印界面

(7)重复以上步骤，直至检测完成 3 块试样的动弹性模量。

13.7.6　试验结果计算

每组应以 3 个试件动弹性模量的试验结果的算术平均值作为测定值，计算应精确至 100 MPa。

13.8　石子的压碎指标检测

13.8.1　主要仪器设备

石子的压碎指标检测

(1)压力试验机，如图 13-22 所示，量程 300 kN，示值相对误差 2%。

(2)天平：称量 10 kg，感量 1 g。

(3)受压试模，如图 13-23 所示。

(4)方孔筛：孔径分别为 2.36 mm、9.50 mm 及 19.0 mm 的筛各一只。

(5)垫棒：ϕ10 mm，长 500 mm 圆钢。

图 13-22　压力试验机

图 13-23　受压试模

13.8.2　试验步骤

(1)按四分法规定取样，风干后筛除大于 19.0 mm 及小于 9.50 mm 的颗粒，并去除针、片状颗粒，分为大致相等的三份备用。当试样中粒径为 9.50～19.0 mm 的颗粒不足时，允许将粒径大于 19.0 mm 的颗粒破碎成粒径为 9.50～19.0 mm 的颗粒用作压碎指标试验。

(2)称取试样 3 000 g，精确至 1 g。将试样分两层装入圆模(置于底盘上)内，每装完一层试样后，在底盘下面垫放一直径为 10 mm 的圆钢，将筒按住，左右交替颠击地面各 25 下，两层颠实后，平整模内试样表面，盖上压头。当圆模装不下 3 000 g 试样时，以装至距离圆模上口 10 mm 处为准。

(3)把装有试样的圆模置于压力试验机上，开动压力试验机，按 1 kN/s 速度均匀加荷至200 kN并稳荷 5 s，然后卸荷。取下加压头，倒出试样，用孔径 2.36 mm 的筛筛除被压碎的细粒，称出留在筛上的试样质量，精确至 1 g。

13.8.3 试验结果计算与评定

(1)压碎指标按式(13-8)计算，精确至0.1%。

$$Q_e=(G_1-G_2)/G_1\times 100 \tag{13-8}$$

式中 Q_e——压碎指标(%)；

G_1——试样的质量(g)；

G_2——压碎试验后筛余的试样质量(g)。

(2)压碎指标取三次试验结果的算术平均值，精确至1%。

(3)采用修约值比较法进行评定。

13.8.4 试验报告

石子压碎指标试验数据及结果处理见表13-7。

表13-7 石子压碎指标试验数据及结果处理

名称	序号	试样重/g	压碎后筛余重/g	压碎值/%	平均值/%
压碎值	1				
	2				
	3				

模块 14　建筑砂浆技术性能检测

14.1　砂浆稠度测定

14.1.1　试验目的

砂浆的稠度也称流动性，用沉入度表示。其适用于确定配合比或施工过程中控制砂浆的稠度，以达到控制用水量的目的。

14.1.2　试验仪具

(1)砂浆稠度仪，如图 14-1 所示。砂浆稠度仪由试锥、容器和支座三部分组成。试锥由钢材或铜材制成，试锥高度为 145 mm、锥底直径为 75 mm、试锥连同滑杆的质量应为(300±2)g；盛砂浆容器由钢板制成，筒高为 180 mm，锥底内径为 150 mm；支座可分为底座、支架及稠度显示三个部分，由铸铁、钢及其他金属制成。

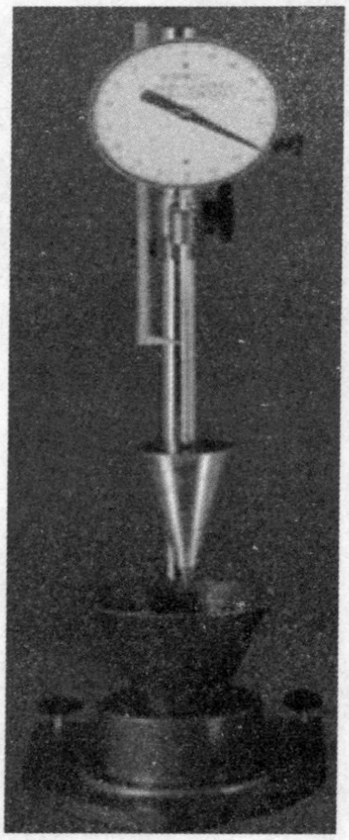

图 14-1　砂浆稠度仪

(2)钢制捣棒：直径 10 mm、长度 350 mm、端部磨圆。

(3)秒表等。

14.1.3 试验步骤

(1)应先用少量润滑油轻擦滑杆，再将滑杆上多余的油用吸油纸擦净，使滑杆能自由滑动。

(2)将盛浆容器和试锥表面用湿布擦干净，再将砂浆拌合物一次装入容器，使砂浆表面低于容器口约 10 mm，用捣棒自容器中心向边缘插捣 25 次，然后轻轻地将容器摇动或敲击 5～6 下，使砂浆表面平整，随后将容器置于稠度测定仪的底座上。

(3)拧开试锥滑杆的制动螺栓，向下移动滑杆，当试锥尖端与砂浆表面刚接触时，拧紧制动螺栓，使齿条测杆下端刚接触滑杆上端，并将指针对准零点。

(4)拧开制动螺栓，同时计时间，待 10 s 立即固定螺栓，将齿条测杆下端接触滑杆上端，从刻度盘上读出下沉深度(精确至 1 mm)即砂浆的稠度值。

(5)圆锥形容器内的砂浆，只允许测定一次稠度，重复测定时，应重新取样进行测定。

14.1.4 试验结果处理及精度要求

同盘砂浆应取两次试验结果的算术平均值为试验结果测定值，计算值精确至 1 mm。

14.1.5 试验报告

砂浆稠度试验数据及结果处理见表 14-1。

表 14-1 砂浆稠度试验数据及结果处理

试验项目	试验数据			
稠度/mm	编号	第 1 次	第 2 次	平均值
	1			
	2			
	3			

14.2 砂浆保水性测定

砂浆保水率试验

14.2.1 试验目的

本方法适用于测定砂浆保水性，以判定砂浆拌合物在运输及停放时内部组分的稳定性。

14.2.2 试验仪具

(1)金属或硬塑料圆环试模内径 100 mm、内部高度 25 mm。

(2)可密封的取样容器，应清洁、干燥。

(3)2 kg 的重物。

(4)医用棉纱，尺寸为 110 mm×110 mm，宜选用纱线稀疏、厚度较薄的棉纱。

(5)超白滤纸，应采用现行国家标准《化学分析滤纸》(GB/T 1914—2017)规定的中速定性滤纸。直径应为 110 mm，单位面积质量应为 200 g/m²。

(6)2 片金属或玻璃的方形或圆形不透水片，边长或直径大于 110 mm。

(7)天平：量程 200 g，感量 0.1 g；量程 2 000 g，感量 1 g。

(8)烘箱。

14.2.3 试验步骤

(1)称量不透水片与干燥试模质量 m_1 和 8 片中速定性滤纸质量 m_2。

(2)将砂浆拌合物一次性填入试模，并用抹刀插捣数次，当填充砂浆略高于试模边缘时，用抹刀以 45°角一次性将试模表面多余的砂浆刮去，然后再用抹刀以较平的角度在试模表面反方向将砂浆刮平。

(3)抹掉试模边的砂浆，称量试模、不透水片与砂浆总质量 m_3。

(4)用两片医用棉纱覆盖在砂浆表面，再在棉纱表面放上 8 片滤纸，用不透水片盖在滤纸表面，以 2 kg 的重物将不透水片压住。

(5)静止 2 min 后移走重物及不透水片，取出滤纸(不包括棉纱)，迅速称量滤纸质量 m_4。

(6)按照砂浆的配合比及加水量计算砂浆的含水率，若无法计算，可按规定测定砂浆的含水率。

(7)砂浆含水率测试方法：称取 100 g 砂浆拌合物试样，置于一干燥并已称重的盘中，在(105±5)℃的烘箱中烘干至恒重，砂浆含水率应按式(14-1)计算：

$$\alpha=\frac{m_5}{m_6}\times 100\% \tag{14-1}$$

式中 α——砂浆含水率(%)；

m_5——烘干后砂浆样本损失的质量(g)；

m_6——砂浆样本的总质量(g)。

14.2.4 试验结果处理及精度要求

保水率按式(14-2)计算：

$$W=\left[1-\frac{m_4-m_2}{\alpha\times(m_3-m_1)}\right]\times 100\% \tag{14-2}$$

式中 W——保水率(%)；

m_1——不透水片与干燥试模质量(g)；

m_2——8 片滤纸吸水前的质量(g)；

m_3——试模、不透水片与砂浆总质量(g)；

m_4——8 片滤纸吸水后的质量(g)；

α——砂浆含水率(%)。

取两次试验结果的算术平均值作为砂浆的保水率，如果两个测定值中有 1 个超出平均值的 5%，则此组试验结果无效。

14.2.5 试验报告

砂浆保水率试验数据及结果处理见表 14-2。

表 14-2　砂浆保水率试验数据及结果处理

序号	不透水片与干燥试模质量 m_1/g	8 片滤纸吸水前的质量 m_2/g	试模、不透水片与砂浆总质量 m_3/g	8 片滤纸吸水后的质量 m_4/g	烘干后砂浆样本损失的质量 m_5/g	砂浆样本的总质量 m_6/g	砂浆含水率/%	保水率 α/%	平均保水率/%
1									
2									

模块 15　建筑钢材技术性能检测

15.1　钢材的洛氏硬度检测

15.1.1　试验目的

(1)了解洛氏硬度计的测试原理。

(2)掌握洛氏硬度计的使用方法及使用注意事项等。

15.1.2　试验原理

硬度是指材料对另一更硬物体(钢球或金刚石压头)压入其表面所表现的抵抗力。硬度的大小对于工件的使用性能及寿命具有决定性意义。由于测量的方法不同，常用的硬度指标有布氏硬度(HB)、洛氏硬度(HR)、维氏硬度(HV)。

布氏硬度适用于硬度较低的金属，如退火、正火的金属，铸铁及有色金属的硬度测定。洛氏硬度又有 HRA、HRB、HRC 三种。其中，HRC 适用于测定硬度较高的金属，如淬火钢的硬度。维氏硬度测定的硬度值比布氏、洛氏硬度精确，可以测定从极软到极硬的各种材料的硬度，但测定过程比较麻烦。显微硬度用于测定显微组织中各种微小区域的硬度，实质就是小负荷(≤9.8 N)的维氏硬度试验，也用 HV 表示。以下只讨论洛氏硬度的试验内容。

洛氏硬度法克服了布氏硬度法的缺点，它的压痕较小，可测量较高硬度，可直接读数，操作方便、效率高。洛氏硬度法也采用压入法。它用金刚石和钢球作压头，但它是以压痕的陷凹深度作为计量硬度指标。

为了可以用一个试验机测定从软到硬的材料的硬度，采用了不同的压头和总负荷，组成了 15 种不同的洛氏硬度标度，表 15-1 所示为各种洛氏硬度符号、试验条件及其应用。钢铁材料最常用 HRB 和 HRC 两种标度测定。

表 15-1　各种洛氏硬度符号、试验条件及其应用

标度符号	采用压头	总负荷/kg	表盘指示器上刻度的颜色	常用范围	应用举例
HRA	金刚石圆锥	60	黑色	70～85	碳化物、硬质合金、钢材表面硬化
HRB	1.588 mm 钢球	100	红色	25～100	软钢、退火钢、铜合金等
HRC	金刚石圆锥	150	黑色	20～67	淬火钢、调质钢、白口铁、较硬材料
HRD	金刚石圆锥	100	黑色	40～77	薄钢板、中等厚度的表面硬化工件
HRE	3.157 mm 钢球	100	红色	70～100	铸铁、铝、镁合金、轴承合金等

续表

标度符号	采用压头	总负荷/kg	表盘指示器上刻度的颜色	常用范围	应用举例
HRF	1.588 mm 钢球	60	红色	40～100	薄软钢板、退火铜合金等
HRG	1.588 mm 钢球	150	红色	31～94	磷青铜、铍青铜等
HRH	3.157 mm 钢球	60	红色	—	铝、锌、铅等
HRK	6.350 mm 钢球	150	红色	40～100	轴承合金及其他极软较薄的金属材料。试验时，应尽可能选用较小钢球及较大负荷，但须避免载物台的背衬作用
HRL	6.350 mm 钢球	60	红色	—	
HRM	6.350 mm 钢球	100	红色	—	
HRP	6.350 mm 钢球	150	红色	—	
HRQ	12.70 mm 钢球	60	红色	—	
HRS	12.70 mm 钢球	100	红色	—	
HRV	12.70 mm 钢球	150	红色	—	

各种洛氏硬度计测量原理都是相似的，现以测量 HRB、HRC 为例说明。

图 15-1 所示为洛氏硬度计测量原理。一般较硬的金属材料(如淬火后的工件)用金刚石压头；较软的金属材料用钢球压头。

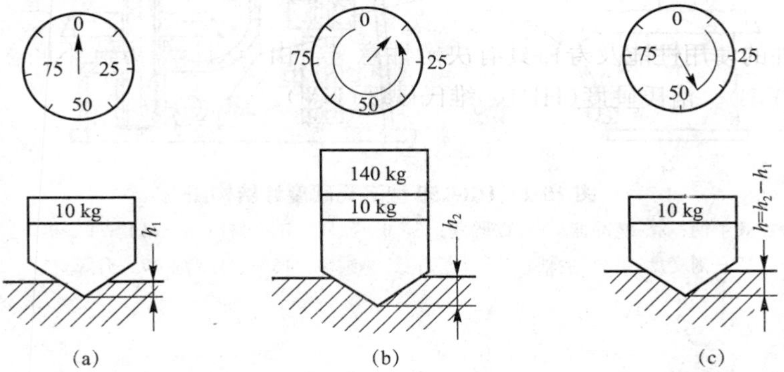

图 15-1　洛氏硬度计测量原理

(a)$P_0=10$ kg；(b)$P=P_0+P_1=10$ kg$+140$ kg$=150$ kg；(c)$P_0=10$ kg

总荷载 P 分为两次加到压头上。首先加入预荷载 P_0，使压头与试样的表面接触良好，此时，压痕深度为 h_1[图 15-1(a)]；然后加入主荷载 P_1，这时总荷载 $P= P_0+P_1$，此时，压痕深度增加到 h_2 位置[图 15-1(b)]；随后将主荷载卸除，此时，压痕由于加载时所产生的弹性变形已恢复，此时压痕深度 $h= h_2—h_1$[图 15-1(c)]，作为测量的依据。

如果直接以压痕深度 h 来作计算硬度指标，那么就会出现硬的金属硬度值小，而软的金属硬度值大的现象，这和布氏硬度值大小相反，不符合人们的习惯。因此，用一常数 k 来减去所得的压痕深度值作为洛氏硬度的指标。即 HR$=k—h$。

当以钢球为压头时，$k=0.26$；以金刚石锥体为压头时，$k=0.2$。另外，在读数上又规定以压入深度 0.002 mm 作为标尺刻度的一格，这样前者的 0.26 常数相当于 130 格，后者 0.2 常数相当于 100 格，因此，洛氏常数硬度值可由下式确定：

$$\text{HRB}=130-h/0.02\text{(红色表盘)}$$

$$HRC=100-h/0.002(\text{黑色表盘})$$

因此，可知当压痕深度 $h=0.2$ mm 时，

$$HRC=0$$

$$HRB=30$$

这也说明了为什么 HRB 要取 0.26 作为常数，因为 HRB 是测定较软的金属材料的，测试时，有的压痕深度可能超过 0.2 mm，若取 0.2 作为常数，硬度将会得负值，为此 HRB 将常数取得大些。

洛氏硬度计类型较多，外形构造不相同，但构造原理及主要部件相同，如图 15-2 所示。

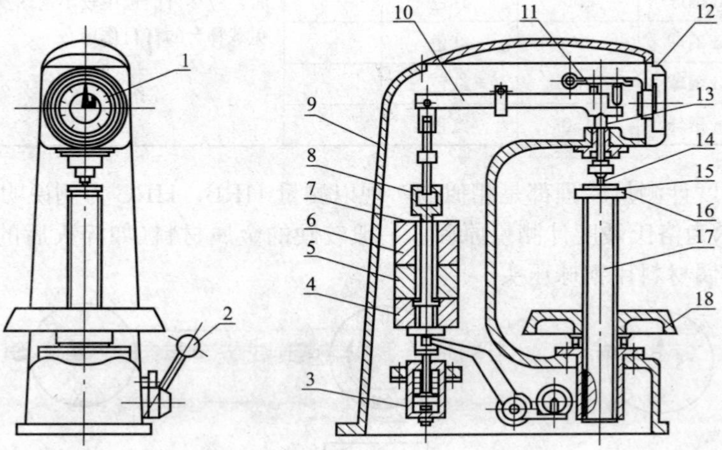

图 15-2　HR-150 型洛氏硬度计结构图

1—指示器；2—加载手柄；3—缓冲器；4—砝码座；5，6—砝码；7—吊杆；8—吊套；9—机体；10—加载杠杆；11—顶杆；12—刻度盘；13—主轴；14—压头；15—试样；16—工作台；17—升降丝杠；18—手轮

试验时，将试样放在工作台上，按顺时针方向转动手轮，使工作台上升至试样与压头接触。继续转动手轮，通过压头和压轴顶起杠杆，并带动指示器表盘的指针转动，待小指针指到黑点时，试样即已加上 98 N 的强荷载，随后转动指示器表盘使大指针对准“O”(测 HRB 时对准“30”)，按下按钮释放转盘。在砝码的作用下，顶杆在缓冲器的控制下匀缓下降。主荷载通过杠杆、压轴和压头作用于试样上。停留规定时间后，扳动加载手柄，使转盘顺时针方向转动至原来被锁住的位置。转盘上齿轮使扇齿轮、齿条同时运动而将顶杆顶起卸掉主荷载。这时，指针所指的读数(HRC、HRA 读 C 标尺，HRB 读 B 标尺)即为所求的洛氏硬度值。

15.1.3　主要仪器设备

HR-150 型洛氏硬度计等。

15.1.4　试验步骤

(1)按表 15-1 选择压头及荷载。

(2)根据试件大小和形状选择载物台。

(3)将试件上下两面磨平，然后置于载物台上。

(4)加预荷载。按顺时针方向转动升降机构的手轮，使试样与压头接触，并观察读数百分表上小针移动到小红点为止。

(5)调整读数表盘，使百分表盘上的长针对准硬度值的起点。如测量 HRC、HRA 硬度时，将长针与表盘上黑字 G 处对准。测量 HRB 时，使长针与表盘上红字 B 处对准。

(6)加主荷载。平稳地扳动加载手柄，手柄自动升高到停止位置(时间为 5～7 s)，并停留 10 s。

(7)卸除主荷载。扳回加载手柄至原来位置。

(8)读数。表上长针指示的数字为硬度的读数。HRC、HRA 读黑数字，HRB 读红数字。

(9)下降载物台，取出试件。

(10)用同样方法在试件的不同位置测 3 个数据，取其算术平均值为试件的硬度值。

洛氏硬度与布氏硬度间有一定的换算关系，对钢铁材料而言，大致有下列关系式。

$$HB \approx 2HRB$$

$$HB \approx 10HRC\text{（只当 } HRC=40\sim60\text{）}$$

$$HRC \approx 2HRA-104$$

15.1.5 试验报告

钢材的洛氏硬度试验数据及结果处理见表 15-2。

表 15-2 钢材的洛氏硬度试验数据及结果处理

名称	序号	硬度/MPa	平均值/MPa	备注
洛氏硬度检测	1			
	2			

15.2 钢筋的拉伸性能试验

钢筋的拉伸性能试验

15.2.1 试验目的

测定低碳钢的屈服强度、抗拉强度、伸长率三个指标，作为评定钢筋强度等级的主要技术依据。掌握《金属材料 弯曲试验方法》(GB/T 232—2010)和钢筋强度等级的评定方法。

15.2.2 主要仪器设备

(1)万能试验机。

(2)钢板尺、游标卡尺、千分尺和两脚爪规等。

15.2.3 试件制备

(1)抗拉试验用钢筋试件一般不经过车削加工，可以用两个或一系列等分小冲点或细划线标出原始标距(标记不应影响试样断裂)。

(2)试件原始尺寸的测定：

1)测量标距长度 L_0，精确到 0.1 mm。

2)圆形试件横断面直径应在标距的两端及中间处两个相互垂直的方向上各测一次，取其算术平均值，选用 3 处测得的横截面面积中最小值，横截面面积按下式计算：

$$A_0=\frac{1}{4}\pi d_0$$

式中 A_0——试件的横截面面积(mm^2)；

d_0——圆形试件原始横断面直径(mm)。

15.2.4 试验步骤

(1)屈服强度与抗拉强度的测定。

1)调整试验机测力度盘的指针，使对准零点，并拨动副指针，使与主指针重叠。

2)将试件固定在试验机夹头内，开动试验机进行拉伸。拉伸速度：屈服前，应力增加速度每秒钟为 10 MPa；屈服后，试验机活动夹头在荷载下的移动速度为不大于$0.5L_c$/min(不经车削试件 $L_c=L_0+2h_1$。L_c 为试件在机床上下夹头间距，h_1 为标距一端距夹头的距离)。

3)拉伸中测力度盘的指针停止转动时的恒定荷载，或不计初始瞬时效应时的最小荷载，即为所求的屈服点荷载 P_s。

4)向试件连续施荷直至拉断，由测力度盘读出最大荷载，即为所求的抗拉极限荷载 P_b。

(2)伸长率的测定。

1)将已拉断试件的两端在断裂处对齐，尽量使其轴线位于一条直线上。如拉断处由于各种原因形成缝隙，则此缝隙应计入试件拉断后的标距部分长度内。

2)当拉断处到临近标距端点的距离大于 1/3 L_0时，可用卡尺直接量出已被拉长的标距长度 L_1(mm)。

3)当拉断处到临近标距端点的距离小于或等于 $1/3L_0$时，可按移位法计算标距长度L_1(mm)。

4)如试件在标距端点上或标距处断裂，则试验结果无效，应重新试验。

15.2.5 试验结果处理

(1)屈服强度按下式计算：

$$\sigma_s=\frac{P_s}{A_0}$$

式中 σ_s——屈服强度(MPa)；

P_s——屈服时的荷载(N)；

A_0——试件原横截面面积(mm^2)。

(2)抗拉强度按下式计算：

$$\sigma_b = \frac{P_b}{A_0}$$

式中　σ_b——屈服强度(MPa)；

P_b——最大荷载(N)；

A_0——试件原横截面面积(mm^2)。

(3)伸长率按下式计算(精确至1%)：

$$\delta_{10}(\delta_5) = \frac{L_1 - L_0}{L_0} \times 100\%$$

式中　$\delta_{10}(\delta_5)$——表示 $L_0 = 10d_0$ ($L_0 = 5d_0$)时的伸长率；

L_0——原始标距长度 $10d_0$(或 $5d_0$)(mm)；

L_1——试件拉断后量出或按移位法确定的标距部分长度(mm)(测量精确至0.1 mm)。

(4)当试验结果有一项不合格时，应另取双倍数量的试样重做试验，如仍有不合格项目，则该批钢材判为拉伸性能不合格。

15.2.6　试验报告

钢筋的拉伸性能试验数据及结果处理见表15-3。

表15-3　钢筋的拉伸性能试验数据及结果处理

<table>
<tr><td rowspan="4">屈服点和抗拉强度测定</td><td rowspan="2">公称直径 φ/mm</td><td rowspan="2">截面面积 A_0/m^2</td><td rowspan="2">屈服荷载 P_s/N</td><td rowspan="2">极限荷载 P_b/N</td><td colspan="2">屈服点 σ_s/MPa</td><td colspan="2">抗拉强度 σ_b/MPa</td></tr>
<tr><td>测定值</td><td>平均值</td><td>测定值</td><td>平均值</td></tr>
<tr><td></td><td></td><td></td><td></td><td></td><td rowspan="2"></td><td></td><td rowspan="2"></td></tr>
<tr><td></td><td></td><td></td><td></td><td></td><td></td></tr>
<tr><td rowspan="3">伸长率测定</td><td rowspan="2">公称直径 φ/mm</td><td rowspan="2">原始标距 L_0/mm</td><td rowspan="2">断后标距 L_1/mm</td><td rowspan="2">拉伸长度</td><td colspan="4">伸长率 $\delta_5(\delta_{10})$/%</td></tr>
<tr><td colspan="2">测定值</td><td colspan="2">平均值</td></tr>
<tr><td></td><td></td><td></td><td></td><td colspan="2"></td><td colspan="2"></td></tr>
</table>

15.3　钢筋的冷弯性能检测

15.3.1　试验目的

通过检验钢筋的工艺性能评定钢筋的质量。掌握《金属材料 弯曲试验方法》(GB/T 232—2010)钢筋弯曲(冷弯)性能的测试方法和钢筋质量的评定方法，正确使用仪器设备。

钢筋的冷弯性能试验

15.3.2　主要仪器设备

压力机或万能试验机。

15.3.3 试件制备

(1)试件的弯曲外表面不得有划痕。

(2)试样加工时，应去除剪切或火焰切割等形成的影响区域。

(3)当钢筋直径小于 35 mm 时，不需加工，直接试验；若试验机能量允许，直径不大于50 mm的试件也可用全截面的试件进行试验。

(4)当钢筋直径大于 35 mm 时，应加工成直径为 25 mm 的试件。加工时，应保留一侧原表面，弯曲试验时，原表面应位于弯曲的外侧。

(5)弯曲试件长度根据试件直径和弯曲试验装置而定，通常按下式确定试件长度：

$$L=5d+150$$

15.3.4 试验步骤

(1)半导向弯曲。

1)试样一端固定，绕弯心直径进行弯曲。

2)试样弯曲到规定的弯曲角度或出现裂纹、裂缝或断裂为止。

(2)导向弯曲。

1)把试样放置于两个支点上，将一定直径的弯心放在试样两个支点的中间施加压力，使试样弯曲到规定的角度或出现裂纹、裂缝、断裂为止。

2)试样在两个支点上按一定弯心直径弯曲至两臂平行时，可一次完成试验，也可弯曲到规定的角度，然后放置在试验机平板之间继续施加压力，压至试样两臂平行。此时，可以加与弯心直径相同尺寸的衬垫进行试验。当试样需要弯曲至两臂接触时，首先将试样弯曲到规定时角度，然后放置在两平板之间继续施加压力，直至两臂接触。

15.3.5 试验结果处理

按以下五种试验结果评定方法进行，若无裂纹、裂缝或裂断，则评定试件合格：

(1)完好。试件弯曲处的外表面金属基本上无肉眼可见因弯曲变形产生的缺陷时，称为完好。

(2)微裂纹。试件弯曲外表面金属基本上出现细小裂纹，其长度不大于 2 mm，宽度不大于 0.2 mm 时，称为微裂纹。

(3)裂纹。试件弯曲外表面金属基本上出现裂纹，其长度大于 2 mm 而小于或等于 5 mm，宽度大于 0.2 mm 而小于或等于 0.5 mm 时，称为裂纹。

(4)裂缝。试件弯曲外表面金属基本上出现明显开裂，其长度大于 5 mm，宽度大于 0.5 mm时，称为裂缝。

(5)裂断。试件弯曲外表面出现沿宽度贯穿的开裂，其深度超过试件厚度的 1/3 时，称为裂断。

注：在微裂纹、裂纹、裂缝中规定的长度和宽度，只要有一项达到某规定范围，即应按该级评定。

15.3.6 试验报告

钢筋的冷弯性能检测试验数据及结果处理见表 15-4。

表 15-4 钢筋的冷弯性能检测试验数据及结果处理

	编号	钢材型号	钢材直径/mm	冷弯角度	弯心直径同钢材直径的比值	冷弯后钢材的表面状况	冷弯性能是否合格
冷弯性能							

模块 16　防水材料技术性能检测

16.1　沥青的针入度检测

沥青针入度试验

16.1.1　试验目的

(1)通过针入度的测定可确定石油沥青的稠度；
(2)划分沥青牌号。

16.1.2　取样方法

(1)用取样器按液面上、中、下位置(液面高各为 1/3 等分处，但距离罐底不得低于总液面高度的 1/6)各取 1～4 L 样品。每层取样后，取样器应尽可能倒净。当储罐过深时，也可在流出口按不同流出深度分 3 次取样。对静态存取的沥青，不得仅从罐顶用小桶取样，也不得仅从罐底阀门流出少量沥青取样。

(2)将取出的 3 个样品充分混合后取 4 kg 样品作为试样，样品也可分别进行检验。

16.1.3　主要仪器设备

针入度仪(图 16-1)，连杆、针与砝码共重 100 g±0.05 g，针入度标准针(图 16-2)，盛样皿，温度计，恒温水槽，平底玻璃皿，金属皿或瓷皿，秒表，砂浴(用煤气炉或电炉加热)等。

图 16-1　针入度仪

图 16-2　针入度标准针(尺寸单位：mm)

16.1.4 试验准备

加热样品并不断搅拌防止局部过热，直至样品流动，但加热时间不超过 30 min。加热时，石油沥青的加热温度不超过软化点 90 ℃，焦油沥青的加热温度不超过软化点 60 ℃。将样品注入试样皿内，其深度应大于预计穿入深度 10 mm，放置于 15 ℃～30 ℃的空气中冷却 1～1.5 h（小试样皿）或 1.5～2.0 h（大试样皿）。冷却时不使灰尘落入，然后将试样皿浸入(25±0.1)℃的水浴中，水面应高于试样表面 10 mm 以上。小皿恒温 1.1～1.5 h，大皿恒温 1.5～2.0 h。

16.1.5 试验步骤

(1)取出达到恒温的盛样皿，并移入水温控制在试验温度±0.1 ℃(可用恒温水槽中的水)的平底玻璃皿中的三角支架上，试样表面以上的水层深度不小于 10 mm。

(2)将盛有试样的平底玻璃皿置于针入度仪的平台上。慢慢放下针连杆，用适当位置的反光镜或灯光反射观察，使针尖恰好与试样表面接触，将位移针指针复位为零。

(3)开始试验，按下释放键，这时，计时装置与标准针落下贯入试样同时开始，至 5 s 时自动停止。

(4)读取位移计的读数，精确至 0.1 mm。

(5)同一试样平行试验至少 3 次，各测试点之间及与盛样皿边缘的距离不应小于 10 mm。每次试验后应将盛有盛样皿的平底玻璃皿放入恒温水槽，使平底玻璃皿中水温保持试验温度。每次试验应换一根干净标准针或将标准针取下用蘸有三氯乙烯溶剂的棉花或布揩净，再用干棉花或布擦干。

(6)测定针入度大于 200 的沥青试样时，至少用三支标准针，每次试验后将针留在试样中，直至三次平行试验完成后，才能将标准针取出。

(7)测定针入度指数 PI 时，按同样的方法在 15 ℃、25 ℃、30 ℃(或 5 ℃)三个或三个以上(必要时增加 10 ℃、20 ℃等)温度条件下分别测定沥青的针入度，但用于仲裁试验的温度条件应为五个。

16.1.6 试验结果及允许误差

(1)当试验结果小于 50(0.1 mm)时，重复性试验的允许误差为 2(0.1 mm)，再现性试验的允许误差为 4(0.1 mm)。

(2)当试验结果大于或等于 50(0.1 mm)时，重复性试验的允许误差为平均值的 4%，再现性试验的允许误差为平均值的 8%。

16.1.7 试验报告

沥青的针入度检测试验数据及结果处理见表 16-1。

表 16-1 沥青的针入度检测试验数据及结果处理

<table>
<tr><td colspan="4">针入度(0.1 mm)</td></tr>
<tr><td>使用仪器</td><td colspan="2"></td><td>试件在室温中放置 h min</td></tr>
<tr><td>依据标准</td><td colspan="2"></td><td>试件在 ℃水中放置 h min</td></tr>
<tr><td>试验温度 ℃</td><td colspan="2">荷载 g</td><td>针入时间 s</td></tr>
</table>

续表

针入度(0.1 mm)			
第一针	第二针	第三针	平均
备注：			

16.2　沥青延度检测

沥青延度试验

16.2.1　试验目的

延度是沥青塑性的指标，是沥青最重要的性能指标之一。

16.2.2　取样方法

(1)同一批出厂、同一规格标号的沥青以 20 t 为一个单位，不足 20 t 也作为一个取样单位。

(2)从每个取样单位的不同部位(距表面及内壁 5 cm 处)取样，共 4 kg 左右，作为平均试样，对个别可疑混杂的部位，应注意单独取样进行测定。

16.2.3　主要仪器设备

沥青延度仪及试样模具(图 16-3)，瓷皿或金属皿，孔径为 0.3～0.5 mm 筛，温度计，试模底板(玻璃板、磨光的铜板、不锈钢板)，砂浴，甘油滑石粉隔离剂等。

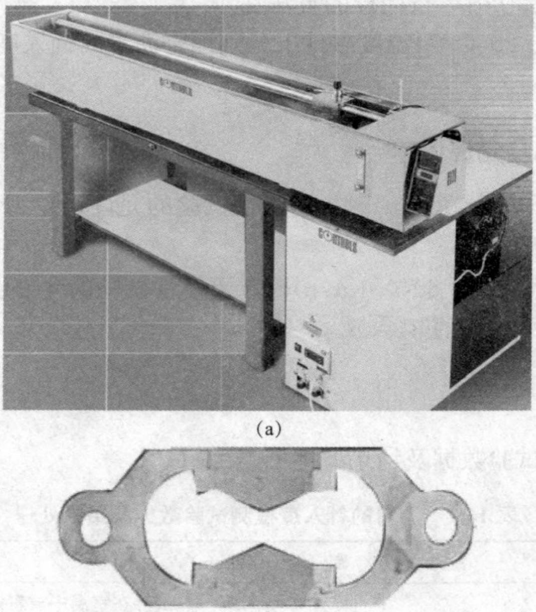

(a)

(b)

图 16-3　沥青延度仪及试样模具

(a)延度仪；(b)延度试模

16.2.4 试验准备

(1)将隔离剂拌和均匀，涂于磨光的试模底板上及侧模的内侧面，然后将试模在试模底板上装妥。

(2)将沥青加热熔化，直至完全变成液体能够倾倒。当石油沥青试样中含有水分时，将盛样器皿放在可控温的砂浴、油浴、电热套上加热脱水，不得已采用电炉、燃气炉加热脱水时必须加放石棉垫。加热时间不超过 30 min，并用玻璃棒轻轻搅拌，防止局部过热。在沥青温度不超过 100 ℃的条件下，仔细脱水至无泡沫，最后的加热温度不宜超过软化点以上 100 ℃(石油沥青)或 50 ℃(煤沥青)。然后，将试样从模的一端至另一端缓缓注入并往返多次，使沥青略高出模具。

(3)试件在室温中冷却不少于 1.5 h，然后用热刮刀刮除高出试模的沥青，使沥青面与试模面齐平。沥青的刮法：应自试模的中间刮向两端，且表面应刮得平滑。将试模同底板再放入规定试验温度的水槽中保温 1.5 h。

(4)检查延度计滑板的移动速度是否为(5±0.25)cm/min，然后移动滑板，使其针正对标尺的零点。将延度仪注水，并保温达到试验温度±0.1 ℃。

16.2.5 试验步骤

(1)将保温后的试件连同底板移入延度仪的水槽中，然后将盛有试样的试模自玻璃板或不锈钢钢板上取下，将试模两端的孔分别套在滑板及槽端固定板的金属柱上，并取下侧模。水面距离试件表面应不小于 25 mm。

(2)启动延度仪，并注意观察试样的延伸情况。此时应注意，在试验过程中，水温应始终保持在试验温度规定范围内，且仪器不得有振动，水面不得有晃动，当水槽采用循环水时，应暂时中断循环，停止水流。在试验中，当发现沥青细丝浮于水面或沉入槽底时，应在水中加入酒精或食盐，调整水的密度至与试样相近后，重新试验。

(3)试件拉断时，读取指针所指标尺上的读数，以 cm 计。在正常情况下，试件延伸时应成锥尖状，拉断时实际断面接近于零。如不能得到这种结果，则应在报告中注明。

16.2.6 试验结果及允许误差

(1)同一样品，每次平行试验不少于三个，如三个测定结果均大于 100 cm，试验结果记作“100 cm”；特殊需要也可分别记录实测值。三个测定结果中，当有一个以上的测定值小于 100 cm 时，若最大值或最小值与平均值之差满足重复性试验要求，则取三个测定结果平均值的整数作为延度试验结果，若平均值大于 100 cm，记作“>100 cm”；若最大值或最小值与平均值之差不符合重复性试验要求，试验应重新进行。

(2)当试验结果小于 100 cm 时，重复性试验的允许误差为平均值的 20%，再现性试验的允许误差为平均值的 30%。

16.2.7 试验报告

沥青延度检测试验数据及结果处理见表 16-2。

表 16-2　沥青延度检测试验数据及结果处理

<table>
<tr><td colspan="4">延度/cm</td></tr>
<tr><td>使用仪器</td><td></td><td colspan="2">试件在室温中放置　h　min</td></tr>
<tr><td>依据标准</td><td></td><td colspan="2">试件在　　℃水中放置　h　min</td></tr>
<tr><td>1</td><td>2</td><td>3</td><td>平均</td></tr>
<tr><td></td><td></td><td></td><td></td></tr>
</table>

16.3　沥青软化点检测

沥青软化点试验

16.3.1　试验目的

软化点是反映沥青在温度作用下，其黏度和塑性改变程度的指标，它是在不同环境下选用沥青的重要指标之一。

16.3.2　取样方法

(1)同一批出厂、同一规格标号的沥青以 20 t 为一个单位，不足 20 t 也作为一个取样单位。

(2)从每个取样单位的不同部位(距表面及内壁 5 cm 处)取样，共 4 kg 左右，作为平均试样，对个别可疑混杂的部位，应注意单独取样进行测定。

16.3.3　主要仪器设备

沥青软化点试验仪(环球法)(图 16-4)，可调温电炉或加热器，玻璃板(或金属板)，800～1 000 mL 耐热玻璃烧杯，金属支架。

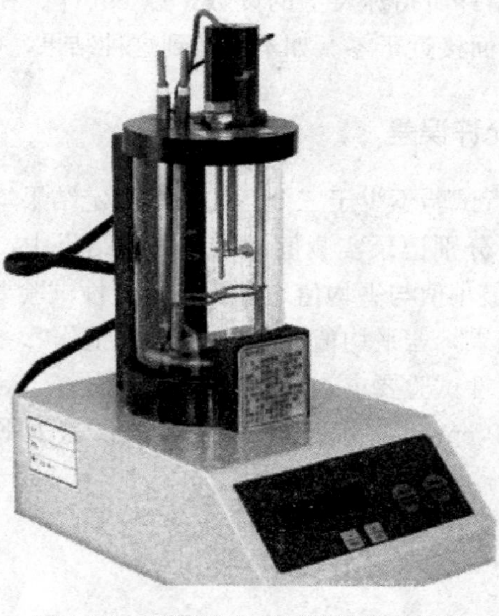

图 16-4　沥青软化点试验仪(环球法)

16.3.4 试验准备

(1)将黄铜环置于涂有隔离剂的金属板或玻璃上，将沥青加热熔化至流动状态。当石油沥青试样中含有水分时，将盛样器皿放在可控温的砂浴、油浴、电热套上加热脱水，不得已采用电炉、燃气炉加热脱水时必须加放石棉垫。加热时间不超过 30 min，并用玻璃棒轻轻搅拌，防止局部过热。在沥青温度不超过 100 ℃的条件下，仔细脱水至无泡沫，最后的加热温度不宜超过软化点以上 100 ℃(石油沥青)或 50 ℃(煤沥青)。将试样注入黄铜环内至略高出环面(如估计软化点在 120 ℃以上，应将金属板与黄铜环预热至 80 ℃～100 ℃)。

(2)试样在空气中冷却 30 min 后，用热刀刮去高出环面的试样，使之与环面齐平。

16.3.5 试验步骤

(1)试样软化点在 80 ℃以下者：

1)将装有试样的试样环连同试样底板置于装有(5±0.5)℃水的恒温水槽中至少15 min；同时，将金属支架、钢球、钢球定位环等也置于相同的恒温水槽中。

2)烧杯内注入新煮沸并冷却至 5 ℃的蒸馏水或纯净水，水面略低于立杆上的深度标记。

3)从恒温水槽中取出盛有试样的试样环放置在支架中层板的圆孔中，套上定位环；然后将整个环架放入烧杯中，调整水面至深度标记，并保持水温为(5±0.5)℃。环架上任何部分不得附有气泡。将 0 ℃～100 ℃的温度计由上层板中心孔垂直插入，使端部测温头底部与试样环下面齐平。

4)将盛有水和环架的烧杯移至放有石棉网的加热炉具上，然后将钢球放在定位环中间的试样中央，立即开动电磁振荡搅拌器，使水微微振荡，并开始加热，使杯中水温在 3 min 内调节至维持每分钟上升(5±0.5)℃。在加热过程中，应记录每分钟上升的温度值，如温度上升速度超出此范围，则试验应重做。

5)试样受热软化逐渐下坠，至与下层底板表面接触时，立即读取温度，准确至 0.5 ℃。

(2)试样软化点在 80 ℃以上者：

1)将装有试样的试样环连同试样底板置于装有(32±1)℃甘油的恒温槽中至少 15 min；同时，将金属支架、钢球、钢球定位环等亦置于甘油中。

2)在烧杯内注入预先加热至 32 ℃的甘油，其液面略低于立杆上的深度标记。

3)从恒温槽中取出装有试样的试样环，按上述(1)的方法进行测定，准确至 1 ℃。

16.3.6 试验结果及允许误差

(1)同一试样平行试验两次，当两次测定值的差值符合重复性试验允许误差要求时，取其平均值作为软化点试验结果，准确至 0.5 ℃。

(2)当试样软化点小于 80 ℃时，重复性试验的允许误差为 1 ℃，再现性试验的允许误差为 4 ℃。

(3)当试样软化点大于或等于 80 ℃时，重复性试验的允许误差为 2 ℃，再现性试验的允许误差为 8 ℃。

16.3.7　试验报告

沥青软化点检测试验数据及结果处理见表16-3。

表16-3　沥青软化点检测试验数据及结果处理

软化点(环球法)/℃																
使用仪器									试件在室温中放置　h　min							
依据标准									试件在　℃水中放置　h　min							
测试时间/min	初始	1	2	3	4	5	6	7	8	9	10	11	12	左环	右环	平均值
测试温度/℃																

16.4　沥青混合料马歇尔稳定度试验

沥青混合料马歇尔稳定度试验

16.4.1　试验目的

测定沥青混合料稳定度，为进行沥青混合料的配合比设计及沥青路面施工质量检验。

16.4.2　取样方法

按标准击实法成型标准马歇尔试件圆柱体和大型马歇尔试件圆柱体。标准马歇尔试件尺寸应符合直径为101.6 mm±0.2 mm、高为63.5 mm±1.3 mm的要求。对大型马歇尔试件，尺寸应符合直径为152.4 mm±0.2 mm、高为95.3 mm±2.5 mm的要求。一组试件的数量不得少于4个，并应符合标准规定。

16.4.3　主要仪器设备

(1)沥青混合料马歇尔试验仪(图16-5)。
(2)恒温水槽：控温准确度为1 ℃，深度不小于150 mm。
(3)真空饱水容器：由真空泵和真空干燥器组成。
(4)烘箱。
(5)天平：感量≤0.1 g。
(6)温度计：分度为1 ℃。
(7)卡尺。
(8)其他：棉纱、黄油。

注：对用于高速公路和一级公路的沥青混合料宜采用自动马歇尔试验仪，用计算机或$X-Y$记录仪记录荷载—位移曲线，并具有自动测定荷载与试件垂直变形的传感器、位移计，能自动显示和打印试验结果。对标准马歇尔试件，试验仪最大荷载不小于25 kN，读数准确度为100 N，加载速率应保持50 mm/min±5 mm/min。钢球直径为16 mm，上下压头曲率半径为50.8 mm。

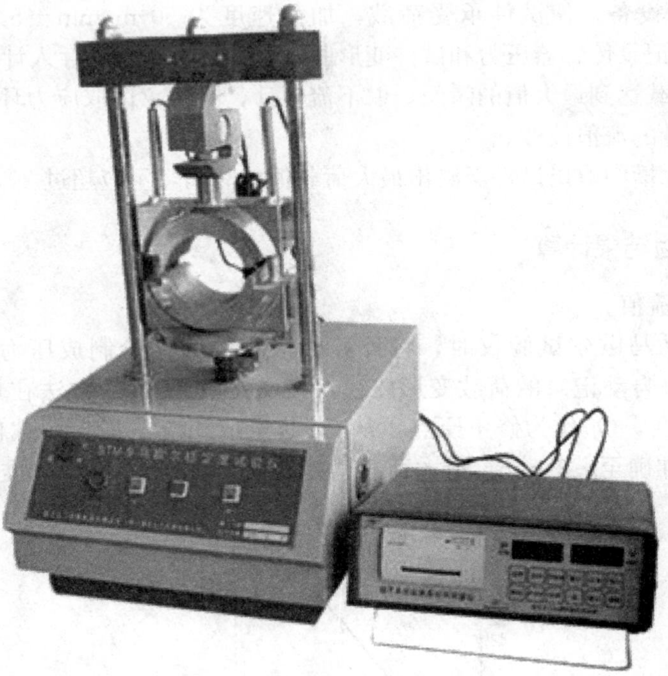

图 16-5　沥青混合料马歇尔试验仪

16.4.4　试验步骤

(1)按照前述方法成型马歇尔试件，标准的马歇尔试件尺寸应符合直径为 101.6 mm±0.2 mm，高为 63.5 mm±1.3 mm 的要求。一组试件不得少于 4 个。

(2)测量试件直径和高度：用卡尺测量试件中部的直径，用马歇尔试件高度测定器或卡尺在十字对称的 4 个方向量测离试件边缘 10 mm 处的高度，准确至 0.1 mm 并取 4 个值的平均值作为试件的高度。如试件高度不符合 63.5 mm±1.3 mm 要求或两侧高度差大于 2 mm，此试件应作废。

(3)将测定密度后的试件置于恒温水槽中，对于标准的马歇尔试件保温时间需要 30～40 min。试件之间应有间隔，并架起，试件距离水槽底部不小于 5 cm。恒温水槽的温度分别为：黏稠石油沥青混合料或烘箱养护的乳化沥青混合料温度为 60 ℃±1 ℃，煤沥青混合料为 33.8 ℃±1 ℃，空气养护的乳化沥青或液体沥青混合料为 25 ℃±1 ℃。

(4)将马歇尔试验仪的上、下压头放入水槽或烘箱中达到同样温度。将上、下压头从水槽或烘箱中取出擦拭干净内面。为使上、下压头滑动自如，可在下压头的导棒上涂少量黄油。再将试件取出置于下压头上，盖上上压头，然后安装在加载设备上。

(5)在上压头的球座上放钢球，并对准荷载测定装置的压头。

(6)采用自动马歇尔试验仪时，将自动马歇尔试验仪的压力传感器、位移传感器与计算机或 $X-Y$ 记录仪正确连接，调整好适宜的放大比例。调整好计算机程序或将 $X-Y$ 记录仪的记录笔对准原点。

(7)采用压力环和流值计时，将流值计安装在导棒上，使导向套管轻轻地压住上压头，同时将流值计读数调零。调整压力环中的百分表，对零。

(8)启动加载设备，使试件承受荷载，加载速度为 50 m/min±5 m/min。计算机或 $X-Y$记录仪自动记录传感器压力和试件变形曲线，并将数据自动存入计算机。

(9)当试验荷载达到最大值的瞬间，取下流值计，同时，读取应力环中百分表或荷载传感器读数及流值计的流值读数。

(10)从恒温水槽中取出试件至测出最大荷载值的时间，不应超过 30 s。

16.4.5 试验结果计算

(1)稳定度和流值。

1)当采用自动马歇尔试验仪时，将计算机采集的数据绘制成压力和试件变形曲线，或由 $X-Y$ 记录仪自动记录的荷载变形曲线，按图 16-6 所示的方法在切线方向延长曲线与横坐标相交于 O_1，O_1 作为修正原点，从 O_1 起量取相应于最大荷载值时的变形作为流值，以 mm 计，准确至0.1 mm。最大荷载即稳定度 MS，以 kN 计，准确至 0.01 kN。

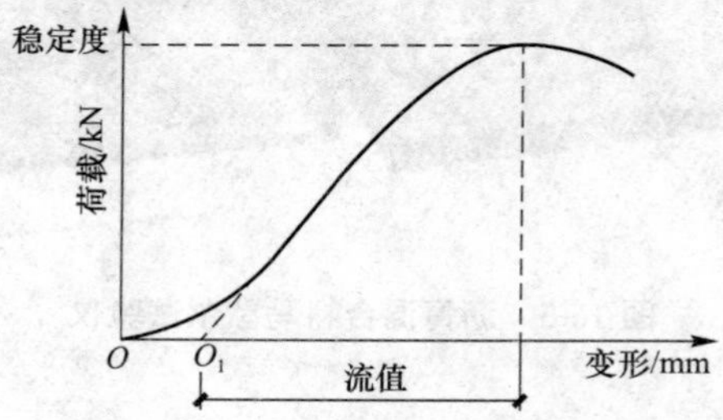

图 16-6 马歇尔试验结果的修正方法

2)采用应力环百分表和流值计测定时，根据应力环标定曲线，将应力环中百分表的读数换算为荷载值即试件的稳定度 MS，以 kN 计，准确至 0.01 kN。由流值计及位移传感器测定装置读取的试件垂直变形，即试件的流值(FL)，以 mm 计，准确至 0.1 mm。

(2)马歇尔模数：

$$T=\frac{MS}{FL}$$

式中 T——试件的马歇尔模数(kN/mm)；

MS——试件的稳定度(kN)；

FL——试件的流值(mm)。

16.4.6 试验结果允许误差

当一组测定值中某个数值与平均值之差大于标准差 k 倍时，该测定值应予舍弃，并以其余测定值的平均值作为试验结果。当试验数 n 为 3、4、5、6 个时，k 值分别为 1.15、1.46、1.67、1.82。

采用自动马歇尔试验仪时，试验结果应附上荷载—变形曲线原件或打印结果，并报告马歇尔稳定度、流值、马歇尔模数及试件尺寸、试件密度、孔隙率、沥青用量等指标。

16.4.7 试验报告

沥青混合料马歇尔稳定度试验数据及结果处理见表 16-4。

表 16-4　沥青混合料马歇尔稳定度试验数据及结果处理

试件编号	沥青用量/%	试件厚度/mm		空气中重/g	水中重/g	蜡封后空气中重/g	蜡封后水中重/g	体积/cm^3		密度/$(g\cdot cm^{-3})$		沥青体积百分率/%	孔隙率/%	粒料间空隙率/%	饱和度/%	流值/mm	试件稳定度/kN
										实测	理论						
	1	2	平均值	3	4	5	6	7	8	9	10	11	12	13	14	15	16
1																	
2																	
3																	
4																	
试验标准							使用仪器										
备注																	

参 考 文 献

[1] 张晨霞，孙武斌．建筑材料[M]．北京：机械工业出版社，2020.
[2] 汪绯．建筑工程材料[M]．2 版．北京：高等教育出版社，2019.
[3] 钱进．道路建筑材料[M]．北京：人民交通出版社，2019.
[4] 申爱琴．道路工程材料[M]．2 版．北京：人民交通出版社，2017.
[5] 陈桂萍．建筑材料[M]．北京：北京邮电大学出版社，2020.
[6] 艾永平，宝音乌力吉．建筑材料[M]．北京：中国商务出版社，2017.
[7] 郭秋兰．建筑材料[M]．2 版．哈尔滨：哈尔滨工业大学出版社，2017.
[8] 汪绯．建筑材料[M]．2 版．北京：化学工业出版社，2015.
[9] 严峻．建筑材料[M]．2 版．北京：机械工业出版社，2014.
[10] 谭平，张立，张瑞红．建筑材料[M]．2 版．北京：北京理工大学出版社，2013.
[11] 杨永起，王爱勤．防水材料及质量控制[M]．北京：化学工业出版社，2014.
[12] 虎增福．道路用乳化沥青的生产与应用[M]．北京：人民交通出版社，2012.
[13] 冯文元，张友民，冯志华．新编建筑材料检验手册[M]．北京：中国建材工业出版社，2013.